Springer-Lehrbuch

Klaus Jänich

Vektoranalysis

Fünfte Auflage

Mit 110 Figuren, 120 Testfragen
und 52 Übungsaufgaben

Springer

Prof. Dr. Klaus Jänich

Universität Regensburg
NWF I – Mathematik
93040 Regensburg, Deutschland
e-mail: klaus.jaenich@mathematik.uni-regensburg.de

Mathematics Subject Classification (2000): 58-01

Bibliografische Information Der Deutschen Bibliothek

Die Deutsche Bibliothek verzeichnet diese Publikation in der Deutschen Nationalbibliografie; detaillierte
bibliografische Daten sind im Internet über http://dnb.ddb.de abrufbar.

ISBN 3-540-23741-0 Springer Berlin Heidelberg New York

ISBN 3-540-00392-4 4. Aufl. Springer Berlin Heidelberg New York

Springer ist ein Unternehmen von Springer Science+Business Media

springer.de

Satz: Reproduktionsfertige Vorlagen des Autors
Herstellung: LE-TEX Jelonek, Schmidt & Vöckler GbR, Leipzig
Einbandgestaltung: *design & production* GmbH, Heidelberg

Gedruckt auf säurefreiem Papier   44/3142YL - 5 4 3 2 1 0

Vorwort zur fünften Auflage

Im Sommersemester 2003 habe ich den Inhalt dieses Buches wieder einmal in einer Vorlesung vorgetragen. Die Verbesserungen, die ich mir dabei in mein Korrekturexemplar der vierten Auflage notiert habe, sind jetzt ausgeführt.

Langquaid, im September 2004   Klaus Jänich

Vorwort zur dritten Auflage

Gleichzeitig mit dieser dritten Auflage meiner Vektoranalysis kommt in New York die englische Ausgabe heraus, wovon auch das deutsche Buch profitiert, weil es jetzt die zahlreichen Verbesserungen und Korrekturen enthält, die im Zuge der Übersetzungsarbeit teils von mir, teils von der Übersetzerin Dr. Leslie Kay angeregt wurden. Frau Kay sei hier nochmals gedankt, aber auch allen Lesern, die mir geschrieben haben.

Langquaid, im Dezember 2000   Klaus Jänich

Vorwort zur ersten Auflage

Ein eleganter Autor sagt in zwei Zeilen, wozu ein anderer eine ganze Seite braucht. Wenn aber ein Leser über diese zwei Zeilen eine ganze Stunde grübeln muß, während er die Seite in fünf Minuten gelesen und verstanden haben würde, dann war das – für diesen einen Leser – wohl doch nicht die richtige *Art* von Eleganz. Es kommt eben ganz darauf an, für wen ein Autor schreibt.

Ich schreibe hier für Studenten im zweiten Studienjahr, die von Mannigfaltigkeiten und solchen Sachen noch gar nichts wissen, sondern ganz zufrieden mit sich sein können, wenn sie die Differential-

und Integralrechnung in einer und mehreren Variablen im großen und ganzen verstanden haben. Etwaige andere Leser bitte ich um gelegentliche Geduld. Natürlich möchte auch ich gern beide Arten von Eleganz verbinden, aber wenn es nicht geht, dann werfe ich ohne Bedenken die Zeileneleganz über Bord und halte mich an die Minuteneleganz. Wenigstens ist das meine Absicht!

Einführende Lehrbücher sind meist "zum Gebrauch neben Vorlesungen" bestimmt, aber auch diesem Zweck wird ein Buch besser gerecht, wenn es schon von alleine verständlich ist. Ich habe mich deshalb bemüht, das Buch so zu gestalten, daß Sie auch auf einer einsamen Insel damit zurecht kommen, vorausgesetzt Sie nehmen Ihre Vorlesungsskripten aus den ersten beiden Semestern und – falls in diesem Gepäck nicht ohnehin schon enthalten – ein paar Notizen über die Grundbegriffe der Topologie dahin mit.

Da man auf einsamen Inseln manchmal keinen Gesprächspartner findet, habe ich die "Tests" eingefügt, über die ich noch ein paar Worte sagen möchte. Manche Leute lehnen Ankreuztests grundsätzlich ab, weil sie Ankreuzen für primitiv und eines Mathematikers unwürdig halten. Dagegen ist kaum zu argumentieren! In der Tat sind einige meiner Testfragen so völlig und offensichtlich simpel, daß es Ihnen — einen heilsamen kleinen Schrecken einjagen wird, sie trotzdem nicht beantworten zu können. Viele aber sind hart, und sich gegen die Scheinargumente der falschen Antworten zur Wehr zu setzen, erfordert schon einige Standfestigkeit. Als Trainingspartner für den Leser, der mit sich und dem Buch allein ist, sind die Tests schon ernstzunehmen. – Übrigens ist unter den jeweils drei Antworten immer mindestens eine richtige, es können aber auch mehrere sein.

Ich will nun das Buch nicht weiter beschreiben – Sie haben es ja vor sich – sondern mich der angenehmen Pflicht zuwenden, nach getaner Arbeit zurückzuschauen und dankbar von der vielfältigen Hilfe Rechenschaft zu geben, die ich erhalten habe.

Frau Hertl hat die Handschrift in TEX verwandelt, und Herr Michael Prechtel war als TEX-Wizard stets mit Rat und Tat zur Stelle. Auch von Herrn Martin Lercher sowie vom Verlag habe ich nützliche "Macros" bekommen, und als einer der ersten konnte ich das von Herrn Bernhard Rauscher entwickelte diagram.tex für die Diagramme benutzen. Meine Mitarbeiter Robert Bieber, Margarita Kraus, Martin Lercher und Robert Mandl haben die vorletzte Fassung des Buches sachverständig korrekturgelesen. Für alle diese Hilfe danke ich herzlich.

Regensburg, im Juni 1992   Klaus Jänich

Inhaltsverzeichnis

6. Berandete Mannigfaltigkeiten

7. Die anschauliche Bedeutung des Satzes von Stokes

8. Das Dachprodukt und die Definition der Cartanschen Ableitung

14. Anhang: Testantworten, Literatur, Register

1 Differenzierbare Mannigfaltigkeiten

1.1 Der Mannigfaltigkeitsbegriff

Als Vorkenntnisse brauchen wir nur ein wenig Topologie — jedenfalls genügt einstweilen Kap. I aus [J: Top] — und die Differentialrechnung in mehreren Veränderlichen.

Definition: Sei X ein topologischer Raum. Unter einer *n-dimensionalen Karte* für X verstehen wir einen Homöomorphismus $h : U \xrightarrow{\;\cong\;} U'$ von einer offenen Teilmenge $U \subset X$, dem *Kartengebiet*, auf eine offene Teilmenge $U' \subset \mathbb{R}^n$. □

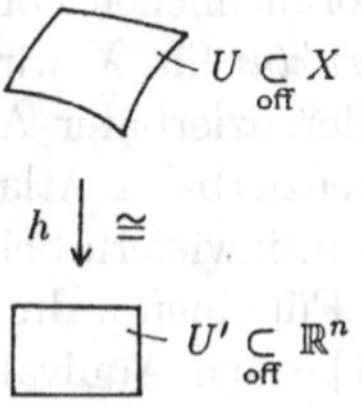

Fig. 1. Karte

Gehört jeder Punkt von X einem möglichen Kartengebiet von X an, dann nennt man den Raum X *lokal euklidisch*: eine schöne Eigenschaft, die natürlich nicht jeder topologische Raum hat.

Es ist oftmals praktisch, die Bezeichnung des Kartengebietes in der Notation für die Karte mitzuführen und von der Karte (U, h) zu sprechen, wie wir auch sogleich tun wollen:

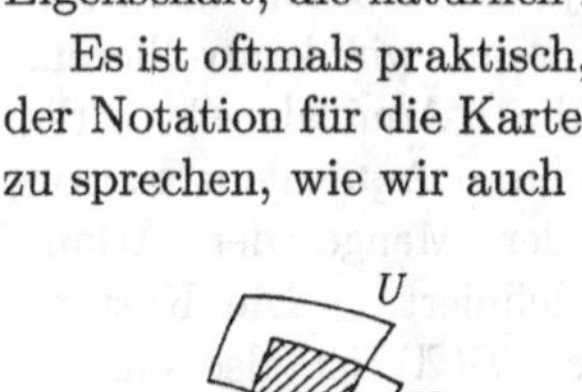

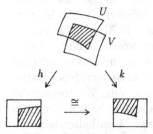

Fig. 2. Kartenwechsel

Definition: Sind (U, h) und (V, k) zwei n-dimensionale Karten für X, so heißt der Homöomorphismus $k \circ (h^{-1} | h(U \cap V))$ von $h(U \cap V)$ auf $k(U \cap V)$ der *Kartenwechsel* von h nach k. Ist er sogar ein Diffeomorphismus, so sagen wir, daß die beiden Karten *differenzierbar wechseln*. □

Mit *Differenzierbarkeit* im Sinne der Analysis im $\mathbb{R}^n$ ist hier übrigens immer die C^∞-Eigenschaft gemeint: beliebig oft stetig partiell differenzierbar. Insbesondere ist ein Homöomorphismus f zwischen offenen Mengen im $\mathbb{R}^n$ genau dann ein Diffeomorphismus, wenn f und f^{-1} beide C^∞ sind.

Definition: Eine Menge n-dimensionaler Karten für X, deren Kartengebiete ganz X überdecken, heißt ein *n-dimensionaler Atlas* für X. Der Atlas heißt *differenzierbar*, wenn alle seine Karten differenzierbar miteinander wechseln, und zwei differenzierbare Atlanten $\mathfrak{A}$ und $\mathfrak{B}$ nennen wir *äquivalent*, wenn auch $\mathfrak{A} \cup \mathfrak{B}$ differenzierbar ist.   □

Damit sind wir schon ganz nahe am Begriff der differenzierbaren Mannigfaltigkeit, aber nun müssen wir uns einer von zwei gebräuchlichen Formulierungen anschließen. Eine *differenzierbare Struktur* für X wird nämlich manchmal als eine Äquivalenzklasse differenzierbarer Atlanten und manchmal als ein maximaler differenzierbarer Atlas aufgefaßt. Wollen wir uns zunächst klar machen, inwiefern beides dasselbe bedeutet.

Für einen n-dimensionalen differenzierbaren Atlas $\mathfrak{A}$ bezeichne $[\mathfrak{A}]$ seine Äquivalenzklasse und $\mathcal{D}(\mathfrak{A})$ die Menge aller Karten (U, h) von X, die mit allen Karten in $\mathfrak{A}$ differenzierbar wechseln. Die Elemente $\mathcal{D}(\mathfrak{A})$ wechseln dann auch untereinander differenzierbar, wie man durch Zuhilfenahme von $\mathfrak{A}$-Karten überprüft.

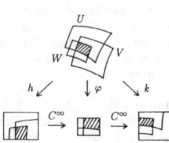

Fig. 3. Differenzierbarkeitsnachweis für Kartenwechsel von h nach k mittels Hilfskarte (W, φ) aus $\mathfrak{A}$.

Dieselbe Überlegung haben wir ja auch schon anzustellen, wenn wir kontrollieren, ob die "Äquivalenz" wirklich eine Äquivalenzrelation auf der Menge der Atlanten definiert. – Die Kartenmenge $\mathcal{D}(\mathfrak{A})$ ist also ein n-dimensionaler differenzierbarer Atlas und zwar offenbar ein *maximaler*: jede Karte, die wir ohne Zerstörung der Differenzierbarkeit noch hinzunehmen könnten, ist sowieso schon darin. Dieses $\mathcal{D}(\mathfrak{A})$, der ersichtlich einzige $\mathfrak{A}$ enthaltende maximale n-dimensionale differenzierbare Atlas, enthält aber genau dieselbe Information wie die Äquivalenzklasse $[\mathfrak{A}]$, denn $[\mathfrak{A}]$ ist einfach die Menge aller Teilatlanten von $\mathcal{D}(\mathfrak{A})$ und $\mathcal{D}(\mathfrak{A})$ die Vereinigung aller Atlanten in $[\mathfrak{A}]$. Es ist deshalb Geschmacksache, welches von beiden man als die durch $\mathfrak{A}$ definierte Struktur heranziehen will, und ich zum Beispiel bevorzuge den maximalen Atlas, denn das ist doch wenigstens noch ein Atlas:

Definition: Unter einer *n-dimensionalen differenzierbaren Struktur* für einen topologischen Raum X verstehen wir einen maximalen n-dimensionalen differenzierbaren Atlas. □

Man wird nun als Definition erwarten, eine differenzierbare Mannigfaltigkeit sei ein mit einer differenzierbaren Struktur versehener topologischer Raum, und im wesentlichen ist es auch so, aber es werden an den Raum noch zwei zusätzliche *topologische* Forderungen gestellt. Zum einen wird von M nämlich die Hausdorffeigenschaft verlangt, zum andern das *zweite Abzählbarkeitsaxiom*, d.h. das Vorhandensein einer abzählbaren Basis der Topologie (vergl. hierzu z.B. $[\,\mathrm{J}:Top\,]$, S.13 und später dort auch S.98).

Definition: Unter einer *n-dimensionalen differenzierbaren Mannigfaltigkeit* verstehen wir ein Paar $(M, \mathcal{D})$, bestehend aus einem Hausdorffraum M, der das zweite Abzählbarkeitsaxiom erfüllt und einer n-dimensionalen differenzierbaren Struktur $\mathcal{D}$ für M. □

Meist unterdrückt man die Struktur in der Notation und spricht einfach von der Mannigfaltigkeit M, wie analog ja auch von einer Gruppe G oder einem Vektorraum V.

Eine Konvention sollten wir für den *leeren* topologischen Raum mit der leeren Struktur treffen. Wir lassen ihn als Mannigfaltigkeit jeder, auch negativer Dimension gelten. Jede nichtleere Mannigfaltigkeit hat aber eine wohlbestimmte Dimension $n = \dim M \geq 0$.

Da wir andere als differenzierbare Mannigfaltigkeiten nicht definiert haben und auch nicht zu betrachten brauchen, so müssen wir das Beiwort "differenzierbar" nicht jedesmal hinzufügen, und wir wollen auch vereinbaren, unter einer Karte (U, h) *für die Mannigfaltigkeit* M, wenn nichts Gegenteiliges ausdrücklich gesagt ist, immer eine Karte aus der differenzierbaren Struktur zu verstehen.

1.2 Differenzierbare Abbildungen

Nun wollen wir uns aber gleich den *Abbildungen* zuwenden.
Auf einer Mannigfaltigkeit M sei eine Abbildung irgendwohin,
$f : M \to X$ gegeben, deren Verhalten in der Nähe eines Punktes
$p \in M$ wir studieren wollen. Dann können wir eine **Karte um
p** wählen, also eine Karte (U, h) für M mit $p \in U$, und die
Abbildung f damit "herunterholen", d.h. $f \circ h^{-1} : U' \to X$
betrachten. Von allen Eigenschaften und Daten, die $f \circ h^{-1}$ lokal

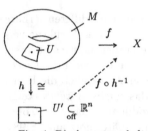

Fig. 4. Die heruntergeholte
Abbildung $f \circ h^{-1}$

bei $h(p)$ hat, sagt man dann, f
habe sie bei p *bezüglich der Karte*
(U, h). Wenn eine solche Eigenschaft oder ein Datum der heruntergeholten Abbildung aber sogar *unabhängig* von der Wahl der
Karte um p ist, f die Eigenschaft
also bezüglich *jeder* Karte um p
hat, dann sagen wir in abkürzender
Sprechweise einfach, f habe diese
Eigenschaft bei p. Zum Beispiel:

Definition: Eine Funktion $f : M \to \mathbb{R}$ heißt bei $p \in M$ *differenzierbar* $(= C^\infty)$, wenn für eine (dann jede!) Karte (U, h) um
p die heruntergeholte Funktion $f \circ h^{-1}$ in einer Umgebung von
$h(p)$ differenzierbar ist.   □

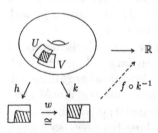

Fig. 5. Auf $h(U \cap V)$ stim-
men $f \circ h^{-1}$ und $(f \circ k^{-1}) \circ w$
überein.

Daß die lokale C^∞-Eigenschaft bei
p unabhängig von der Wahl der
Karte ist, folgt daraus, daß sich
die mittels der Karten (U, h) und
(V, k) heruntergeholten Funktionen
ja lokal nur um einen vorgeschal-
teten Diffeomorphismus, eben den
Kartenwechsel w unterscheiden.
Ganz analog verfahren wir, wenn
auch der Zielraum eine Mannigfaltigkeit ist. Allerdings setzen wir
dann f immer gleich als stetig vor-
aus, weil das eine passende Kartenwahl ermöglicht:

Notiz: *Ist* $f : M \to N$ *eine stetige Abbildung zwischen Mannigfaltigkeiten, ist* $p \in M$ *und* (V, k) *eine Karte um* $f(p)$, *so gibt es stets eine Karte* (U, h) *um* p *mit* $f(U) \subset V$. $\square$

Wir sagen dann wieder, f habe eine lokale Eigenschaft bei p bezüglich der Karten (U, h) und (V, k), wenn die "heruntergeholte" Abbildung $k \circ f \circ h^{-1} : U' \to V'$ sie bei $h(p)$ hat, und da diese eine Abbildung zwischen offenen Mengen in Euklidischen Räumen ist, sind wir mit ihr ganz im vertrauten Rahmen der Differentialrechnung in

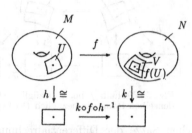

Fig. 6. Mittels Karten heruntergeholte stetige Abbildung zwischen Mannigfaltigkeiten.

mehreren Variablen. Ist die Eigenschaft auch noch unabhängig von der Wahl der Karten, so brauchen wir die Karten nicht anzugeben, sondern können sagen, f habe bei p die Eigenschaft *bezüglich einer (dann jeder) Wahl von Karten* oder kürzer: *bezüglich Karten* oder eben ganz kurz: f habe diese Eigenschaft bei p. Insbesondere:

Definition: Eine stetige Abbildung $f : M \to N$ zwischen Mannigfaltigkeiten heißt **differenzierbar bei** $p \in M$, wenn sie es bezüglich Karten ist. **Differenzierbar** schlechthin heißt f, wenn es überall, also bei *jedem* $p \in M$ differenzierbar ist, und ist f bijektiv und f und f^{-1} beide differenzierbar, so nennt man f einen **Diffeomorphismus**. $\square$

1.3 Der Rang

Die Jacobi-Matrix der heruntergeholten Abbildung ist *nicht* unabhängig von der Kartenwahl, sie wird ja gemäß der Kettenregel beim Übergang zu anderen Karten durch die Kartenwechsel verändert. Wohl aber bleibt der *Rang* der Jacobi-Matrix derselbe, denn die Kartenwechsel sind Diffeomorphismen, und daher kann man definieren:

Definition: Ist $f : M \to N$ bei p differenzierbar, so heißt der
Rang der Jacobi-Matrix bezüglich Karten der **Rang** von f bei p
und wird mit $\mathrm{rg}_p f$ bezeichnet. □

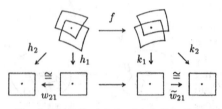

Fig. 7. Weshalb f bei p bezüglich (h_1, k_1)
denselben Rang wie bezüglich (h_2, k_2) hat.

Wie Sie aus der Differentialrechnung in
mehreren Veränderlichen wissen, regiert der
Rang grundlegende Eigenschaften des *lokalen* Verhaltens differenzierbarer Abbildungen. Die diesbezüglichen Sätze der Differentialrechnung übertragen sich sofort auf
Abbildungen zwischen Mannigfaltigkeiten, da wir sie ja auf die
heruntergeholten Abbildungen anwenden können. So lautet dann
der Umkehrsatz

Umkehrsatz: *Ist* $f : M \to N$ *eine differenzierbare Abbildung
zwischen zwei Mannigfaltigkeiten der gleichen Dimension* n *und
ist* $p \in M$ *ein Punkt mit* $\mathrm{rg}_p f = n$, *dann ist* f *bei* p *ein lokaler
Diffeomorphismus.* □

Den Umkehrsatz kann man als den Mittelpunkt einer Anhäufung
grundlegender lokaler Resultate der Differentialrechnung ansehen.
Von ihm aus erreicht man die verwandten Sätze als Korollare, so
zum Beispiel den scheinbar allgemeineren

Satz vom regulären Punkt: *Ist* $f : M \to N$ *eine differenzierbare Abbildung zwischen zwei Mannigfaltigkeiten und* $p \in M$ *ein
regulärer Punkt von* f *(d.h. es gilt* $\mathrm{rg}_p f = \dim N$*), so ist* f *lokal bei* p *bezüglich geeigneter Karten die kanonische Projektion.* □

Ganz ausführlich gesagt soll das heißen: Es gibt Karten (U, h)
um p und (V, k) um $f(p)$ mit $f(U) \subset V$, so daß die heruntergeholte Abbildung $k \circ f \circ h^{-1} : U' \to V'$ durch (z.B.)

$$(x_1, \ldots, x_s, x_{s+1}, \ldots, x_{s+n}) \longmapsto (x_{s+1}, \ldots, x_{s+n})$$

gegeben ist, wobei wir hier einmal mit $s + n$ und n die Dimensionen von M und N bezeichnet haben.

Ebenfalls als einen Abkömmling des Umkehrsatzes erhält man schließlich den noch allgemeineren *Rangsatz*, vergl. z.B. [BJ], S.46:

Rangsatz: *Hat die differenzierbare Abbildung $f : M \to N$ in einer Umgebung von $p \in M$ konstanten Rang r, so ist sie bezüglich geeigneter Karten lokal um p von der Form*

$$\mathbb{R}^r \times \mathbb{R}^s \longrightarrow \mathbb{R}^r \times \mathbb{R}^n$$
$$(x, y) \longmapsto (x, 0),$$

wenn $r + s$ und $r + n$ die Dimensionen von M und N sind. $\square$

1.4 Untermannigfaltigkeiten

Der Satz vom regulären Punkt macht eine wichtige Aussage über das Urbild $f^{-1}(q)$ eines Punktes $q \in N$, sofern die Elemente $p \in f^{-1}(q)$ alle regulär sind. Solche Punkte q nennt man übrigens *reguläre Werte:*

Sprechweise: Ist $f : M \to N$ eine differenzierbare Abbildung, so heißen die *nicht* regulären Punkte $p \in M$ *kritische* oder *singuläre Punkte* von f, und ihre Bildpunkte unter f heißen *kritische* oder *singuläre Werte* von f, während alle übrigen Punkte von N *reguläre Werte* von f genannt werden. $\square$

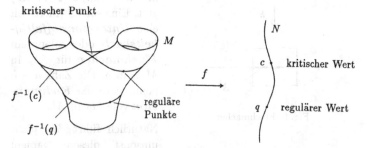

Fig. 8. Reguläre und kritische Punkte und Werte

Beachte, daß wir hierbei also die Konvention getroffen haben, einen Punkt $q \in N$ auch dann regulären Wert zu nennen, wenn

$f^{-1}(q)$ leer ist, obwohl q dann ja gar keiner der "Werte" von f ist.

Sind nun M und N Mannigfaltigkeiten mit dim $M = n+s$ und dim $N = n$, und ist $q \in N$ regulärer Wert einer differenzierbaren Abbildung $f : M \to N$, so gibt es um jeden Punkt p des Urbildes $M_0 := f^{-1}(q)$ eine Karte (U, h) von M mit der Eigenschaft

$$h(U \cap M_0) = \mathbb{R}^s \cap h(U),$$

wobei $\mathbb{R}^s \subset \mathbb{R}^{s+n}$ wie üblich als $\mathbb{R}^s \times 0 \subset \mathbb{R}^s \times \mathbb{R}^n$ verstanden wird. Wir dürfen nämlich von den beiden Karten (U, h) und (V, k), die uns der Satz vom regulären Punkt liefert ohne weiteres auch $k(q) = 0$ fordern, und dann leistet (U, h) schon das Gewünschte.

Die Teilmenge $M_0 \subset M$ liegt also bezüglich geeigneter Karten überall so in M darin wie $\mathbb{R}^s$ in $\mathbb{R}^{s+n}$, und deshalb nennt man sie eine s-dimensionale *Untermannigfaltigkeit* von M. Genauer:

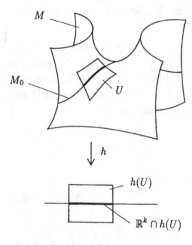

Fig. 9. Flachmacher

Definition: Sei M eine n-dimensionale Mannigfaltigkeit. Einen Teilraum $M_0 \subset M$ nennt man eine **k-dimensionale Untermannigfaltigkeit**, wenn es um jeden Punkt von M_0 eine Karte (U, h) von M mit $h(U \cap M_0) = \mathbb{R}^k \cap h(U)$ gibt. Eine solche Karte soll eine **Untermannigfaltigkeitskarte** oder salopp ein **Flachmacher** für M_0 in M heißen. Die Zahl $n - k$ nennt man die **Kodimension** von M_0 in M. $\quad\square$

Natürlich führt M_0 nicht umsonst diesen Namen: Die Menge $\mathfrak{A}_0$ der aus den Flachmachern gewonnenen Karten $(U \cap M_0, h | U \cap M_0)$ ist offenbar ein k-dimensionaler differenzierbarer Atlas für M_0, der also eine differenzierbare Struktur

$\mathcal{D}(\mathfrak{A}_0) =: \mathcal{D}|M_0$ erzeugt, und da sich das zweite Abzählbarkeits-
und das Hausdorffaxiom auf Teilräume übertragen, ist $(M_0, \mathcal{D}|M_0)$
eine k-dimensionale differenzierbare Mannigfaltigkeit, als die wir
M_0 künftig auch immer betrachten.

In den beiden Extremfällen $k = 0$ und $k = n$ reduziert sich
die Untermannigfaltigkeitsbedingung auf eine bloße topologische
Forderung: die 0-dimensionalen Untermannigfaltigkeiten von M
sind genau die *diskreten*, die 0-kodimensionalen genau die *offenen*
Teilmengen von M.

Über das Urbild eines regulären Wertes können wir nun kurz
und bündig sagen:

Satz vom regulären Wert: *Ist $q \in N$ regulärer Wert einer
differenzierbaren Abbildung $f : M \to N$, so ist sein Urbild
$f^{-1}(q) \subset M$ eine Untermannigfaltigkeit, deren Kodimension
gleich der Dimension von N ist.* □

1.5 Beispiele von Mannigfaltigkeiten

Genau genommen habe ich außer der alldimensionalen *leeren* Mannigfaltigkeit noch kein einziges Beispiel angegeben. Gibt es denn
überhaupt Mannigfaltigkeiten?

Will man Mannigfaltigkeiten direkt nach dem Wortlaut der Definition angeben, ohne weitere Hilfsmittel heranzuziehen, so muß
man einen "zweit-abzählbaren" Hausdorffraum M und eine differenzierbare Struktur $\mathcal{D}$ für M beschreiben. Ganz explizit braucht
man für $\mathcal{D}$ natürlich nur einen (vielleicht eher *kleinen*) differenzierbaren Atlas $\mathfrak{A}$ anzugeben, um dann $\mathcal{D}$ als den maximalen $\mathfrak{A}$
umfassenden Atlas $\mathcal{D}(\mathfrak{A})$ zu definieren. Am einfachsten auf diese
Weise zu erhalten ist das lokale Modell aller n-dimensionalen Mannigfaltigkeiten, der $\mathbb{R}^n$, den wir natürlich als die Mannigfaltigkeit

$$(\mathbb{R}^n, \mathcal{D}(\{ \mathrm{Id}_{\mathbb{R}^n} \}))$$

auffassen. Und damit höre ich auch schon wieder auf, Mannigfaltigkeiten *direkt* anzugeben! Im wirklichen Leben begegnen Ihnen
nämlich Mannigfaltigkeiten eher selten auf diese Weise. Lassen Sie
mich das anhand eines Vergleichs aus der Analysis I erläutern.

Eine reelle Funktion einer reellen Variablen heißt *stetig* an der Stelle x_0, wenn es zu jedem $\varepsilon > 0$ ein $\delta > 0$ gibt, so daß usw. Man sieht daraus sofort, daß konstante Funktionen stetig sind (δ beliebig) und daß die identische Funktion stetig ist (z.B. $\delta := \varepsilon$). Wenn Sie aber begründen sollen, weshalb die durch $f(x) := \arctan(x + \sqrt{x^4 + e^{\cosh x}})$ oder dergleichen gegebene Funktion stetig ist: fangen Sie dann an, zu jedem $\varepsilon > 0$ ein $\delta > 0$ zu suchen, so daß etc.? Nein, sondern Sie kennen aus der Theorie *stetige Funktionen hervorbringende Prozesse*, z.B. ergeben Summen, Produkte, Quotienten, gleichmäßig konvergente Reihen, Hintereinanderschaltung, Umkehrung (auf Monotonie-Intervallen) stetiger Funktionen wieder stetige Funktionen, und Sie sehen natürlich sofort, daß die obige Funktion durch Anwenden solcher Prozesse aus den konstanten und der identischen Funktion hervorgeht.

Anstatt die definierenden Eigenschaften und Attribute mathematischer Objekte explizit darzulegen, braucht man oft nur auf die *Herkunft*, den *Entstehungsprozess* zu verweisen. So gibt es auch *Mannigfaltigkeiten hervorbringende Prozesse*, und insbesondere ist der Satz vom regulären Wert eine lebhaft sprudelnde Quelle. Die durch $f(x) := \|x\|^2$ gegebene Abbildung $f : \mathbb{R}^{n+1} \to \mathbb{R}$ z.B. hat außer bei $x = 0$ überall den Rang 1, insbesondere ist $1 \in \mathbb{R}$ regulärer Wert und daher sein Urbild $f^{-1}(1)$, die ***n-Sphäre*** $S^n := \{ x \in \mathbb{R}^{n+1} \mid \|x\| = 1 \}$ eine n-dimensionale Untermannigfaltigkeit von $\mathbb{R}^{n+1}$.

Auch $f : \mathbb{R}^3 \to \mathbb{R}$, $x \to x_1^2 + x_2^2 - x_3^2$, ist nur bei $x = 0$ singulär, deshalb ist jedes $c \neq 0$ in $\mathbb{R}$ ein regulärer Wert von f und das **Hyperboloid** $f^{-1}(c)$ eine 2-dimensionale Untermannigfaltigkeit von $\mathbb{R}^3$ (eine "Fläche im Raum").

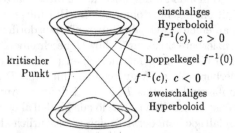

einschaliges Hyperboloid $f^{-1}(c)$, $c > 0$
kritischer Punkt
Doppelkegel $f^{-1}(0)$
$f^{-1}(c)$, $c < 0$
zweischaliges Hyperboloid

Fig. 10. Hyperboloide als Untermannigfaltigkeiten nach dem Satz vom regulären Wert.

– Noch eine dritte und schon wesentlich interessantere Anwendung des Satzes vom regulären Wert möchte ich nennen. Diesmal sollen die beiden Mannigfaltigkeiten M und N zwei endlichdimensionale Vektorräume sein, es sei nämlich $n \geq 1$ und $M := M(n \times n, \mathbb{R}) \cong \mathbb{R}^{n^2}$, der Raum der reellen $n \times n$-Matrizen, und $N := S(n \times n, \mathbb{R}) \cong \mathbb{R}^{\frac{1}{2}n(n+1)}$, der Unterraum der *symmetrischen* Matrizen. Ist $A \in M(n \times n, \mathbb{R})$, so bezeichnen wir mit ${}^tA$ die zu A transponierte Matrix. Ferner sei E die $n \times n$-Einheitsmatrix. Eine Matrix A heißt bekanntlich *orthogonal*, wenn ${}^tA \cdot A = E$ gilt.

Lemma: *Für die Abbildung*

$$f : M(n \times n, \mathbb{R}) \longrightarrow S(n \times n, \mathbb{R})$$
$$A \longmapsto {}^tA \cdot A$$

*ist die Einheitsmatrix E ein regulärer Wert, die **orthogonale Gruppe***

$$O(n) := f^{-1}(E)$$

also eine $\frac{1}{2}n(n-1)$-dimensionale Untermannigfaltigkeit von $M(n \times n, \mathbb{R})$.

BEWEIS: Um zu zeigen, daß f bei $A \in O(n)$ regulär ist, brauchen wir nicht eine $\frac{1}{2}n(n+1) \times n^2$-Jacobi-Matrix explizit auszurechnen um ihren Rang zu untersuchen, sondern wir erinnern uns an die Beziehung zwischen Jacobi-Matrix und Richtungsableitung in der Differentialrechnung: Allgemein gilt

$$J_f(p) \cdot v = \tfrac{d}{d\lambda} \big|_0 f(p + \lambda v).$$

Daher genügt es zu zeigen, daß es zu jedem $A \in O(n)$ und jedem $B \in S(n \times n, \mathbb{R})$ eine Matrix $X \in M(n \times n, \mathbb{R})$ gibt, so daß

$$\tfrac{d}{d\lambda} \big|_0 {}^t(A + \lambda X) \cdot (A + \lambda X) = B,$$

d.h. $J_f(A)X = B$ gilt, denn dann ist die Jacobi-Matrix von f bezüglich linearer Karten als surjektive Abbildung $\mathbb{R}^{n^2} \to \mathbb{R}^{\frac{1}{2}n(n+1)}$ nachgewiesen, f also vom vollen Rang $\frac{1}{2}n(n+1)$ bei A. Wir brauchen also nur zu jeder symmetrischen Matrix B eine Matrix X mit

$$^tX \cdot A + {}^tA \cdot X = B$$

zu finden. Wegen der Symmetrie von B genügt es dafür, X mit

$$^tA \cdot X = \tfrac{1}{2}B$$

zu finden, denn $^tX \cdot A = {}^t({}^tA \cdot X)$, und das ist sogar für alle invertierbaren A möglich, wir setzen einfach $X := \tfrac{1}{2}\,{}^tA^{-1}B$. □

Beachte, daß damit auch die *spezielle orthogonale Gruppe*

$$SO(n) := \{\, A \in O(n) \mid \det A = +1 \,\}$$

als $\tfrac{1}{2}n(n-1)$-dimensionale Untermannigfaltigkeit von $M(n \times n, \mathbb{R})$ nachgewiesen ist, denn $SO(n)$ ist offen in $O(n)$. — Ganz ähnlich wendet man den Satz vom regulären Wert auch an, um andere "Matrizengruppen", wie etwa $U(n)$ oder $SU(n)$, als Untermannigfaltigkeiten von Matrizenvektorräumen zu erkennen.

In der linearen Algebra studiert man *lineare* Gleichungssysteme $A \cdot x = b$. Die Lösungsmenge eines solchen Systems ist nichts anderes als das Urbild $A^{-1}(b)$ des Wertes b unter der linearen Abbildung A. Nun, die Urbilder $f^{-1}(q)$ differenzierbarer Abbildungen sind eben die Lösungsmengen *nichtlinearer* Gleichungssysteme. Daß es im regulären Fall Untermannigfaltigkeiten sind und man deshalb Analysis darauf betreiben kann, ist eines der Motive für das Studium der Mannigfaltigkeiten.

1.6   Summen, Produkte und Quotienten von Mannigfaltigkeiten

Zum Schluß dieses Paragraphen besprechen wir nun drei weitere Mannigfaltigkeiten hervorbringende Prozesse, nämlich das Bilden von *Summen*, *Produkten* und *Quotienten*. Der primitivste Vorgang ist dabei das Summieren (siehe z.B. [J: *Top*], S. 12), das bloße Nebeneinanderstellen von Mannigfaltigkeiten durch disjunkte Vereinigung:

Notiz: *Die* ***Summe*** *oder disjunkte Vereinigung* $M + N$ *zweier n-dimensionaler Mannigfaltigkeiten ist in kanonischer Weise wieder eine.* ☐

Sind $\mathfrak{A}$ und $\mathfrak{B}$ Atlanten für M und N, so deren disjunkte Vereinigung $\mathfrak{A} \,\dot{\cup}\, \mathfrak{B}$ $=: \quad \mathfrak{A} + \mathfrak{B}$ in offensichtlicher Weise für $M + N$, und wenn wir die obige Notiz etwas förmlicher fassen wollten, so hätten wir die differenzierbare Struktur für $M + N$ durch $\mathcal{D}(\mathcal{D}_1 + \mathcal{D}_2)$ anzugeben, wenn $\mathcal{D}_1, \mathcal{D}_2$ die Strukturen von M und N sind. Auch $\mathcal{D}(\mathcal{D}(\mathfrak{A}) + \mathcal{D}(\mathfrak{B}))$ $= \mathcal{D}(\mathfrak{A} + \mathfrak{B})$ wäre dann vielleicht des Bemerkens wert.

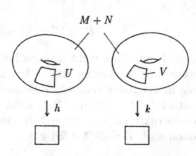

Fig. 11. Karten für die Summanden sind auch Karten für die Summe; Atlas $\mathfrak{A} + \mathfrak{B}$ bleibt differenzierbar, da keine neuen Kartenwechsel hinzukommen.

Ebenso kann man natürlich mit mehreren, ja sogar abzählbar vielen Summanden M_i, $i = 1, 2, \ldots$ verfahren und deren Summe oder disjunkte Vereinigung

$$\coprod_{i=1}^{\infty} M_i$$

bilden, nicht jedoch mit überabzählbar vielen, weil das zweite Abzählbarkeitsaxiom erfüllt bleiben muß.

Sehr häufig hat man das *Produkt* zweier Mannigfaltigkeiten zu bilden. Topologisch handelt es sich dabei natürlich um das wohlbekannte kartesische Produkt, und die differenzierbare Struktur erhält man aus den Produkten der Karten der Faktoren.

Notiz: *Das* ***Produkt*** $M \times N$ *einer k- mit einer n-dimensionalen Mannigfaltigkeit ist in kanonischer Weise eine* $(k + n)$-*dimensionale Mannigfaltigkeit.* ☐

Wir dürfen uns die Schreibweise

$$\mathfrak{A} \times \mathfrak{B} := \left\{ (U \times V, h \times k) \mid (U, h) \in \mathfrak{A}, (V, k) \in \mathfrak{B} \right\}$$

für den **Produktatlas** wohl ruhig erlauben, denn das Kartenpro-
dukt
$$U \times V$$

$$\cong \downarrow h \times k$$

$$U' \times V' \underset{\text{off}}{\subseteq} \mathbb{R}^k \times \mathbb{R}^n = \mathbb{R}^{k+n}$$

enthält nur dann nicht dieselbe Information wie das Paar (h, k),
wenn eine der beiden Karten leer ist, und in dieser Notation ist
die in der Notiz gemeinte differenzierbare Struktur von $M \times N$
natürlich $\mathcal{D} := \mathcal{D}(\mathcal{D}_1 \times \mathcal{D}_2)$, wenn $\mathcal{D}_1 = \mathcal{D}(\mathfrak{A})$ und $\mathcal{D}_2 = \mathcal{D}(\mathfrak{B})$
die Strukturen von M und N sind, und man sieht leicht, daß
dann auch $\mathcal{D} = \mathcal{D}(\mathfrak{A} \times \mathfrak{B})$ gilt.

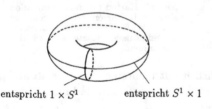

entspricht $1 \times S^1$ entspricht $S^1 \times 1$

Fig. 12. Torus im $\mathbb{R}^3$ dargestellt.

Einfachstes nichttrivia-
les Beispiel einer Pro-
duktmannigfaltigkeit ist
vielleicht der von uns oft
zu Veranschaulichungen
herangezogene **Torus**
$T^2 := S^1 \times S^1$. In bezug
auf $\mathbb{R}^2 = \mathbb{C}$ ist $S^1 =
\{ z \in \mathbb{C} \mid |z| = 1 \}$, also
wäre $S^1 \times S^1$ in $\mathbb{C}^2$ zu
finden, was beim Zeichnen seine Schwierigkeiten hat. Wir benutzen daher ersatzweise eine zu $S^1 \times S^1$ diffeomorphe Untermannigfaltigkeit von $\mathbb{R}^3$.

Subtiler ist das Thema der Quotientenmannigfaltigkeiten, und
wir können jetzt auch nur einen ersten Schritt dahin tun.

Ist X ein topologischer Raum und $\sim$ eine Äquivalenzrelation
auf X, bezeichnet ferner $X/\sim$ die Menge der Äquivalenzklassen
und

$$X$$

$$\downarrow \pi$$

$$X/\sim$$

die kanonische Projektion, die jedem $x \in X$ seine Äquivalenzklasse
zuordnet, so nennt man $U \subset X/\sim$ **offen in der Quotiententopologie**, wenn $\pi^{-1}(U)$ offen in X ist, und $X/\sim$, versehen mit

dieser Quotiententopologie, heißt der **Quotientenraum** von X
nach $\sim$.

Soviel zur Erinnerung an einen topologischen Begriff (siehe z.B.
Kap. III in [J:Top], insbesondere die Seiten 36-38). Ist nun M
eine Mannigfaltigkeit und $\sim$ eine Äquivalenzrelation darauf, so
ist $M/\sim$ − noch lange keine Mannigfaltigkeit, oft nicht einmal
ein Hausdorffraum. Wir betrachten hier den in gewissem Sinne
einfachsten Fall, in dem $M/\sim$ doch eine Mannigfaltigkeit ist:

Lemma: *Es sei* M *eine* n-*dimensionale Mannigfaltigkeit und*
$\tau : M \to M$ *eine* **fixpunktfreie Involution**, *d.h. eine diffe-*
renzierbare Abbildung mit $\tau \circ \tau = \mathrm{Id}_M$ *und* $\tau(x) \neq x$ *für alle*
$x \in M$. *Dann ist der Quotientenraum von* M *nach der durch*
$x \sim \tau(x)$ *beschriebenen Äquivalenzrelation, welcher mit* M/τ *be-*
zeichnet sei, in kanonischer Weise ebenfalls eine n-*dimensionale*
Mannigfaltigkeit: seine differenzierbare Struktur ist die einzige,
für die

$$M$$
$$\downarrow \pi$$
$$M/\tau$$

überall lokal diffeomorph ist.

BEWEIS: Natürlich kann es höchstens *eine* solche Struktur geben,
denn die Identität auf M/τ bezüglich zweier wäre jedenfalls lokal
diffeomorph, also überhaupt diffeomorph:

$$M$$
$$\pi \swarrow \qquad \searrow \pi$$
$$(M/\tau)_1 \xrightarrow{\quad \mathrm{Id} \quad} (M/\tau)_2$$

(vgl. Aufgabe 2). — Um M/τ als Hausdorffraum nachzuweisen,
betrachten wir zwei Punkte $\pi(p) \neq \pi(q) \in M/\tau$. Da M Hausdorffraum ist, können wir offene Umgebungen U und V von p
und q so klein wählen, daß $U \cap V = \varnothing$ und $U \cap \tau(V) = \varnothing$. Dann
sind $\pi(U)$ und $\pi(V)$ trennende Umgebungen von $\pi(p)$ und $\pi(q)$.

Ist ferner $\{U_i\}_{i \in \mathbb{N}}$ eine abzählbare Basis für M, so $\{\pi(U_i)\}_{i \in \mathbb{N}}$ für M/τ. Bisher haben wir noch nicht ausgenutzt, daß τ fixpunktfrei ist. Das tun wir aber jetzt, indem wir ein $U \subset M$ *klein* nennen, wenn $U \cap \tau(U) = \varnothing$ gilt und feststellen, daß M "lokal klein" ist, d.h. daß in jeder Umgebung eines Punktes eine kleine Umgebung steckt. Ist $U \subset M$ eine kleine offene Menge, so ist $\pi|U : U \xrightarrow{\cong} \pi(U)$ ein Homöomorphismus, und jede kleine Karte (U, h) von M definiert daher eine Karte $(\pi(U), \tilde{h})$ für M/τ.

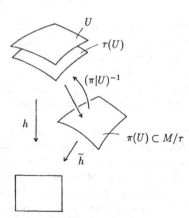

Fig. 13. Karten für die Quotientenmannigfaltigkeit M/τ.

Die kleinen Karten bilden einen Atlas $\mathfrak{A}$ für M, und

$$\widetilde{\mathfrak{A}} := \{ (\pi(U), \tilde{h}) \mid (U, h) \in \mathfrak{A} \}$$

einen für M/τ. Die zugehörige differenzierbare Struktur $\mathcal{D}(\widetilde{\mathfrak{A}})$ hat die gewünschte Eigenschaft. $\qquad\square$

Beispiel: Die Quotientenmannigfaltigkeit

$$\mathbb{RP}^n := S^n/-\mathrm{Id}$$

der n-Sphäre nach der antipodischen Involution $x \mapsto -x$ heißt (ist) der n-dimensionale *reelle projektive Raum*. $\qquad\square$

Das ist der reelle projektive Raum *als differentialtopologisches Objekt*, sollte ich vielleicht sagen. Vom algebraischen Standpunkt aus ist es nicht sachgemäß, bei der Definition des projektiven Raumes die Sphäre zuhilfe zu nehmen. Für jeden Vektorraum V über einem beliebigen Körper $\mathbb{K}$ kann man den zugehörigen projektiven Raum $\mathbb{KP}(V)$ als die Menge der 1-dimensionalen Teilräume von V und insbesondere $\mathbb{KP}^n := \mathbb{KP}(\mathbb{K}^{n+1})$ definieren, dazu braucht man keine Norm in V oder $\mathbb{K}^{n+1}$. Daß für $\mathbb{K} = \mathbb{R}$

aber kanonisch $\mathbb{RP}(\mathbb{R}^{n+1}) = S^n/-\mathrm{Id}$ gilt, ist offensichtlich, und für die differentialtopologische Betrachtung von $\mathbb{RP}^n$ ist die Quotientenbildung $S^n \to \mathbb{RP}^n$ sehr nützlich.

Übrigens ist es auch einfach, für $\mathbb{RP}^n$ einen Atlas direkt anzugeben: beschreibt man die Punkte des projektiven Raumes in "homogenen Koordinaten" als $[x_0 : \cdots : x_n] \in \mathbb{RP}^n$ für $(x_0, \ldots, x_n) \in \mathbb{R}^{n+1} \smallsetminus 0$, so ist durch $U_i := \{ [x] \,|\, x_i \neq 0 \}$ und $h_i[x] := (\frac{x_0}{x_i}, \ldots, \widehat{i}, \ldots, \frac{x_n}{x_i})$ für $i = 0, \ldots, n$ ein Atlas aus $n + 1$ Karten definiert.

1.7 Genügen uns Untermannigfaltigkeiten euklidischer Räume?

Auf einen besonderen Aspekt der Quotientenbildung möchte ich Sie zum Schluß noch aufmerksam machen.

Wenn wir mit dem $\mathbb{R}^n$ und seinen offenen Untermannigfaltigkeiten als den einfachsten Beispielen starten und durch reguläre Urbilder, Summen und Produkte neue Mannigfaltigkeiten erzeugen, so erhalten wir doch immer wieder Untermannigfaltigkeiten Euklidischer Räume. Erst durch Quotientenbildung entsteht etwas ganz Neues, z.B. eine "Fläche" $\mathbb{RP}^2 = S^2/\sim$, die nicht mehr vom Raum $\mathbb{R}^3$ umgeben ist und uns deshalb die Notwendigkeit einer mathematischen Fassung des Begriffes "Fläche an sich" (allgemeiner eben des Mannigfaltigkeitsbegriffes) viel deutlicher macht als etwa die Sphäre S^2, die wir auch als geometrischen Ort in $\mathbb{R}^3$ begreifen können.

Das ist soweit eine ganz gute Bemerkung, aber ich will Ihnen nicht verschweigen, daß es in der Differentialtopologie ein klassisches Theorem gibt, welches wieder in die andere Richtung zu weisen scheint, nämlich den *Whitneyschen Einbettungssatz*. Eine Abbildung $f : M \to N$ heißt eine **Einbettung**, wenn $f(M) \subset N$ eine Untermannigfaltigkeit und $f : M \overset{\cong}{\to} f(M)$ ein Diffeomorphismus ist. Der **Einbettungssatz von Whitney** (vergl. z.B. [BJ], S. 73) besagt nun, daß man *jede* n-dimensionale Mannigfaltigkeit in den $\mathbb{R}^{2n+1}$ einbetten kann und sogar mit abgeschlossenem Bild. *Jede Mannigfaltigkeit ist also diffeomorph zu einer* *abgeschlossenen Untermannigfaltigkeit eines* $\mathbb{R}^N$! Brauchen wir die "abstrakten" Mannigfaltigkeiten dann aber wirklich noch?

Nun, die Einbettbarkeit der Mannigfaltigkeiten in die Räume $\mathbb{R}^N$ ist eine von mehreren interessanten Eigenschaften dieser Objekte und manchmal bei Beweisen und Konstruktionen nützlich. Aber wie Sie wissen, bedeutet die bloße *Existenz* einer Sache noch nicht, daß diese Sache nun auch gleich zuhanden oder kanonisch gegeben wäre. So, wie uns die Mannigfaltigkeiten – zum Beispiel als Quotientenmannigfaltigkeiten – in der Natur begegnen, führen sie im allgemeinen keineswegs eine Einbettung in einen $\mathbb{R}^N$ im Reisegepäck mit sich. Würden wir uns, in der trügerischen Hoffnung auf Bequemlichkeit, beim weiteren Ausbau der differential-topologischen Begriffe auf Untermannigfaltigkeiten von $\mathbb{R}^N$ beschränken, so müßten wir bei jeder Anwendung auf eine "Natur-mannigfaltigkeit" diese erst einbetten (was im konkreten Fall sehr lästig sein kann), ferner die Abhängigkeit der Begriffe und Konstruktionen von der *Wahl* der Einbettung unter Kontrolle halten (denn eine kanonische Einbettung gibt es meist nicht), und schließlich fänden wir uns für alle diese Anstrengungen nicht einmal belohnt, denn Untermannigfaltigkeiten im $\mathbb{R}^N$, deren Lage im Raum ja durch Gleichungen und Bedingungen irgendwie beschrieben werden muß, sind gar nicht bequemer zu handhaben, und das Formelwesen – etwa der Integration auf Mannigfaltigkeiten – wird in den Koordinaten des umgebenden Raumes in der Tat nur *wüster* statt einfacher.

Im nächsten Kapitel wollen wir daher den zentralen Begriff des Tangentialraumes mit aller Sorgfalt für beliebige, nicht notwendig von einem $\mathbb{R}^N$ umgebene Mannigfaltigkeiten einführen.

1.8 Test

(1) Ist jede n-dimensionale Karte zugleich auch m-dimensionale Karte für alle $m \geq n$?

☐ Ja.

☐ Das ist Auffassungssache und hängt davon ab, ob man zwischen $\mathbb{R}^n$ und $\mathbb{R}^n \times 0 \subset \mathbb{R}^m$ in diesem Zusammenhang unterscheiden will oder nicht.

☐ Nein, denn für $U \neq \varnothing$ und $m > n$ ist dann jedenfalls U' nicht offen in $\mathbb{R}^m$.

(2) Besteht die differenzierbare Struktur $\mathcal{D}$ einer n-dimensionalen Mannigfaltigkeit $(M, \mathcal{D})$ genau aus allen Diffeomorphismen offener Teilmengen U von M mit offenen Teilmengen U' von $\mathbb{R}^n$?

☐ Ja.

☐ Nein, denn Karten brauchen keine Diffeomorphismen zu sein (nur Homöomorphismen).

☐ Nein, denn es gibt i.a. viel mehr solcher Diffeomorphismen.

(3) Besitzt jede (nichtleere) n-dimensionale Mannigfaltigkeit eine Karte, deren Bildbereich U' der ganze $\mathbb{R}^n$ ist?

☐ Ja, denn durch Verkleinern einer beliebigen Karte kann man jedenfalls eine offene Kugel als Bildbereich erzielen, und eine offene Kugel ist bekanntlich zu $\mathbb{R}^n$ diffeomorph.

☐ Nein, $M := \overset{\circ}{D}{}^n := \{ x \mid \|x\| < 1 \} \subset \mathbb{R}^n$ ist schon ein Gegenbeispiel, denn eine Teilmenge einer offenen Kugel ist bekanntlich nicht zum ganzen $\mathbb{R}^n$ homöomorph, geschweige diffeomorph.

☐ Nein, für kompakte Mannigfaltigkeiten (z.B. S^n) ist das nach dem Satz von Heine-Borel nicht der Fall.

(4) Gibt es auf jeder (nichtleeren) n-dimensionalen Mannigfaltigkeit, $n \geq 1$, eine nichtkonstante differenzierbare Funktion?

☐ Ja, zum Beispiel die n Komponentenfunktionen einer jeden Karte.

☐ Nein, z.B. gibt es keine nichtkonstante Funktion $S^1 \to \mathbb{R}$ (obwohl es nichtkonstante differenzierbare Abbildungen $\mathbb{R} \to S^1$ gibt), weil $\mathbb{R}$ nicht "geschlossen" ist.

□ Ja, man wähle eine Karte $h : U \rightarrow U'$ und eine nichtkonstante differenzierbare Funktion $\varphi : U' \rightarrow \mathbb{R}$ mit kompaktem Träger und setze $f(x) = \varphi(h(x))$ für $x \in U$ und Null sonst.

(5) Kann es eine differenzierbare Abbildung $f : S^n \rightarrow \mathbb{R}^n$, $n \geq 1$ geben, die überall regulär ist?

□ Nein, denn dann wäre $f(S^n)$ nach dem Umkehrsatz offen in $\mathbb{R}^n$, es ist aber kompakt.

□ Nein, denn jede differenzierbare Abbildung $S^n \rightarrow \mathbb{R}^n$ ist an den beiden Polen singulär.

□ Nein für $n = 1$, weil dann die Extrema singulär sind, für $n \geq 2$ aber hat z.B. die Projektion $S^n \subset \mathbb{R}^{n+1} \rightarrow \mathbb{R}^n$ auf die ersten n Koordinaten die gewünschte Eigenschaft.

(6) Welche der folgenden drei Skizzen könnte, bei gutwilliger Interpretation durch den Beschauer, eine 2-dimensionale Untermannigfaltigkeit des $\mathbb{R}^3$ darstellen?

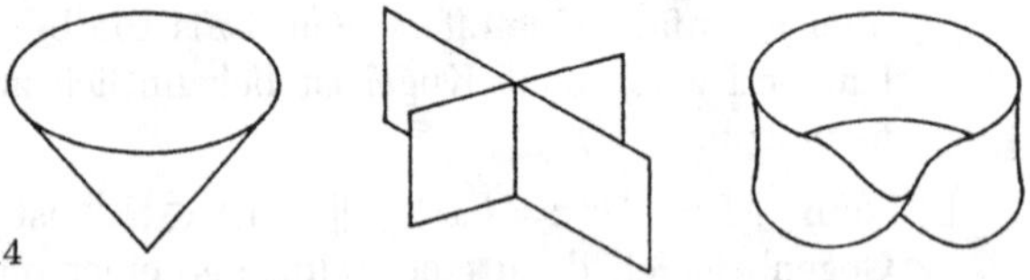

Fig. 14

□ ein Kegel   □ Vereinigung zweier Koordinatenebenen   □ ein Möbiusband

(7) Welche Ränge kommen bei der in der Skizze angedeuteten Abbildung $(x, y, z) \mapsto (x, y)$ einer 2-dimensionalen Untermannigfaltigkeit $M \subset \mathbb{R}^3$ in die Ebene vor?

□ Nur der Rang 2.
□ Nur die Ränge 1 und 2.
□ Alle drei Ränge 0, 1 und 2.

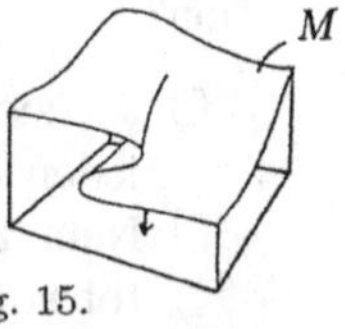

Fig. 15.

(8) Gibt es eine surjektive Abbildung $f : \mathbb{R}^2 \to S^1 \times S^1$, die überall regulär ist?

☐ Nein, denn da $S^1 \times S^1$ kompakt ist und $\mathbb{R}^2$ nicht, erhielte man mittels des Umkehrsatzes einen Widerspruch.

☐ Ja, hier ist eine: $f(x,y) := (e^{ix}, e^{iy})$.

☐ Ja, denn für zusammenhängendes 2-dimensionales M gibt es immer eine solche Abbildung $f : \mathbb{R}^2 \to M$ (anschauliche Vorstellung: ein langer breiter Pinselstrich).

(9) Welche der in den folgenden Skizzen angedeuteten Abbildungen eines abgeschlossenen Rechtecks nach $\mathbb{R}^3$ könnte für das Innere des Rechtecks eine Einbettung definieren:

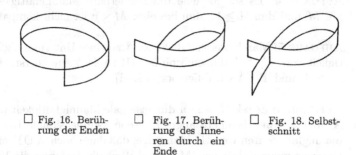

☐ Fig. 16. Berührung der Enden   ☐ Fig. 17. Berührung des Inneren durch ein Ende   ☐ Fig. 18. Selbstschnitt

(10) Muß der Quotient $M/\sim$ einer Mannigfaltigkeit hausdorffsch sein, wenn jede Äquivalenzklasse aus genau zwei Punkten besteht?

☐ Ja, das gilt sogar immer, wenn die Äquivalenzklassen endlich sind.

☐ Ja, und es kommt wirklich darauf an, daß keine 1-punktigen Klassen zugelassen sind, sonst identifiziere in $\{0,1\} \times \mathbb{R}$ jeweils $(0,x)$ und $(1,x)$ für $x \neq 0$: dann sind $(0,0)$ und $(1,0)$ nicht trennbar.

☐ Nein, setze z.B. $M = S^1 \subset \mathbb{C}$ und $1 \sim i$, $-1 \sim -i$ und $z \sim \bar{z}$ sonst.

1.9   Übungsaufgaben

AUFGABE 1: Man beweise, daß jede Mannigfaltigkeit einen abzählbaren Atlas besitzt.

AUFGABE 2: Es seien $\mathcal{D}_1$ und $\mathcal{D}_2$ differenzierbare Strukturen für denselben das zweite Abzählbarkeitsaxiom erfüllenden Hausdorffraum M. Man zeige: Die Identität auf M ist genau dann ein *Diffeomorphismus* zwischen $(M, \mathcal{D}_1)$ und $(M, \mathcal{D}_2)$, wenn $\mathcal{D}_1 = \mathcal{D}_2$ gilt.

AUFGABE 3: Man präzisiere und beweise: Jeder n-dimensionale reelle Vektorraum ist in kanonischer Weise eine n-dimensionale differenzierbare Mannigfaltigkeit.

AUFGABE 4: Es sei M eine differenzierbare Mannigfaltigkeit, $p \in M$ und $\dim M \geq 1$. Man beweise: $M \smallsetminus p$ ist nicht kompakt.

AUFGABE 5: Man beweise, daß $S^n \times S^k$ zu einer Untermannigfaltigkeit von $\mathbb{R}^{n+k+1}$ diffeomorph ist. (Hinweis: Zeige zuerst, daß $S^n \times \mathbb{R}$ und $\mathbb{R}^{n+1} \smallsetminus 0$ diffeomorph sind).

AUFGABE 6: Es sei M eine n-dimensionale Mannigfaltigkeit und X und Y zwei disjunkte abgeschlossene k-dimensionale Untermannigfaltigkeiten von M. Man zeige, daß dann auch $X \cup Y$ eine Untermannigfaltigkeit von M ist. — Weshalb darf man die Voraussetzung, daß X und Y abgeschlossen seien, nicht einfach weglassen?

AUFGABE 7: Es sei $Q : \mathbb{R}^n \to \mathbb{R}$ eine nichtentartete quadratische Form auf $\mathbb{R}^n$. Man zeige, daß die Gruppe

$$O(Q) := \{\, A \in GL(n, \mathbb{R}) \mid Q \circ A = Q \,\}$$

eine Untermannigfaltigkeit (welcher Dimension?) von $GL(n, \mathbb{R})$ ist.

AUFGABE 8: Man zeige, daß jede Mannigfaltigkeit die Summe ihrer Wegzusammenhangskomponenten ist.

1.10   Hinweise zu den Übungsaufgaben

ZU AUFGABE 1: Jedenfalls gibt es eine abzählbare Basis $(\Omega_i)_{i \in \mathbb{N}}$ der Topologie von M. Ist jedes Ω_i in einem Kartengebiet U_i einer Karte (U_i, h_i) der differenzierbaren Struktur $\mathcal{D}$ von M enthalten? Und wäre $\{ (U_i, h_i) \mid i \in \mathbb{N} \}$ dann überhaupt ein Atlas? Darüber muß man nachdenken. Die Antwort auf die erste Frage ist z.B. im allgemeinen *Nein*, das Ω_i ist vielleicht zu "groß". Was ist da zu tun?

ZU AUFGABE 2: Dies ist eine Formulierungsaufgabe. Eine Idee wird hierzu nicht gebraucht, man muß "nur" die beiden Schlüsse $\Longrightarrow$ und $\Longleftarrow$ direkt anhand der Definitionen durchführen.

ZU AUFGABE 3: Vielleicht wissen Sie mit "Man präzisiere" nichts anzufangen und murmeln, ich solle lieber die *Aufgabenstellung* präzisieren. — Die bequeme Phrase "in kanonischer Weise" ist zur Verständigung nur tauglich, wenn wirklich klar ist, um *welche* Weise es sich handelt. Ein n-dimensionaler reeller Vektorraum ist jedenfalls im Wortsinne der Definition keine n-dimensionale Mannigfaltigkeit, soviel steht einmal fest. Es kann sich nur darum handeln, V auf naheliegende Weise mit einer Topologie (wie?) und mit einer differenzierbaren Struktur (wie?) zu versehen, so daß V damit zu einer Mannigfaltigkeit erst *wird*. Natürlich könnte ich diese Daten präzise angeben und Ihnen nur den Nachweis überlassen, daß die in der Mannigfaltigkeitsdefinition geforderten Eigenschaften erfüllt sind. Dann hätte die Aufgabe aber den besten Teil ihres Sinnes verloren. Sie sollen ja gerade üben, die Wendung "in kanonischer Weise", ohne die es in der Mathematik nun einmal nicht geht, selbständig mit präzisem Sinn zu erfüllen.

ZU AUFGABE 4: Sicher wissen Sie Gründe anzugeben, weshalb die Vollkugel ohne Nullpunkt, $D^n \smallsetminus 0$, nicht kompakt ist: der Satz von Heine-Borel sagt es uns zum Beispiel, oder wir sehen direkt, daß die offene Überdeckung durch die $U_k := \{ x \mid |x| > \frac{1}{k} \}$ keine endliche Teilüberdeckung besitzt, oder Sie berufen sich darauf, daß die Folge $(\frac{1}{k})_{k=1,2,\dots}$ in $D^n \smallsetminus 0$ keine konvergente Teilfolge hat. — Sollte man nicht diesen Sachverhalt irgendwie mittels einer Karte um p für die Aufgabe ausnutzen können? Irgendwie schon. Aber

Vorsicht: die Behauptung wird falsch, wenn wir die Hausdorff-Forderung an M fallen lassen. Es muß also auch die Hausdorff-Eigenschaft in den Beweis eingehen!

Zu Aufgabe 5: Von Natur aus ist $S^n \times S^k \subset \mathbb{R}^{n+1} \times \mathbb{R}^{k+1} = \mathbb{R}^{n+k+2}$, eine Dimension zu viel. Als Zwischenschritt wird vorgeschlagen, $S^n \times \mathbb{R} \cong \mathbb{R}^{n+1} \setminus 0$ zu zeigen. Das erinnert an Polar- oder Kugelkoordinaten. Aber folgt so nicht eher $S^n \times \mathbb{R}_+ \cong \mathbb{R}^{n+1} \setminus 0$, also mit dem Faktor $\mathbb{R}_+ := \{ r \in \mathbb{R} \mid r > 0 \}$ statt $\mathbb{R}$? Und was würde $S^n \times \mathbb{R} \cong \mathbb{R}^{n+1} \setminus 0$ uns denn für die Aufgabe selbst helfen?

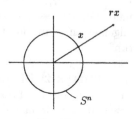

Fig. 19.

Zu Aufgabe 6: Der erste Teil ist eine unproblematische Formulierungsübung. Für die Zusatzfrage muß man sich erst durch anschauliche Vorstellung einen Ansatz verschaffen. Schon für $M = \mathbb{R}$ und $k = 0$ findet man ein Gegenbeispiel. Das soll auch genügen! Noch besser wäre freilich der Nachweis, daß es Gegenbeispiele für jedes n-dimensionale $M \neq \emptyset$ und $0 \leq k \leq n-1$ gibt.

Fig. 20.   Fig. 21

Die nebenstehenden Skizzen sollen Ideen für mögliche Vorgehensweisen geben. Das Hauptproblem ist dann freilich der Nachweis, daß eine angegebene Teilmenge von M wirklich keine Untermannigfaltigkeit ist.

Zu Aufgabe 7: Matrizengruppen wie $O(Q)$ sind wichtige Beispiele von *Liegruppen.* Für

$$Q(x) = x_0^2 - x_1^2 - x_2^2 - x_3^2$$

auf dem $\mathbb{R}^4$ ist $O(Q)$ zum Beispiel die *Lorentzgruppe.* — Aus der linearen Algebra werden Sie wissen (siehe z.B. Abschnitt 11.5 in [J:*LiA*]), daß es zu einer quadratischen Form Q auf dem $\mathbb{R}^n$

eine wohlbestimmte symmetrische $n \times n$-Matrix C gibt, so daß $Q(x) = {}^t x \cdot C \cdot x$. Daß Q nichtentartet ist bedeutet, daß C den Rang n hat. Wenn C in diesem Sinne die Matrix der quadratischen Form Q ist, welche Matrix hat dann $Q \circ A$? Versuchen Sie nun, den Satz vom regulären Wert so anzuwenden, wie wir es in Abschnitt 1.5 für $O(n)$ schon getan haben.

ZU AUFGABE 8: Nennt man zwei Punkte $a, b \in M$ äquivalent, $a \sim b$, wenn sie durch einen stetigen Weg $\alpha : [0, 1] \to M$ verbindbar sind, dann sind die Äquivalenzklassen die sogenannten *Wegzusammenhangskomponenten* von M. Sie sind *offen* (weshalb?) und es können nur abzählbar viele sein (weshalb?). Sei $k \in \mathbb{N} \cup \infty$ ihre Anzahl, und denken wir sie uns als $M_1, \ldots, M_k$ bzw. als $(M_i)_{i \in \mathbb{N}}$ (falls $k = \infty$) numeriert, "abgezählt". Sie sollen nun zeigen, daß die kanonische Bijektion

$$\coprod_{i=1}^{k} M_i \xrightarrow{\cong} M$$

(nämlich welche?) ein Diffeomorphismus ist. Inhaltlich gesehen ist das eine Routine-Nachprüfung, aber Sie können dabei testen, ob sich Ihre anschaulichen Vorstellungen von der Summe in hieb- und stichfeste Argumente umsetzen lassen.

2 Der Tangentialraum

2.1 Tangentialräume im euklidischen Raum

Es ist eine Grundidee der Differentialrechnung, differenzierbare Abbildungen durch lineare zu approximieren, um so nach Möglichkeit analytische Probleme (schwierig) auf linear-algebraische (einfach) zurückzuführen. Die lineare Approximation einer Abbildung $f : \mathbb{R}^n \to \mathbb{R}^k$ lokal bei x ist bekanntlich das sogenannte *Differential* $df_x : \mathbb{R}^n \to \mathbb{R}^k$ von f bei x, charakterisiert durch $f(x + v) = f(x) + df_x \cdot v + \varphi(v)$ (mit $\lim\limits_{v \to 0} \frac{\varphi(v)}{\|v\|} = 0$) und gegeben durch die Jacobi-Matrix. Wie aber läßt sich eine differenzierbare Abbildung $f : M \to N$ zwischen *Mannigfaltigkeiten* lokal bei $p \in M$ durch eine lineare Abbildung approximieren?

Natürlich können wir jederzeit das Differential $d(k \circ f \circ h^{-1})_x$ der mittels Karten heruntergeholten Abbildung betrachten. Dieses Differential hängt aber von der Wahl der Karten wirklich ab, wie es ja eben auch $k \circ f \circ h^{-1}$ und nicht f selbst approximiert. Wollen wir indessen ein karten*unabhängiges* Differential für f selbst definieren, so haben wir eine Vorarbeit zu leisten: wir müssen zunächst einmal die *Mannigfaltigkeiten* M und N lokal bei p und $f(p)$ "linear", d.h. durch *Vektorräume*, approximieren.

Erst danach können wir das Differential als eine lineare Abbildung

$$df_p : T_pM \to T_{f(p)}N$$

zwischen diesen sogenannten *Tangentialräumen* erklären. Der Einführung dieser Tangentialräume ist das gegenwärtige Kapitel 2 gewidmet.

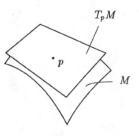

Fig. 22. Tangentialraum T_pM

Um uns zu orientieren, betrachten wir zuerst die Untermannigfaltigkeiten der euklidischen Räume $\mathbb{R}^n$. Hier bietet sich eine naheliegende Weise an, den Tangentialraum – analog zur klassischen Tangentialebene an eine Fläche im Raume – zu definieren:

Lemma und Definition:
Ist $M \subset \mathbb{R}^N$ eine n-dimensionale Untermannigfaltigkeit und $p \in M$, so ist der durch

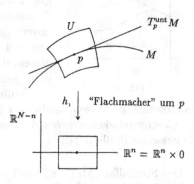

$$T_p^{\mathrm{unt}} M := (dh_p)^{-1}(\mathbb{R}^n \times 0)$$

für eine M flachmachende Karte (U, h) von $\mathbb{R}^N$ um p definierte Untervektorraum des $\mathbb{R}^N$ unabhängig von der Wahl der Karte

Fig. 23. Tangentialraum einer Untermannigfaltigkeit des $\mathbb{R}^N$

und heißt der (Untermannigfaltigkeits-) **Tangentialraum** *von M am Punkte p.*

BEWEIS: Der Kartenwechsel w zweier Flachmacher (U, h) und $(V, \widetilde{h})$ um p muß ja $h(U \cap V) \cap (\mathbb{R}^n \times 0)$ auf $\widetilde{h}(U \cap V) \cap (\mathbb{R}^n \times 0)$, sein Differential bei $h(p)$ also $\mathbb{R}^n \times 0$ auf $\mathbb{R}^n \times 0$ abbilden, wegen $(d\widetilde{h}_p)^{-1} = (dh_p)^{-1} \circ (dw_{h(p)})^{-1}$ folgt daraus die Behauptung; $T_p^{\mathrm{unt}} M$ ist also wohldefiniert. $\square$

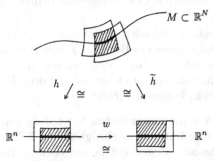

Fig. 24. Kartenwechsel zweier Flachmacher

Es ist vielleicht nicht ganz überflüssig darauf hinzuweisen, daß $T_p^{\text{unt}} M \subset \mathbb{R}^N$ also wirklich ein *Untervektorraum* von $\mathbb{R}^N$ ist und insbesondere den Nullvektor $0 \in \mathbb{R}^N$ enthält. Nur beim Zeichnen von Figuren verschieben wir ihn gern durch Translation um p an den Ort, an dem unsere geometrische Intuition ihn sehen will. Wir dürfen aber nicht vergessen, daß seine Vektorraumstruktur dann jene ist, bei der an der Stelle p der Nullvektor sitzt. Das sollte aber ebensowenig zu Mißverständnissen führen, wie das "Anbringen" des Geschwindigkeitsvektors $\dot{\alpha}(t)$ einer (etwa) ebenen Kurve an die passende Stelle $\alpha(t)$.

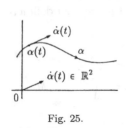

Fig. 25.

Der Spezialfall $M \subset \mathbb{R}^N$ soll uns als Modell für den allgemeinen Fall dienen. Allerdings erweckt er zunächst den Eindruck, als *ermögliche* der umgebende $\mathbb{R}^N$ die Konstruktion des Tangentialraums überhaupt erst! Wo sonst sollten die Tangentialräume leben? Die Übertragung der Definition auf beliebige, "abstrakte" Mannigfaltigkeiten ist auch durchaus keine ganz triviale Aufgabe, und es gehört dazu eine gewisse grandiose Art bei der Erschaffung neuer mathematischer Objekte, zu der die ältere Mathematik gleichsam zu zaghaft war.

2.2   Drei Fassungen des Tangentialraumbegriffs

Es gibt drei sehr verschieden aussehende, aber im wesentlichen äquivalente Definitionen des Begriffes *Tangentialvektor*, ich nenne sie (a) die *geometrische*, (b) die *algebraische* und (c) die "*physikalische*" Definition. Wir brauchen sie alle drei. Die Reihenfolge spielt keine Rolle, beginnen wir mit (a).

Wir gehen von der anschaulichen Vorstellung eines Tangentialvektors v an eine Untermannigfaltigkeit des $\mathbb{R}^N$ aus und fragen uns, wie wir ihn ohne Benutzung des umgebenden Raumes charakterisieren können, um eine verallgemeinerungsfähige Version der

Definition zu erhalten. Nun, jedenfalls ist doch jedes solche v der Geschwindigkeitsvektor einer ganz in M verlaufenden Kurve α.

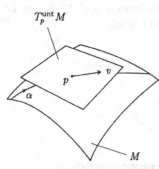

So ein α enthält genug Information über v, zuviel sogar. Welche Kurven α, β beschreiben dasselbe v? Wie kann man $\dot\alpha(0) = \dot\beta(0)$ ohne Verwendung des umgebenden Raumes $\mathbb{R}^N$ ausdrücken? Zum Beispiel mittels Karten: $\dot\alpha(0) = \dot\beta(0) \in \mathbb{R}^N$ ist gleichbedeutend mit $(h \circ \alpha)^{\textbf{.}}(0) = (h \circ \beta)^{\textbf{.}}(0) \in \mathbb{R}^n$ für eine Karte (U, h) von $M(!)$ um p. Soviel zur Motivation der folgenden Definition:

Fig. 26. Für jeden Tangentialvektor $v \in T_p^{\text{unt}} M$ an eine Untermannigfaltigkeit $M \subset \mathbb{R}^N$ können wir eine Kurve α in M mit $\alpha(0) = p$ und $\dot\alpha(0) = v$ finden.

Definition (a): Sei M eine n-dimensionale Mannigfaltigkeit, $p \in M$. Es bezeichne $\mathcal{K}_p(M)$ die Menge der differenzierbaren Kurven in M, die bei $t = 0$ durch p gehen, genauer

$$\mathcal{K}_p(M) = \{\, \alpha : (-\varepsilon, \varepsilon) \xrightarrow{\ C^\infty\ } M \mid \varepsilon > 0 \quad \text{und} \quad \alpha(0) = p \,\}.$$

Zwei solche Kurven $\alpha, \beta \in \mathcal{K}_p(M)$ sollen **tangential äquivalent** heißen, $\alpha \sim \beta$, wenn für eine (dann jede) Karte (U, h) um p gilt:

$$(h \circ \alpha)^{\textbf{.}}(0) = (h \circ \beta)^{\textbf{.}}(0) \in \mathbb{R}^n.$$

Die Äquivalenzklassen $[\alpha] \in \mathcal{K}_p(M)/\sim$ nennen wir dann die **(geometrisch definierten) Tangentialvektoren** von M in p, und

$$T_p^{\text{geom}} M := \mathcal{K}_p(M)/\sim$$

heiße der **(geometrisch definierte) Tangentialraum** an M in p. □

Zur Vorbereitung der zweiten Fassung (b) der Definition führen wir zuerst die folgende Sprechweise ein:

Definition: Nennt man zwei um p auf M definierte differenzierbare reelle Funktionen äquivalent, wenn sie auf einer Umgebung von p übereinstimmen, so heißen die Äquivalenzklassen die *Keime differenzierbarer Funktionen auf M bei p*. Die Menge dieser Keime werde mit $\mathcal{E}_p(M)$ bezeichnet.   □

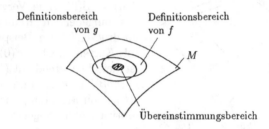

Fig. 27. Für $f{\sim}g$ brauchen f und g nicht im ganzen Durchschnitt ihrer Definitionsbereiche übereinzustimmen: eine kleine Umgebung von p genügt.

Wir verzichten bequemlichkeitshalber darauf, eine Funktion $f : U \to \mathbb{R}$ um p und den Keim $f \in \mathcal{E}_p(M)$, den sie repräsentiert, durch die Notation zu unterscheiden und hoffen, daß keine Mißverständnisse entstehen. Eine um p definierte Funktion f enthält zwar mehr Information als ihr Keim f bei p, aber für alle *die* Operationen, für die man eine Funktion nur auf einer Umgebung von p zu kennen braucht, ohne daß es auf die *Größe* dieser Umgebung ankommt, ist der Keim gut genug.

Ersichtlich kann man Keime bei p miteinander multiplizieren und zueinander addieren, genauer:

Notiz: *Die Menge $\mathcal{E}_p(M)$ der differenzierbaren Funktionskeime auf M bei p ist in kanonischer Weise nicht nur ein reeller Vektorraum, sondern auch ein mit dieser Vektorraumstruktur verträglicher Ring, also eine reelle Algebra.*   □

Die von uns "algebraisch" genannte Fassung des Tangentialvektorbegriffs geht nun davon aus, daß man bei gegebenem Punkt $p \in \mathbb{R}^n$ einen Vektor $v \in \mathbb{R}^N$ auch durch seinen Richtungsableitungsoperator ∇_v am Punkte p charakterisieren kann, und daß es für $v \in T_p^{\text{unt}} M$ zur Bestimmung von $\nabla_v f$ genügt, von f nur den Verlauf nahe p *auf der Untermannigfaltigkeit* M zu kennen, denn $\nabla_v f := (f \circ \alpha)^{\cdot}(0)$ gilt für *jede* Kurve α mit $\alpha(0) = p$ und $\dot{\alpha}(0) = v$, und wir können α in M verlaufend wählen. So gelangt man zu einer den umgebenden Raum $\mathbb{R}^N$ nicht benutzenden und daher verallgemeinerungsfähigen Charakterisierung von v.

Definition (b): Sei M eine n-dimensionale Mannigfaltigkeit, $p \in M$. Unter einem *(algebraisch definierten) Tangential-vektor* an M in p verstehen wir eine *Derivation* auf dem Ring $\mathcal{E}_p(M)$ der Keime, d.h. eine lineare Abbildung

$$v : \mathcal{E}_p(M) \longrightarrow \mathbb{R},$$

welche für alle $f, g \in \mathcal{E}_p(M)$ die Produktregel

$$v(f \cdot g) = v(f) \cdot g(p) + f(p) \cdot v(g)$$

erfüllt. Den Vektorraum dieser Derivationen bezeichnen wir mit $T_p^{\mathrm{alg}} M$, er heiße der *(algebraisch definierte) Tangentialraum* von M bei p. $\qquad\square$

Nun zur dritten Version, der Fassung (c). In der physikalischen Literatur wird gewöhnlich in Koordinaten gerechnet, und dann meist in einem Kalkül, in dem die Stellung der Indices (oben oder unten) von Bedeutung ist, dem in der Differentialgeometrie so genannten *Ricci-Kalkül*. In diesem Ricci-Kalkül heißt das, was wir einen Tangentialvektor nennen, ein *kontravarianter Vektor*, und das sei, kurz gesagt, ein n-tupel, notiert als $(v^1, \dots, v^n)$ oder ggf. (v^0, v^1, v^2, v^3) oder kurz als v^μ, welches sich nach dem Gesetz

$$\widetilde{v}^\mu = \frac{\partial \widetilde{x}^\mu}{\partial x^\nu} v^\nu$$

"transformiert". Dabei wird, wie stets im Ricci-Kalkül, über doppelt (und gegenständig, d.h. oben und unten) innerhalb eines Terms vorkommende Indices summiert, hier also über ν ("Summenkonvention").

Was soll das alles bedeuten? Übersetzt in unsere Sprache das folgende:

Definition (c): Es sei M eine n-dimensionale Mannigfaltigkeit, $p \in M$. Es bezeichne $\mathcal{D}_p(M) := \{\, (U, h) \in \mathcal{D} \mid p \in U \,\}$ die Menge der Karten um p. Unter einem *("physikalisch" definierten) Tangentialvektor v* an M in p verstehen wir eine Abbildung

$$v : \mathcal{D}_p(M) \to \mathbb{R}^n$$

mit der Eigenschaft, daß für je zwei Karten die zugeordneten Vektoren in $\mathbb{R}^n$ durch das Differential des Kartenwechsels auseinander hervorgehen, d.h. daß

$$v(V, k) = d(k \circ h^{-1})_{h(p)} \cdot v(U, h)$$

für alle (U, h), $(V, k) \in \mathcal{D}_p(M)$ gilt. Den Vektorraum dieser Abbildungen v bezeichnen wir mit $T_p^{\mathrm{phys}} M$, er heiße der *(physikalisch definierte) Tangentialraum* von M bei p.   □

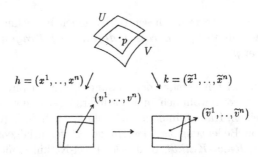

Fig. 28. Zur Interpretation des Transformationsgesetzes
$$\widetilde{v}^{\mu} = \frac{\partial \widetilde{x}^{\mu}}{\partial x^{\nu}} v^{\nu}$$
für "kontravariante Vektoren": $\frac{\partial \widetilde{x}^{\mu}}{\partial x^{\nu}} \big|_{h(p)}$ ist die Jacobi-Matrix des Kartenwechsels $\widetilde{x}^{\mu} = \widetilde{x}^{\mu}(x^1, ..., x^n)$, $\mu = 1, ..., n$.

Es liegt mir übrigens fern, den Ricci-Kalkül ironisieren zu wollen. Es ist ein sehr eleganter das explizite Rechnen anleitender, gleichsam *maschinenlesbarer* Kalkül, und er ist in der physikalischen Literatur in ständigem Gebrauch, weil es einen besseren operativen Kalkül für die Vektor- und Tensoranalysis nach wie

vor nicht gibt. Diese Vorzüge — die Sie bei näherer Bekanntschaft noch mehr zu schätzen lernen werden — sind aber mit
gewissen Nachteilen erkauft. Die Eleganz einer Notation beruht
meist auf der Unterdrückung "unwichtiger" Daten, und für das
effiziente Handhaben von Formeln sind eben andere Dinge wichtig
als für die logische Klärung geometrischer Grundbegriffe. Deshalb
müssen wir jetzt einmal einen "kontravarianten Vektor", statt mit
zierlichem v^μ, mit der plumpen Ausführlichkeit des

$$v : \mathcal{D}_p(M) \to \mathbb{R}^n, \quad (U, h) \mapsto v(U, h)$$

bezeichnen. Als Verbesserungsvorschlag zum täglichen Gebrauch
für Physiker ist das nicht gedacht.

2.3 Äquivalenz der drei Fassungen

Wir wollen uns nun davon überzeugen, daß die drei Versionen des
Tangentialraumbegriffs im wesentlichen dasselbe bedeuten. Sehen
Sie aber das folgende Lemma nicht als Strafe für mutwilliges Drei-
fach-Definieren an, sondern als ein ganzes System von unentbehr-
lichen Hilfssätzen über den Tangentialraum, die in dieser Form
am übersichtlichsten zusammengefaßt sind.

Lemma: *Die im folgenden näher beschriebenen kanonischen Abbildungen*

$$T_p^{\mathrm{geom}} M$$

$$(3) \nearrow \qquad \searrow (1)$$

$$T_p^{\mathrm{phys}} M \xleftarrow{\quad (2) \quad} T_p^{\mathrm{alg}} M$$

*sind miteinander verträgliche Bijektionen, d.h. die Zusammenset-
zung von je zweien ist invers zur dritten.*

PRÄZISIERUNG UND BEWEIS: Geben wir die drei Abbildungen
zuerst einmal an:

(1) Geometrisch ⟶ **algebraisch:** *Ist* $[\alpha]$ *ein geometrisch definierter Tangentialvektor an* M *in* p, *so ist durch*

$$\mathcal{E}_p(M) \longrightarrow \mathbb{R}$$
$$f \longmapsto (f \circ \alpha)^{\cdot}(0)$$

eine Derivation, also ein algebraisch definierter Tangentialvektor gegeben. — Natürlich sind hierbei einige kleine Nachweise zu führen: Die Unabhängigkeit von der Wahl der repräsentierenden Funktion innerhalb des Keimes ist evident und wird von unserer Notation zurecht schon vorweggenommen. Die Unabhängigkeit von der Wahl des Repräsentanten $\alpha \in \mathcal{K}_p(M)$ von $[\alpha] \in T_p^{\text{geom}} M$ prüft man mittels einer Karte (U, h) um p: oBdA repräsentiert $f : U \to \mathbb{R}$ den Keim und oBdA haben α und β denselben genügend kleinen Definitionsbereich $(-\varepsilon, \varepsilon)$:

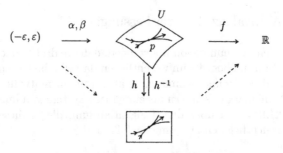

Fig. 29. Tangential äquivalente Kurven definieren nach der Kettenregel dieselbe Derivation $f \mapsto (f \circ \alpha)^{\cdot}(0)$.

Dann ist $(h \circ \alpha)^{\cdot}(0) = (h \circ \beta)^{\cdot}(0)$ nach Voraussetzung und daher $(f \circ h^{-1} \circ h \circ \alpha)^{\cdot}(0) = (f \circ h^{-1} \circ h \circ \beta)^{\cdot}(0)$ nach der Kettenregel. — Daß schließlich die nun für gegebenes $[\alpha]$ als wohldefiniert erkannte Abbildung $\mathcal{E}_p(M) \to \mathbb{R}$, $f \mapsto (f \circ \alpha)^{\cdot}(0)$, wirklich eine Derivation ist, folgt aus der Produktregel für Funktionen $(-\varepsilon, \varepsilon) \to \mathbb{R}$.

(2) Algebraisch ⟶ **physikalisch:** *Ist* $v : \mathcal{E}_p(M) \to \mathbb{R}$ *eine Derivation, so ist durch*

$$\mathcal{D}_p(M) \longrightarrow \mathbb{R}^n$$
$$(U, h) \longmapsto (v(h_1), \ldots, v(h_n))$$

ein *physikalisch definierter Tangentialvektor gegeben*, behaupten wir. Sind (U, h) und (V, k) Karten um p und $w := k \circ h^{-1}$ auf $h(U \cap V)$ der Kartenwechsel, so haben wir also

$$v(k_i) = \sum_{j=1}^{n} \frac{\partial w_i}{\partial x_j}(h(p)) \cdot v(h_j)$$

zu zeigen. — Hier ist nun die einzige Stelle in unserer Untersuchung des Verhältnisses der drei Tangentialraum-Definitionen untereinander, wo man wirklich einen kleinen Kunstgriff braucht.

Von v wissen wir nur, daß es eine Derivation ist. Deshalb sollten wir versuchen, irgendwie zu einer Darstellung der Form

$$k_i = \sum_{j=1}^{n} g_{ij} \cdot h_j$$

zu gelangen, um die Produktregel auch ausnutzen zu können. Das gelingt mit dem folgenden

HILFSSATZ: *Sei* $\Omega \subset \mathbb{R}^n$ *eine bezüglich* 0 *sternförmige offene Menge, z.B. eine offene Kugel um* 0 *oder* $\mathbb{R}^n$ *selbst. Ist dann* $f : \Omega \to \mathbb{R}$ *eine differenzierbare* $(= C^\infty)$ *Funktion mit* $f(0) = 0$, *so gibt es differenzierbare Funktionen* $f_j : \Omega \to \mathbb{R}$ *mit*

$$f(x) = \sum_{j=1}^{n} x_j \cdot f_j(x).$$

BEWEIS DES HILFSSATZES: Es gilt $f(x) = \int_0^1 \frac{d}{dt} f(tx_1, \ldots, tx_n) dt$ $= \int_0^1 \sum_{j=1}^{n} x_j \frac{\partial f}{\partial x_j}(tx_1, \ldots, tx_n) dt$ und wir brauchen daher nur

$$f_j(x) := \int\limits_0^1 \frac{\partial f}{\partial x_j}(tx_1, \ldots, tx_n) dt$$

zu setzen. —

ANWENDUNG DES HILFSSATZES: Wir dürfen oBdA $h(p) = k(p)$ $= 0$ und $h(U)$ als eine so kleine offene Kugel um 0 annehmen, daß U in V enthalten ist. Gemäß unserem Hilfssatz sind dann die n

Komponentenfunktionen $w_1, \ldots, w_n$ des Kartenwechsels von der Gestalt

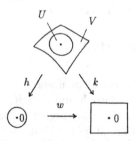

$$w_i = \sum_{j=1}^{n} x_j w_{ij}(x),$$

und wegen $k = w \circ h$ folgt daraus

$$k_i = \sum_{j=1}^{n} (w_{ij} \circ h) \cdot h_j,$$

wie wir gehofft hatten, und wenden wir darauf nun die Derivation v an, so ergibt sich wegen $h(p) = 0$:

Fig. 30. Kartenwechsel auf einer offenen Kugel Ω um 0.

$$v(k_i) = \sum_{j=1}^{n} (w_{ij} \circ h)(p) \cdot v(h_j) = \sum_{j=1}^{n} w_{ij}(0) \cdot v(h_j),$$

aber $w_{ij}(0)$ ist gerade $\frac{\partial w_i}{\partial x_j}(0)$, und damit haben wir die behauptete Formel verifiziert.

(3) Physikalisch $\longrightarrow$ geometrisch: Ist $v : \mathcal{D}_p(M) \to \mathbb{R}^n$ ein physikalisch definierter Tangentialvektor und (U, h) eine Karte um p, und definiert man $\alpha : (-\varepsilon, \varepsilon) \to U$, für genügend kleines $\varepsilon > 0$, durch

$$\alpha(t) := h^{-1}(h(p) + tv(U, h)), \qquad (-\varepsilon, \varepsilon) \longrightarrow$$

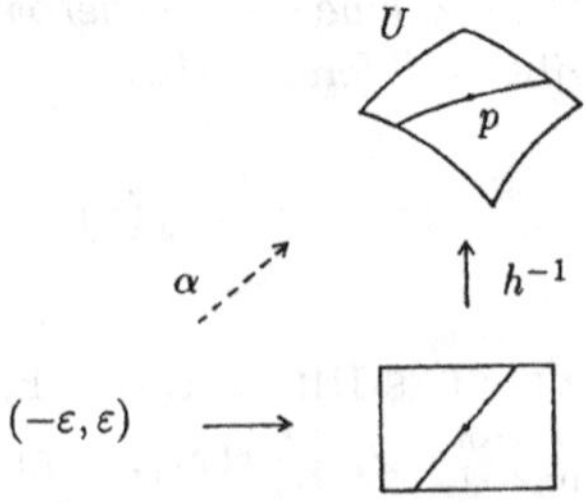

so ist $[\alpha] \in T_p^{\text{geom}} M$ unabhängig von der Wahl der Karte. Ist nämlich β die analoge Kurve

Fig. 31. Zur Definition der Abbildung $T_p^{\text{phys}} M \to T_p^{\text{geom}} M$.

bezüglich (V, k) und w der Kartenwechsel, und benutzen wir k, um die tangentiale Äquivalenz von α und β zu prüfen, so ist $(k \circ \alpha)^{\boldsymbol{\cdot}}(0) = (k \circ \beta)^{\boldsymbol{\cdot}}(0)$ gerade gleichbedeutend mit $dw_{h(p)}(v(U, h)) = v(V, k)$, also mit dem definitionsgemäß erfüllten Transformationsgesetz des physikalisch definierten Tangentialvektors v.

Damit haben wir nun die drei in dem Lemma als kanonisch angekündigten Abbildungen explizit angegeben, wir wollen sie einmal mit Φ_1, Φ_2 und Φ_3 bezeichnen:

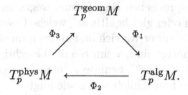

Zu zeigen bleibt jetzt noch, daß jeder Umlauf um das Diagramm die Identität ergibt, also daß

$$\Phi_3 \circ \Phi_2 \circ \Phi_1 = \mathrm{Id}_{T_p^{\mathrm{geom}}M}$$

$$\Phi_2 \circ \Phi_1 \circ \Phi_3 = \mathrm{Id}_{T_p^{\mathrm{phys}}M}$$

$$\text{und} \quad \Phi_1 \circ \Phi_3 \circ \Phi_2 = \mathrm{Id}_{T_p^{\mathrm{alg}}M}$$

gilt. Ein geometrischer Tangentialvektor $[\alpha]$ zum Beispiel wird zuerst zur Derivation $f \mapsto (f \circ \alpha)^{\bullet}(0)$, diese zum physikalischen Vektor $v(U, h) = (h \circ \alpha)^{\bullet}(0)$, mit dem wir schließlich die Kurve $\beta(t) := h^{-1}(h(p) + t(h \circ \alpha)^{\bullet}(0))$ konstruieren, die $\Phi_3 \circ \Phi_2 \circ \Phi_1 [\alpha]$ repräsentiert. Ist $[\beta] = [\alpha]$? Ja, denn $(h \circ \beta)^{\bullet}(0)$ ergibt sich direkt als $(h \circ \alpha)^{\bullet}(0)$. — Analog erweisen sich die anderen beiden Formeln als richtig, und mit dieser Beteuerung beschließen wir den Beweis des Lemmas. $\square$

2.4 Definition des Tangentialraums

Wie wollen wir nun den *Tangentialraum schlechthin* definieren, nachdem klargestellt ist, inwiefern $T_p^{\mathrm{geom}}M$, $T_p^{\mathrm{alg}}M$ und $T_p^{\mathrm{phys}}M$ im Grunde dasselbe Objekt sind? Soll ich einfach sagen: *Nennen wir es T_pM?* Ein mysteriöser Inbegriff, von dem die drei realen Versionen nur irdische Gleichnisse sind? Lieber nicht. Oder wollen wir die drei Fassungen irgendwie durch Äquivalenzklassenbildung zu einem T_pM *identifizieren*? Ginge schon eher an, aber wozu?

Haben wir an drei Fassungen noch nicht genug, daß wir unbedingt eine vierte herstellen müssen?

Die wirkliche und vernünftige Praxis ist, alle drei Versionen neben- und durcheinander zu verwenden, ihre Kennzeichnung aber mit der unausgesprochenen Begründung wegzulassen, daß es entweder ersichtlich oder gleichgültig sei, welche Fassung man gerade benutzt. Damit Sie aber vor sich und anderen nicht zu ellenlangen Erklärungen genötigt sind, wenn Sie die berechtigte Frage "Was ist ein Tangentialvektor?" beantworten wollen, gehen wir etwas förmlicher vor und entschließen uns wie folgt.

Definition: Es sei M eine n-dimensionale Mannigfaltigkeit, $p \in M$. Der Vektorraum

$$T_p M := T_p^{\mathrm{alg}} M$$

soll der **Tangentialraum an M in p** heißen, seine Elemente **Tangentialvektoren**. — Wir vereinbaren jedoch, eine Derivation $v \in T_p M$ bei Bedarf auch als geometrisch oder physikalisch definierten Tangentialvektor gemäß 2.3 aufzufassen und diesen mit demselben Symbol zu bezeichnen, wenn keine Mißverständnisse zu befürchten sind.   □

Notiz: *Die Tangentialräume einer n-dimensionalen Mannigfaltigkeit sind übrigens wirklich auch n-dimensional, denn die kanonische Bijektion $T_p^{\mathrm{alg}} M \cong T_p^{\mathrm{phys}} M$ ist linear, und für eine feste Karte definiert $v \mapsto v(U, h)$ einen Isomorphismus $T_p^{\mathrm{phys}} M \cong \mathbb{R}^n$.*

2.5   Das Differential

Ich hatte die Einführung des Tangentialraumes als eine Vorarbeit für die Definition des *Differentials*, der lokalen linearen Approximation einer differenzierbaren Abbildung zwischen Mannigfaltigkeiten bezeichnet. Die Vorarbeit ist nun geleistet, wenden wir uns dem Differential zu. Obwohl ich nicht vorhabe, alle mit Tangentialvektoren befaßten Definitionen künftig in dreifacher Ausfertigung vorzulegen, soll es doch jetzt noch einmal geschehen. Sei also $f : M \to N$ eine differenzierbare Abbildung, $p \in M$. Betrachten wir der Reihe nach in geometrischer, algebraischer und physikalischer Fassung, wie f eine lineare Abbildung zwischen den Tangentialräumen bei p und $f(p)$ kanonisch induziert.

Auf geometrische Tangentialvektoren wirkt f durch *Kurventransport*:

$(-\varepsilon, \varepsilon) \xrightarrow{\quad\alpha\quad}$

Fig. 32. Die Kurve $\alpha \in \mathcal{K}_p(M)$ wird durch f in die Kurve $f \circ \alpha \in \mathcal{K}_{f(p)}(N)$ "transportiert".

Die Abbildung

$$d^{\mathrm{geom}} f_p : T_p^{\mathrm{geom}} M \longrightarrow T_{f(p)}^{\mathrm{geom}} N$$
$$[\alpha] \longmapsto [f \circ \alpha]$$

ist, wie man leicht prüft, wohldefiniert. – Kümmern wir uns nun um die algebraischen Tangentialvektoren. Vorschalten von f ordnet Keimen bei $f(p)$ Keime bei p zu:

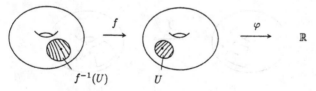

$f^{-1}(U) \qquad U$

Fig. 33. Dem Keim von $\varphi : U \to \mathbb{R}$ bei $f(p)$ wird der Keim von $\varphi \circ f \,|\, f^{-1}(U)$ bei p zugeordnet.

und definiert so einen *Algebrenhomomorphismus*

$$f^* : \mathcal{E}_{f(p)}(N) \longrightarrow \mathcal{E}_p(M)$$
$$\varphi \longmapsto \varphi \circ f.$$

Vorschalten von f^* macht dann aus einer Derivation bei p eine bei $f(p)$:

$$d^{\mathrm{alg}} f_p : T_p^{\mathrm{alg}} M \longrightarrow T_{f(p)}^{\mathrm{alg}} N$$
$$v \longmapsto v \circ f^*$$

ist wohldefiniert und offenbar linear. Als Derivation wirkt also $d^{\mathrm{alg}} f_p(v)$ auf Keime φ um $f(p)$ durch $\varphi \mapsto v(\varphi \circ f)$.

Um schließlich die von f kanonisch induzierte lineare Abbildung

$$d^{\mathrm{phys}} f_p : T_p^{\mathrm{phys}} M \longrightarrow T_{f(p)}^{\mathrm{phys}} N$$

zwischen den 'physikalisch' definierten Tangentialräumen zu beschreiben, müssen wir jeweils

$$(d^{\mathrm{phys}} f_p(v))(V, k) \in \mathbb{R}^{\dim N}$$

angeben, und dafür wählen wir eine Karte (U, h) um p mit $f(U) \subset V$ und setzen

$$(d^{\mathrm{phys}} f_p(v))(V, k) := d(k \circ f \circ h^{-1})_{h(p)} v(U, h),$$

was eben bedeutet, daß $d^{\mathrm{phys}} f_p$ bezüglich Karten durch die Jacobi-Matrix der heruntergeholten Abbildung gegeben ist. Mittels der Kettenregel prüft man die Wohldefiniertheit.

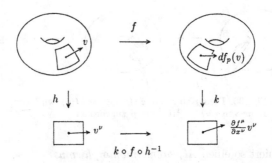

Fig. 34. Das Differential im Ricci-Kalkül: der kontravariante Vektor v^ν geht über in $\frac{\partial f^\mu}{\partial x^\nu} \cdot v^\nu$.

Lemma und Definition: *Sei* $f : M \to N$ *eine differenzierbare Abbildung zwischen Mannigfaltigkeiten,* $p \in M$. *Die drei durch Kurventransport, Keimalgebren-Homomorphismus bzw. Jacobi-Matrix bezüglich Karten von* f *bewirkten Abbildungen*

$$d^{\mathrm{geom}} f_p : T_p^{\mathrm{geom}} M \longrightarrow T_{f(p)}^{\mathrm{geom}} N$$

$$d^{\mathrm{alg}} f_p : T_p^{\mathrm{alg}} M \longrightarrow T_{f(p)}^{\mathrm{alg}} N$$

$$d^{\mathrm{phys}} f_p : T_p^{\mathrm{phys}} M \longrightarrow T_{f(p)}^{\mathrm{phys}} N$$

sind mit den kanonischen Bijektionen zwischen geometrischem, algebraischem und physikalischem Tangentialraum verträglich und definieren daher alle dieselbe lineare Abbildung

$$df_p : T_p M \longrightarrow T_{f(p)} N,$$

*welche wir das **Differential von** f **am Punkt** p nennen.* $\square$

Der Beweis besteht aus mittlerweile vertrauten Schlüssen, ich führe ihn deshalb nicht vor, womit ich aber nicht gesagt haben will, die Behauptung sei geradezu *evident*. Es gehört schon einige Erfahrung dazu, das Lemma aus Überzeugung, und nicht bloß auf Autorität hin zu glauben; und wenn wir die allerersten wären, die sich damit befaßten, so müßten wir ganz schön sorgfältig prüfen, ob nicht noch irgendwo der Teufel im Detail steckt. — Evident ist aber, in jeder der drei Versionen, die Funktoreigenschaft des Differentials, die wir als zunächst wichtigste Eigenschaft des frischdefinierten Begriffes festhalten wollen:

Notiz: *Das Differential der Identität ist die Identität,*

$$d\mathrm{Id}_p = \mathrm{Id}_{T_p M},$$

*und es gilt die **Kettenregel**, d.h.*

$$d(g \circ f)_p = dg_{f(p)} \circ df_p$$

für die Zusammensetzung $M_1 \xrightarrow{f} M_2 \xrightarrow{g} M_3$ *differenzierbarer Abbildungen.* $\square$

Damit ist unsere Einführung der differentialtopologischen Grundbegriffe vorläufig abgeschlossen; im nächsten Kapitel werden wir schon Differentialformen betrachten. In den folgenden drei Abschnitten des gegenwärtigen Kapitels haben wir aber noch ein paar Notationsangelegenheiten zu besprechen.

2.6   Die Tangentialräume eines Vektorraums

Jeder n-dimensionale reelle Vektorraum V ist in kanonischer Weise eine n-dimensionale Mannigfaltigkeit; Topologie und differenzierbare Struktur sind durch die Forderung charakterisiert, daß die Isomorphismen $V \cong \mathbb{R}^n$ auch *Diffeo*morphismen sein müssen. Unser Motiv für den Tangentialraumbegriff ist in diesem Spezialfall allerdings nicht stichhaltig: einen linearen Raum braucht man nicht erst linear zu approximieren. Deshalb kann es uns nicht wundern, daß für jedes $p \in V$ ein *kanonischer* Isomorphismus

$$V \xrightarrow{\;\cong\;} T_p V$$

vorliegt. Der einem Vektor $v \in V$ dabei zugeordnete Tangentialvektor ist z.B. geometrisch durch die Kurve

$$t \mapsto p + tv,$$

also algebraisch durch die Derivation

$$\varphi \mapsto \frac{d}{dt}\Big|_0 \varphi(p + tv)$$

gegeben. Fassen wir auf diese Weise die Elemente $v \in V$ als Tangentialvektoren auf, dann wird das Differential bei p einer differenzierbaren Abbildung $f : V \to W$ zwischen endlichdimensionalen rellen Vektorräumen also zu einer linearen Abbildung

$$df_p : V \longrightarrow W,$$

und so werden wir es auch meist schreiben, insbesondere für $V = \mathbb{R}^n$, $W = \mathbb{R}^k$. Die Notation $T_p \mathbb{R}^n$ wollen wir nur benutzen, wenn es die begriffliche Klarstellung erfordert. Das als lineare Abbildung $df_p : \mathbb{R}^n \to \mathbb{R}^k$ aufgefaßte Differential ist also gerade durch die Jacobi-Matrix $J_f(p)$ gegeben. — Implizit sprechen wir natürlich sehr oft von $T_p\mathbb{R}^n$ und T_pV, denn wenn von T_pM für beliebiges M die Rede ist, sind die Spezialfälle $M = \mathbb{R}^n$ und $M = V$ auch dabei. Abschaffen wollen wir die Tangentialräume eines Vektorraums keineswegs.

2.7 Geschwindigkeitsvektoren von Kurven

Eine differenzierbare Kurve $\alpha : (a,b) \to M$ hat für jeden Parameterwert $t \in (a,b)$ einen *Geschwindigkeitsvektor*, wir wollen ihn mit $\dot{\alpha}(t) \in T_{\alpha(t)}M$ bezeichnen, und zwar ist $\dot{\alpha}(t)$ geometrisch durch $\lambda \mapsto \alpha(t + \lambda)$ repräsentiert, algebraisch ist's die Derivation $\varphi \mapsto (\varphi\circ\alpha)^{\boldsymbol{\cdot}}(t)$, und als physikalischer Tangentialvektor manifestiert er sich in lokalen

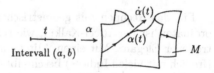

Fig. 35. Zum Begriff des Geschwindigkeitsvektors $\dot{\alpha}(t) \in T_{\alpha(t)}M$.

Koordinaten durch $(U,h) \mapsto (h\circ\alpha)^{\boldsymbol{\cdot}}(t)$. Die Notation $\dot{\alpha}(t)$ kommt eigentlich von den Kurven im $\mathbb{R}^n$ her, wo sie natürlich

$$\dot{\alpha}(t) = (\dot{\alpha}_1(t), \dots, \dot{\alpha}_n(t)) \in \mathbb{R}^n$$

bedeutet. Trotzdem entsteht keine Kollision der Schreibweisen, denn bezüglich $\mathbb{R}^n \cong T_{\alpha(t)}\mathbb{R}^n$ geht dieses übliche $\dot{\alpha}(t) \in \mathbb{R}^n$ gerade in unser neudefiniertes $\dot{\alpha}(t) \in T_{\alpha(t)}\mathbb{R}^n$ über.

Beachte, daß wir statt $[\alpha] \in T_p^{\text{geom}}M$ nun auch $\dot{\alpha}(0)$ schreiben dürfen, was wir auch tun wollen, und daß aus der Beschreibung des Differentials mittels Kurventransport die Formel

$$df_{\alpha(t)}(\dot{\alpha}(t)) = (f \circ \alpha)^{\boldsymbol{\cdot}}(t)$$

folgt, wobei also α eine Kurve in M und $f : M \to N$ eine differenzierbare Abbildung bezeichnen. $\qquad\square$

2.8   Ein weiterer Blick auf den Ricci-Kalkül

Durch eine Karte (U, h) werden auf dem Kartengebiet U **Koordinaten** eingeführt, das sind einfach die Komponentenfunktionen $h_1, \ldots, h_n$ der Kartenabbildung, $h = (h_1, \ldots, h_n)$. Die einzelne Koordinate ist also eine reelle Funktion $h_i : U \to \mathbb{R}$, und ein Punkt $p \in U$ hat die Koordinaten $(h_1(p), \ldots, h_n(p))$. Durch die Karte wird auch für jedes $p \in U$ eine Basis von T_pM ausgezeichnet, diejenige nämlich, die unter

$$T_p^{\mathrm{phys}}M \xrightarrow{\;\cong\;} \mathbb{R}^n$$
$$v \longmapsto v(U, h)$$

der kanonischen Basis $(e_1, \ldots, e_n)$ des $\mathbb{R}^n$ entspricht. Für diese Basis möchte ich eine Notation einführen und dabei, anknüpfend an den Abschnitt 2.2, wieder etwas vom Ricci-Kalkül erzählen.

Für das Rechnen mit geometrischen Objekten in lokalen Koordinaten ist der Ricci-Kalkül, wie schon gerühmt, von unübertroffener Eleganz. Mit einem Minimum an willkürlicher Notation (freilich mit vielen Indices) beschreibt er alle lokalen Gegenstände und Prozeduren der Vektor- und Tensoranalysis so, daß man jederzeit Zahlen einsetzen und losrechnen könnte, und dabei zeigt er automatisch immer das Transformationsverhalten — für den Kenner also die geometrische Natur der Dinge — an, der Kalkül *denkt für den Benutzer*. Wollen wir solche Vorteile mitgenießen, haben wir allerdings auch einige Kröten zu schlucken. Beginnen wir einmal mit den harmloseren Ritualen beim Eintritt in diesen Tempel.

Die Bezeichnung U für das Kartengebiet legen wir am Eingang ab. Daß ein Koordinatensystem einen gewissen Geltungsbereich hat, versteht sich von selbst, sagt der Ricci-Kalkül, dafür verschwenden wir keinen Buchstaben. Danach werden wir aufgefordert, die Indices der Koordinaten *oben* zu führen, also

$$h = (h^1, \ldots, h^n)$$

zu schreiben. Das tun wir zwar nicht allzu gern, weil oben gewöhnlich Exponenten stehen, aber so paßt es am besten in die Index-Konventionen des Kalküls, in dem obere Indices ohnehin nicht zu vermeiden sind. Also sei es. Nun wird aber auch noch der Buchstabe h als willkürlich und ausdruckslos verworfen, die Koordinaten sollen

$$x^1, \ldots, x^n$$

heißen, damit man sie sogleich als Koordinaten erkennt. Haben wir einmal mit einem weiteren Koordinatensystem zu tun, so können wir ja dessen Koordinaten zur Unterscheidung irgendwie markieren, etwa als

$$\widetilde{x}^1, \ldots, \widetilde{x}^n$$

bezeichnen, und kommt gar eine weitere Mannigfaltigkeit ins Spiel, so sollen dort auch Koordinaten

$$y^1, \ldots, y^k$$

erlaubt sein usw., aber die erste Wahl für die Benennung der Koordinaten bleibt $x^1, \ldots, x^n$. In dieser Auffassung werden also — wenn wir die inzwischen verbotenen Bezeichnungen U und h heimlich zur Erklärung mit heranziehen — die Koordinaten zu Funktionen $x^\mu : U \to \mathbb{R}$, so daß $h = (x^1, \ldots, x^n)$ gilt. Daß die Koordinaten des $\mathbb{R}^n$ selbst *ebenfalls* $x^1, \ldots, x^n$ heißen, ist eine vom Kalkül nicht ungewollte Kollision, wie wenn in älteren Texten über Infinitesimalrechnung eine reelle Funktion als

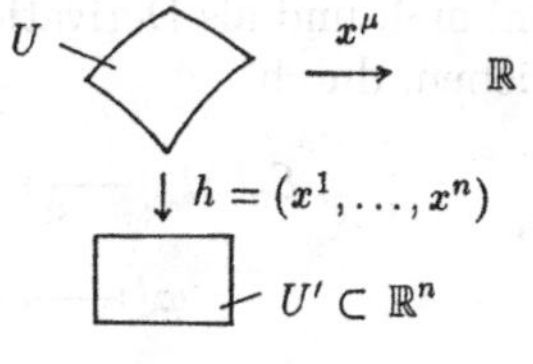

$$y = y(x)$$

Fig. 36. Koordinaten x^μ im Ricci-Kalkül.

geschrieben wird, was den $\frac{\text{Vor}}{\text{Nach}}$ teil bringt, daß man dann eine individuelle Bezeichnung für die Funktion nicht $\frac{\text{braucht}}{\text{hat}}$. Aber jedenfalls *ist* das eine Doppelbedeutung von x^μ als Funktion auf $U \subset M$ und als Koordinate des $\mathbb{R}^n$, und wir müssen sie im Auge behalten, besonders da wir jetzt festsetzen:

Notation: Ist (U, h) eine Karte mit Koordinaten $x^1, \ldots, x^n$, d.h. also $h = (x^1, \ldots, x^n)$, und ist $p \in U$, so werde der μ-te Vektor der durch die Koordinaten gegebenen Basis von T_pM mit

$$\frac{\partial}{\partial x^\mu} \in T_pM$$

bezeichnet, abgekürzt auch als $\partial_\mu \in T_pM$. $\qquad\square$

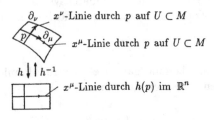

Fig. 37. Koordinatenbasis $(\partial_1,...,\partial_n)$ von T_pM

Um jedes Mißverständnis auszuschließen: Als physikalischer Tangentialvektor $\partial_\mu \in T_p^{\text{phys}}M$ ordnet ∂_μ unserer Karte (U,h) gerade den μ-ten Einheitsvektor $e_\mu \in \mathbb{R}^n$ zu; als geometrischer, $\partial_\mu \in T_p^{\text{geom}}M$, ist ∂_μ durch die Kurve $t \mapsto h^{-1}(h(p)+te_\mu)$ repräsentiert (∂_μ ist der Geschwindigkeitsvektor der μ-ten Koordinatenlinie); und als Derivation schließlich wirkt ∂_μ, ausführlich geschrieben, durch

$$\mathcal{E}_p(M) \longrightarrow \mathbb{R}$$
$$\varphi \longmapsto \frac{\partial(\varphi \circ h^{-1})}{\partial x^\mu}(h(p)),$$

also als μ-te partielle Ableitung der heruntergeholten Funktion. Und eben das suggeriert ja die Ricci-Notation $\partial_\mu\varphi$ trotz ihrer unüberbietbaren Gedrängtheit ganz unmißverständlich, denn was kann die Anwendung von $\frac{\partial}{\partial x^\mu}$ auf eine auf der Mannigfaltigkeit definierte Funktion φ anderes heißen, als erst die Funktion *in den Koordinaten* $x^1, \ldots, x^n$ *auszudrücken*, d.h. $\varphi \circ h^{-1}$ zu bilden, und dann nach der μ-ten dieser Koordinaten abzuleiten.

Vielleicht beanstanden Sie, daß die Notation keinen Hinweis auf p enthält, wie kann man $\partial_\mu \in T_pM$ von $\partial_\mu \in T_qM$ unterscheiden? Nun, wenn wir angeben wollten, in welchem Tangentialraum

wir uns gerade befinden, so müßten wir schon zu einer zusätzlichen
Kennzeichnung wie $\partial_\mu \mid$ oder dergleichen greifen. Das ist aber selten notwendig, und oft haben wir gar kein

festes $p \in U$ im Auge, sondern die Zuord-
nung, die *jedem* $p \in U$ sein $\partial_\mu \in T_p M$ zuweist, und für dieses *Vektorfeld* auf U ist
dann auch ∂_μ oder $\frac{\partial}{\partial x^\mu}$ eine wie angegossen

$U \subset M$ passende Notation. Dem im Ricci-Kalkül als

Fig. 38. Das Vek- v^μ geschriebenen "kontravarianten Vektor"
torfeld ∂_μ auf U entspricht dann der Tangentialvektor

$$v^\mu \partial_\mu := v^1 \partial_1 + \cdots + v^n \partial_n,$$

und aus dem Zusammenhang muß hervorgehen, ob ein festes
$p \in U$ betrachtet wird und $v^\mu \partial_\mu \in T_p M$ gemeint ist oder ob, wie
zumeist, die $v^1, \ldots, v^n$ reelle Funktionen auf U und $v^\mu \partial_\mu$ daher
ein Vektor*feld* auf U bezeichnet.

2.9   Test

(1) Für die beiden "Pole" $p := (0, 0, 1)$ und $q := (0, 0, -1)$ der
2-Sphäre $S^2 \subset \mathbb{R}^3$ ist offenbar

$$T_p^{\mathrm{unt}} S^2 = T_q^{\mathrm{unt}} S^2 = \mathbb{R}^2 \times 0 \subset \mathbb{R}^3.$$

Gilt auch $T_p^{\mathrm{geom}} S^2 = T_q^{\mathrm{geom}} S^2$ und entsprechend für "alg"
und "phys"?

☐ Ja, weil kanonisch $T_p^{\mathrm{unt}} M \cong T_p^{\mathrm{geom}} M$ usw.

☐ Nein, für die drei Fassungen gilt stets $T_p M \cap T_q M = \varnothing$
für $p \neq q$.

☐ Ja für T^{phys}, nein für die beiden anderen Fassungen,
weil für diese $T_p M \cap T_q M = \{\, 0 \,\}$ für $p \neq q$.

(2) Repräsentieren zwei um 0 in $\mathbb{R}^n$ definierte Funktionen f
und g bereits dann denselben Keim in $\mathcal{E}_0(\mathbb{R}^n)$, wenn ihre
partiellen Ableitungen jeder Ordnung bei 0 übereinstimmen?

☐ Nein (Hinweis: e^{-1/x^2}).

☐ Ja, aufgrund der Taylorschen Formel für Funktionen mehrerer Veränderlichen.

☐ Ja, sonst erhielte man einen Widerspruch zum Mittelwertsatz.

(3) Sei $M_0 \subset M$ eine Untermannigfaltigkeit, $p \in M_0$, und sei $v \in T_pM$ eine Derivation mit $vf = 0$ für alle $f \in \mathcal{E}_p(M)$, welche auf M_0 verschwinden. Dann ist

☐ $v \in T_pM_0 \subset T_pM$

☐ $v = 0$

☐ $v \in T_pM \smallsetminus T_pM_0$

(4) Für differenzierbare Abbildungen f zwischen Mannigfaltigkeiten gilt

☐ $\operatorname{rg} df_p = \operatorname{rg}_p f$ stets

☐ $\operatorname{rg} df_p \geq \operatorname{rg}_p f$, und $>$ kann vorkommen

☐ $\operatorname{rg} df_p \leq \operatorname{rg}_p f$, und $<$ kann vorkommen.

(5) Es sei $f : M \to N$ konstant. Dann ist $df_p =$

☐ $f(p)$ ☐ 0 ☐ Id_{T_pM}.

(6) Es seien V und W endlichdimensionale reelle Vektorräume und $f : V \to W$ linear. Dann ist $df_p =$

☐ f ☐ 0 ☐ $f - f(p)$.

(7) Es sei V ein endlichdimensionaler reeller Vektorraum und $f : V \to V$ eine Translation. Dann ist $df_p =$

☐ f ☐ 0 ☐ Id_V

(8) Seien M eine differenzierbare Mannigfaltigkeit und X, Y und Z endlichdimensionale reelle Vektorräume. Ferner sei durch $\langle \cdot , \cdot \rangle : X \times Y \to Z$ irgend eine bilineare Verknüpfung bezeichnet. Dann gilt für differenzierbare Abbildungen $f : M \to X$ und $g : M \to Y$ an jeder Stelle $p \in M$

☐ $d\langle f, g\rangle = \langle df, g\rangle + \langle f, dg\rangle$
☐ $d\langle f, g\rangle = \langle df, g\rangle - \langle f, dg\rangle$
☐ $d\langle f, g\rangle = \langle df, dg\rangle$

(9) Eine differenzierbare Abbildung $f : M \to N$ sei in lokalen Koordinaten $x^{\bar{\nu}}$ für N und x^μ für M durch

$$x^{\bar{\nu}} = x^{\bar{\nu}}(x^1, \ldots, x^n)$$

im Sinne des Ricci-Kalküls beschrieben. Dann ist die Matrix des Differentials durch

☐ $\partial_\mu x^\nu$ ☐ $\partial_\mu x^{\bar{\nu}}$ ☐ $\partial_{\bar{\nu}} x^\mu$

gegeben.

(10) Unter welchen zusätzlichen Voraussetzungen bieten die Differentiale df_p einer Abbildung $f : M \to N$ bzw. deren Inversen die Möglichkeit, beliebige Vektorfelder kanonisch von der einen Mannigfaltigkeit auf die andere zu übertragen?

  ☐ Von M nach N stets, umgekehrt nur, wenn f eine Überlagerung ist.
  ☐ Auch von M nach N nur dann, wenn f ein Diffeomorphismus ist.
  ☐ In beide Richtungen, sofern f eine Einbettung ist.

2.10 Übungsaufgaben

AUFGABE 9: Es sei M eine n-dimensionale Mannigfaltigkeit, $p \in M$. Man zeige, daß die Zusammensetzung der kanonischen Abbildungen

$$T_p^{\text{alg}} M \to T_p^{\text{phys}} M \to T_p^{\text{geom}} M \to T_p^{\text{alg}} M$$

die Identität auf $T_p^{\text{alg}} M$ ist.

AUFGABE 10: Es sei $f : M \to N$ eine differenzierbare Abbildung, $p \in M$. Man weise nach, daß das Diagramm

$$
\begin{array}{ccc}
T_p^{\text{geom}} M & \xrightarrow{\;d^{\text{geom}} f_p\;} & T_{f(p)}^{\text{geom}} N \\
\downarrow & & \downarrow \\
T_p^{\text{alg}} M & \xrightarrow{\;d^{\text{alg}} f_p\;} & T_{f(p)}^{\text{alg}} N
\end{array}
$$

kommutativ ist.

AUFGABE 11: Sei $f : M \to \mathbb{R}$ eine differenzierbare Funktion, $p \in M$. Durch Gradientenbildung bezüglich Karten ist eine Abbildung

$$
\begin{aligned}
\mathcal{D}_p(M) &\longrightarrow \mathbb{R}^n \\
(U, h) &\longmapsto \operatorname{grad}_{h(p)}(f \circ h^{-1})
\end{aligned}
$$

gegeben, nennen wir sie $\operatorname{grad}_p f$. Ist das ein Element von $T_p^{\text{phys}} M$?

AUFGABE 12: Sei $M_0 \subset M$ eine Untermannigfaltigkeit, $p \in M_0$. Kanonisch, nämlich vermöge des Differentials der Inklusion $M_0 \hookrightarrow M$, fassen wir $T_p M_0$ als Untervektorraum von $T_p M$ auf. Man zeige: Ist M_0 das Urbild eines regulären Wertes einer Abbildung $f : M \to N$, so ist

$$
T_p M_0 = \operatorname{Kern} df_p.
$$

2.11   Hinweise zu den Übungsaufgaben

ZU AUFGABE 9: Obwohl die drei Abbildungen kanonisch, also kartenunabhängig sind, kommt doch bei der Beschreibung von $T_p^{\text{phys}} M \to T_p^{\text{geom}} M$ eine Karte (U, h) als Hilfsmittel vor. Deshalb sollte der Beweis so anfangen: Sei (U, h) eine Karte um p und $v \in T_p^{\text{alg}} M$ eine Derivation. Dann ist die Derivation $v' := \Phi_1(\Phi_3(\Phi_2(v)))$ durch $v'\varphi = \ldots$ gegeben — und der erste Teil der Aufgabe wird eben darin bestehen, daß Sie das mittels der Ihnen bekannten Definitionen der Φ_i ausrechnen.

Für den zweiten Teil, den Nachweis von $v'\varphi = v\varphi$, begründen Sie vielleicht erst einmal, weshalb man oBdA $\varphi(p) = 0$ und $h(p) = 0$ annehmen darf (beachte: $v(\text{const}) = 0$ für jede Derivation) und wenden dann den Hilfssatz aus dem Beweis von 2.3 an.

ZU AUFGABE 10: Man muß nur das Schicksal eines geometrischen Tangentialvektors ("Sei $[\alpha] \in T_p^{\text{geom}} M \ldots$") auf den beiden Wegen nach rechts unten vergleichen. Einfacher als Aufgabe 9.

ZU AUFGABE 11: Manchmal jedenfalls gewiß, z.B. für $f \equiv 0$ ist $\text{grad}_p f$ der Nullvektor. Allgemein? Beweis oder Gegenbeispiel? Aber wer wird denn bezweifeln wollen, daß der Gradient ein Tangentialvektor ist? Oder?

ZU AUFGABE 12: Beachten Sie, daß es für den Beweis solcher Gleichheiten von Vektorräumen oft genügt, die eine der beiden Inklusionen zu zeigen, wenn man eine Vorinformation über die Dimensionen besitzt.

3 Differentialformen

3.1 Alternierende k-Formen

Differentialformen leben auf Mannigfaltigkeiten, und zur Vorbereitung der Definition brauchen wir etwas lineare Algebra in einem reellen Vektorraum, der nämlich später T_pM sein wird.

Definition: Sei V ein reeller Vektorraum. Unter einer **alternierenden k-Form** ω auf V versteht man eine multilineare Abbildung

$$\omega: \underbrace{V \times \cdots \times V}_{k} \longrightarrow \mathbb{R}$$

mit der Eigenschaft: Sind $v_1, \ldots, v_k \in V$ linear abhängig, so gilt $\omega(v_1, \ldots, v_k) = 0$.

Notation: Der Vektorraum der alternierenden k-Formen auf V werde mit $\mathrm{Alt}^k V$ bezeichnet. $\qquad\qquad\square$

Ersichtlich *ist* es in kanonischer Weise ein reeller Vektorraum. — Die Formulierung der Definition unterstellt eigentlich $k \geq 1$, aber man ergänzt sie zweckmäßig durch die

Konvention: $\mathrm{Alt}^0 V := \mathbb{R}$. $\qquad\qquad\qquad\qquad\square$

Die alternierenden 0-Formen sind also die rellen Zahlen, und $\mathrm{Alt}^1 V = \mathrm{Hom}(V, \mathbb{R}) =: V^*$ ist der gewöhnliche **Dualraum** von V, die Eigenschaft des "Alternierens" kommt für $k = 1$ nicht zum Zuge, weil sie aus der Linearität schon folgt: $\omega(0) = 0$. Für $k \geq 2$ bedeutet das Alternieren aber etwas Besonderes, und es ist nützlich, dafür einige Kriterien zu kennen:

Lemma: *Für multilineare Abbildungen* $\omega : V \times .. \times V \to W$ *sind
die folgenden Bedingungen einander äquivalent:*

(1) ω *ist alternierend, d.h.* $\omega(v_1, .., v_k) = 0$, *wenn* $(v_1, .., v_k)$
linear abhängig.

(2) $\omega(v_1, .., v_k) = 0$, *wenn unter den* v_i *zwei gleiche sind, d.h.
wenn es* $i \neq j$ *mit* $v_i = v_j$ *gibt.*

(3) *Bei Vertauschung zweier Variablen kehrt* ω *das Vorzeichen
um: für* $i < j$ *gilt* $\omega(v_1, .., v_k) = -\omega(v_1, .., v_j, .., v_i, .., v_k)$.

(4) *Ist* $\tau : \{1, .., k\} \to \{1, .., k\}$ *eine Permutation, so gilt*
$\omega(v_{\tau(1)}, .., v_{\tau(k)}) = \operatorname{sgn}(\tau)\omega(v_1, .., v_k)$.

BEWEIS: Für trivial darf man die Implikationen (1) $\Longrightarrow$ (2) $\Longleftarrow$
(3) $\Longleftrightarrow$ (4) halten, ohne weiteres sieht man auch (2) $\Longrightarrow$ (1),
denn sind $v_1, .., v_k$ linear abhängig, so ist einer der Vektoren Linearkombination der übrigen, und dadurch wird $\omega(v_1, .., v_k)$ zu
einer Summe, deren $k - 1$ Summanden alle wegen (2) verschwinden. Um (2) $\Longrightarrow$ (3) einzusehen, bedenkt man, daß (2) nicht nur

$$\omega(v_1, .., v_i{+}v_j, .., v_i{+}v_j, .., v_k) = 0$$

bewirkt, sondern auch, daß von den vier Summanden, die sich
aus der linken Seite wegen der Linearität in der i-ten und j-ten
Variablen ergeben, nur zwei übrigbleiben und wir

$$\omega(v_1, .., v_i, .., v_j, .., v_k) + \omega(v_1, .., v_j, .., v_i, .., v_k) = 0$$

erhalten, also die Aussage (3). $\square$

Jede lineare Abbildung
$f : V \to W$ stiftet eine
lineare Abbildung
$\operatorname{Alt}^k f : \operatorname{Alt}^k W \to \operatorname{Alt}^k V$,
also in die "Gegenrich-
tung", und Alt^k wird

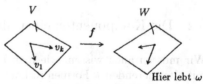

Fig. 39. Zur Definition von $\operatorname{Alt}^k f$.

dadurch zu einem *kontravarianten Funktor* (siehe z.B. [J:*Top*],
Seiten 80 und 76) von der Kategorie der reellen Vektorräume und
linearen Abbildungen in sich, oder ganz ausführlich:

Definition und Notiz: *Ist* $f : V \to W$ *linear, so wird die lineare Abbildung*

$$\mathrm{Alt}^k f : \mathrm{Alt}^k W \longrightarrow \mathrm{Alt}^k V$$

durch $((\mathrm{Alt}^k f)(\omega))(v_1, \ldots, v_k) := \omega(f(v_1), \ldots, f(v_k))$ *bzw. durch die Konvention* $\mathrm{Alt}^0 f = \mathrm{Id}_\mathbb{R}$ *definiert, und es gilt dann* $\mathrm{Id} \mapsto \mathrm{Id}$ *und die kontravariante Kettenregel, d.h.*

$$\mathrm{Alt}^k \mathrm{Id}_V = \mathrm{Id}_{\mathrm{Alt}^k V} \quad \text{und}$$
$$\mathrm{Alt}^k(g \circ f) = \mathrm{Alt}^k f \circ \mathrm{Alt}^k g$$

für lineare Abbildungen $V \xrightarrow{f} W \xrightarrow{g} X$. $\qquad\qquad\square$

In der Mathematik sind sehr viele Funktoren im Gebrauch, und im Zweifelsfalle ist es schön und klar, die individuelle Bezeichnung des Funktors, hier also Alt^k, auch bei den zugeordneten Morphismen zu verwenden, aber immer ist ja kein Zweifelsfall, und im praktischen Leben kommt man bei Hunderten von Funktoren meist mit *zwei* Schreibweisen für den einem f zugeordneten Morphismus aus, nämlich mit f_* im ko- und f^* im kontravarianten Falle. Das ist nicht nur bequem, sondern auch übersichtlich, und deshalb wollen wir, wenn keine Verwechslungen zu befürchten sind, auch hier vereinbaren:

Schreib- und Sprechweise: Statt $\mathrm{Alt}^k f$ schreiben wir auch einfach f^* und sprechen von $f^*\omega$ als von der durch f aus ω *induzierten* k-Form. $\qquad\qquad\square$

3.2   Die Komponenten einer alternierenden k-Form

Wir müssen auch wissen, wie man bezüglich einer Basis von V mit alternierenden k-Formen rechnet, weil wir später Differentialformen auf Mannigfaltigkeiten manchmal in lokalen Koordinaten zu betrachten haben. Ist in V eine Basis ausgezeichnet, so kann man eine alternierende k-Form, wie jede Multilinearform, durch die Zahlen charakterisieren, mit denen sie auf (k-tupel von) Basisvektoren antwortet:

Sprechweise: Ist $(e_1, \ldots, e_n)$ eine Basis von V und ω eine alternierende k-Form auf V, so heißen die Zahlen

$$a_{\mu_1 \ldots \mu_k} := \omega(e_{\mu_1}, \ldots, e_{\mu_k})$$

für $1 \le \mu_i \le n$ die **Komponenten** von ω bezüglich der Basis. $\square$

Wegen des Alternierens von ω sind die Komponenten natürlich "schiefsymmetrisch" in ihren Indices, d.h. es gilt

$$a_{\mu_{\tau(1)} \ldots \mu_{\tau(k)}} = \mathrm{sgn}(\tau) a_{\mu_1 \ldots \mu_k},$$

und deshalb genügt es, $a_{\mu_1 \ldots \mu_k}$ für $\mu_1 < \cdots < \mu_k$ zu kennen. Weitere Relationen unter den Komponenten gibt es aber nicht, d.h. man kann die $a_{\mu_1 \ldots \mu_k}$ für $\mu_1 < \cdots < \mu_k$ beliebig vorschreiben, genauer:

Lemma: *Ist* $(e_1, \ldots, e_n)$ *eine Basis von* V, *so ist durch*

$$\mathrm{Alt}^k V \longrightarrow \mathbb{R}^{\binom{n}{k}}$$

$$\omega \longmapsto (\omega(e_{\mu_1}, \ldots, e_{\mu_k}))_{\mu_1 < \cdots < \mu_k}$$

ein Isomorphismus gegeben.

BEWEIS: Die Abbildung ist ersichtlich linear. Wegen der Multilinearität von ω gilt stets

$$\omega(\sum_{\mu_1} v_{(1)}^{\mu_1} e_{\mu_1}, \ldots, \sum_{\mu_k} v_{(k)}^{\mu_k} e_{\mu_k}) = \sum_{\mu_1, \ldots, \mu_k} v_{(1)}^{\mu_1} \cdots v_{(k)}^{\mu_k} \omega(e_{\mu_1}, \ldots, e_{\mu_k}),$$

also ist die Abbildung $\mathrm{Alt}^k V \to \mathbb{R}^{\binom{n}{k}}$ injektiv, denn wenn $\omega(e_{\mu_1}, \ldots, e_{\mu_k}) = 0$ für $\mu_1 < \cdots < \mu_k$, dann wegen des Alternierens von ω auch für alle anderen $\mu_1, \ldots, \mu_k$. — Die Abbildung ist aber auch surjektiv. Ist nämlich $(a_{\mu_1 \ldots \mu_k})_{\mu_1 < \cdots < \mu_k} \in \mathbb{R}^{\binom{n}{k}}$ beliebig vorgegeben, so definieren wir zunächst für beliebige Indices

$$a_{\mu_1 \ldots \mu_k} := \begin{cases} 0 & \text{falls zwei der Indices übereinstimmen} \\ \mathrm{sgn}(\tau) a_{\mu_{\tau(1)} \ldots \mu_{\tau(k)}} & \text{sonst,} \end{cases}$$

wobei $\tau : \{1, \ldots, k\} \to \{1, \ldots, k\}$ jeweils die Permutation sei, welche die Indices der Größe nach ordnet: $\mu_{\tau(1)} < \cdots < \mu_{\tau(k)}$. Dann wird durch

$$\omega(v_1, \ldots, v_k) := \sum_{\mu_1, \ldots, \mu_k} v_{(1)}^{\mu_1} \cdots v_{(k)}^{\mu_k} a_{\mu_1 \ldots \mu_k}$$

die gesuchte alternierende k-Form gegeben, wobei $v^1_{(j)}, \ldots, v^n_{(j)}$
natürlich die Komponenten von $v_j \in V$ bezüglich $(e_1, \ldots, e_n)$
bezeichnen. $\qquad\qquad\qquad\qquad\qquad\qquad\qquad\qquad\qquad\qquad\quad$ $\square$

Korollar: *Ist* $\dim V = n$*, so gilt* $\dim \mathrm{Alt}^k V = \binom{n}{k}$.

Für $k = 0$ stimmt das zu der Konvention $\mathrm{Alt}^0 V := \mathbb{R}$, und
für $k = 1$ ist es die wohlbekannte Tatsache $\dim V^* = \dim V$.
Aber auch $\mathrm{Alt}^{n-1}V$ hat die Dimension n, und deshalb werden
die alternierenden $(n-1)$-Formen, die 1-Formen und die Elemente ("Vektoren") von V selbst beim Rechnen in Koordinaten
durch n-tupel reeller Zahlen dargestellt. Man sollte sie aber trotzdem nicht miteinander verwechseln, denn beim Übergang zu einer
anderen Basis verhalten sich die n-tupel jeweils unterschiedlich.
Vektoren, 1-Formen und alternierende $(n-1)$-Formen sind eben
nicht kanonisch dasselbe, und wenn man Isomorphismen

$$V \cong V^* \cong \mathrm{Alt}^{n-1}V$$

benutzt, was wegen der Gleichheit der Dimensionen natürlich
möglich und zuweilen auch nützlich ist, so muß man beachten, daß
solche Isomorphismen nicht kanonisch gegeben, sondern *gewählt*
sind. (Ein Isomorphismus $\varphi : V \cong V^*$ entspricht der Wahl einer nichtentarteten Bilinearform β auf $V \times V$, nämlich vermöge
$\varphi(v)(w) = \beta(v, w)$; ein Isomorphismus $V \cong \mathrm{Alt}^{n-1}V$ der Wahl
eines Basiselements in $\mathrm{Alt}^n V$. Vergl. Aufgabe 13.)

3.3 Alternierende n-Formen und die Determinante

Von besonderem Interesse für die Integrationstheorie auf Mannigfaltigkeiten sind die alternierenden n-Formen für $n = \dim V$,
über die wir jetzt also $\dim \mathrm{Alt}^n V = 1$ wissen, was wir auch so
formulieren können:

Korollar: *Ist* $(e_1, \ldots, e_n)$ *eine Basis von* V *und* $a \in \mathbb{R}$*, so gibt
es genau eine alternierende* n-Form ω *auf* V *mit*

$$\omega(e_1, \ldots, e_n) = a. \qquad\qquad\qquad\qquad \square$$

Im Falle der Standardbasis $(e_1, \ldots, e_n)$ des $\mathbb{R}^n$ und $a = 1$ ist das die *Determinante* det : $M(n \times n, \mathbb{R}) \to \mathbb{R}$, aufgefaßt als die Multilinearform in den Spaltenvektoren, wie man aus der Linearen Algebra weiß: Die Determinante ist die einzige Abbildung vom Raum der $n \times n$-Matrizen über $\mathbb{K}$ nach $\mathbb{K}$, die multilinear und alternierend in den Spalten ist und der Einheitsmatrix den Wert $1 \in \mathbb{K}$ zuordnet. — Für beliebige Endomorphismen $f : V \to V$ gilt:

Lemma: *Ist V ein n-dimensionaler reeller Vektorraum und $f : V \to V$ linear, so ist $\mathrm{Alt}^n f : \mathrm{Alt}^n V \to \mathrm{Alt}^n V$ die Multiplikation mit $\det f \in \mathbb{R}$.*

BEWEIS: Wegen dim $\mathrm{Alt}^n V = 1$ wäre die Aussage, nebenbei bemerkt, auch als koordinatenfreie *Definition* von $\det f$ geeignet. Da wir aber $\det f$ nach der üblichen Definition $\det f := \det(\varphi^{-1} {\circ} f {\circ} \varphi)$ für ein (dann jedes) $\varphi : \mathbb{R}^n \cong V$ schon kennen:

$$
\begin{array}{ccc}
V & \xrightarrow{\ f\ } & V \\
\cong \big\uparrow \varphi & & \cong \big\uparrow \varphi \\
\mathbb{R}^n & \xrightarrow{\ A\ } & \mathbb{R}^n
\end{array}
$$

also $\det f = \det A$, so wird's ein beweisbedürftiges Lemma. — Aber nach der Kettenregel für den Funktor Alt^n ist

$$
\begin{array}{ccc}
\mathrm{Alt}^n V & \xleftarrow{\ \mathrm{Alt}^n f\ } & \mathrm{Alt}^n V \\
\mathrm{Alt}^n \varphi \big\downarrow \cong & & \mathrm{Alt}^n \varphi \big\downarrow \cong \\
\mathrm{Alt}^n \mathbb{R}^n & \xleftarrow{\ \mathrm{Alt}^n A\ } & \mathrm{Alt}^n \mathbb{R}^n
\end{array}
$$

kommutativ, deshalb sind $\mathrm{Alt}^n f$ und $\mathrm{Alt}^n A$ durch Multiplikation mit ein und derselben reellen Zahl gegeben, und um diese zu ermitteln, wenden wir $\mathrm{Alt}^n A$ auf das Element $\det \in \mathrm{Alt}^n \mathbb{R}^n$ an und erhalten für die kanonische Basis $(e_1, \ldots, e_n)$ von $\mathbb{R}^n$:

$$
\begin{aligned}
((\mathrm{Alt}^n A)(\det))(e_1, \ldots, e_n) &= \det(Ae_1, \ldots, Ae_n) \\
&= \det A \\
&= \det A \cdot \det(e_1, \ldots, e_n),
\end{aligned}
$$

also ist $\det A = \det f$ der gesuchte Faktor. $\qquad\qquad \Box$

Schließlich sei auch noch ausdrücklich darauf hingewiesen, daß $n + 1$ Vektoren in einem n-dimensionalen Vektorraum V stets linear abhängig, für $k > n$ also jede alternierende k-Form auf V verschwinden muß, was uns ja auch die Dimensionsformel $\dim \mathrm{Alt}^k V = \binom{n}{k}$ bestätigt:

Notiz: $\mathrm{Alt}^k V = 0$ *für* $k > \dim V$.   □

3.4 Differentialformen

Erheben wir uns nun aus dem linear-algebraischen Flachland zu den schönen runden Mannigfaltigkeiten!

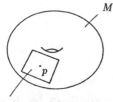

$T_p M$: hier lebt ω_p

Fig. 40. k-Form ω auf M: Zuordnung $p \mapsto \omega_p \in \mathrm{Alt}^k T_p M$

Definition: Unter einer ***Differentialform vom Grade k*** oder kurz einer **k-Form** auf einer Mannigfaltigkeit M verstehen wir eine Zuordnung ω, welche jedem $p \in M$ eine alternierende k-Form $\omega_p \in \mathrm{Alt}^k T_p M$ auf dem Tangentialraum bei p zuweist. □

Die Komponentenfunktionen einer k-Form ω auf M bezüglich einer Karte (U, h) bezeichnen wir mit

$$\omega_{\mu_1 \ldots \mu_k} := \omega(\partial_{\mu_1}, \ldots, \partial_{\mu_k}) : U \longrightarrow \mathbb{R},$$

und natürlich nennen wir eine k-Form **stetig** oder ***differenzierbar*** usw., wenn ihre Komponentenfunktionen bezüglich der Karten eines (dann eines jeden) Atlanten in der differenzierbaren Struktur von M diese Eigenschaft haben.

Beachten Sie wohl, daß, gemäß unserer (in 2.8 ausführlich beschriebenen) Auffassung von den $\partial_\mu = \frac{\partial}{\partial x^\mu}$ als den kanonischen Basisvektorfeldern der Karte, die Komponentenfunktionen $\omega_{\mu_1 \ldots \mu_k}$ wirklich "oben" auf $U \subset M$ definiert sind. Natürlich kann man sie mittels h auch noch "herunterholen", dann werden sie aber zu $\omega_{\mu_1 \ldots \mu_k} \circ h^{-1}$.

Zur Sprechweise noch zwei An-
merkungen. Das Wort "alternierend" hat sich im Differentialkalkül irgendwie abgeschliffen,
man spricht einfach von Differentialformen oder k-Formen
ω auf M. Daß die einzelnen
$\omega_p : T_pM \times \cdots \times T_pM \to \mathbb{R}$
alternieren, ist aber stets ge-
meint, wie die obige Definition
ja angibt. — Zweitens wollen wir

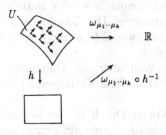

Fig. 41. Komponentenfunktionen leben "oben"

vorerst unsere Aufmerksamkeit noch nicht ausschließlich auf die
differenzierbaren k-Formen einschränken, weil es zunächst nur
um das Integrieren von k-Formen über k-dimensionale Mannigfaltigkeiten gehen wird, wofür die Differenzierbarkeit eine unnötig
scharfe Forderung an ω wäre. Deshalb müssen wir einstweilen das
Wort "differenzierbar" hinzufügen, wenn wir es meinen. — Später
stehen aber doch die differenzierbaren Differentialformen wieder
im Mittelpunkt und wir führen jetzt schon die übliche Notation
ein:

Notation: Der Vektorraum der *differenzierbaren* k-Formen auf
M wird mit $\Omega^k M$ bezeichnet. $\qquad\qquad$ □

Wegen $\mathrm{Alt}^0 T_pM = \mathbb{R}$ ist $\Omega^0 M = C^\infty(M)$, der Ring der differenzierbaren Funktionen auf M, oder jedenfalls wollen wir Differenzierbarkeit von 0-Formen so verstanden wissen. Eine Nullform
$\omega : M \to \mathbb{R}$ ist eben ihre eigene, einzige Komponentenfunktion,
sie trägt $k = 0$ Indices, also gar keinen.

Eine differenzierbare Abbildung $f : M \to N$ induziert in kanonischer Weise eine lineare Abbildung

$$f^* : \Omega^k N \to \Omega^k M,$$

wie wir, die übliche Universalnotation wieder benutzend, schreiben wollen, und zwar ist $f^*\omega$ für $\omega \in \Omega^k N$ durch

$$(f^*\omega)_p(v_1, \ldots, v_k) := \omega_{f(p)}(df_p v_1, \ldots, df_p v_k)$$

für $v_1, \ldots, v_k \in T_pM$ definiert — auf welche andere naheliegende

Art könnte $\omega \in \Omega^k N$ mittels f auf Vektoren $v_1, \ldots, v_k \in T_p M$ antworten! Die Zuordnung $f^* =: \Omega^k f : \Omega^k N \to \Omega^k M$ ist also 'punktweise' (d.h. für jedes $p \in M$ einzeln) durch $\mathrm{Alt}^k(df_p)$ gegeben.

Weil aber das Differential und Alt^k beide funktoriell sind ("Id $\mapsto$ Id & Kettenregel"), gilt nun auch

Notiz: *Durch Ω^k ist in kanonischer Weise ein kontravarianter Funktor von der differenzierbaren in die lineare Kategorie gegeben, d.h. bezeichnet $f^* : \Omega^k N \to \Omega^k M$ die von einem differenzierbaren $f : M \to N$ induzierte lineare Abbildung, so gilt $(\mathrm{Id}_M)^* = \mathrm{Id}_{\Omega^k M}$ und $(g \circ f)^* = f^* \circ g^*$.* $\qquad\square$

3.5 Einsformen

Die differenzierbaren 1-Formen, also die $\omega \in \Omega^1 M$, heißen auch **Pfaffsche Formen**. Eine besondere Art Pfaffscher Formen ("exakte Pfaffsche Formen") sind die Differentiale differenzierbarer Funktionen, genauer:

Definition: Sei $f : M \to \mathbb{R}$ differenzierbar. Dann heißt die durch $p \longmapsto df_p \in \mathrm{Alt}^1 T_p M$ gegebene differenzierbare 1-Form $df \in \Omega^1 M$ das **Differential** von f. $\qquad\square$

Das Differential df_p an der einzelnen Stelle $p \in M$ wäre ja eigentlich eine lineare Abbildung $df_p : T_p M \to T_{f(p)} \mathbb{R}$, aber wir berufen uns natürlich auf den *kanonischen* Isomorphismus $\mathbb{R} \cong T_y \mathbb{R}$ (vergl. 2.6) und fassen df_p als Element im Dualraum $T_p^* M$ von $T_p M$ auf. In diesem Sinne gilt auch $df_p(v) = v(f)$ für $v \in T_p M$, z.B. weil $df_p(\dot\alpha(0)) = (f \circ \alpha)^{\cdot}(0) \in \mathbb{R}$, vergl. 2.7. In lokalen Koordinaten, d.h. bezüglich einer Karte (U, h), sind also die n Komponentenfunktionen von df gerade

$$df(\partial_\mu) = \partial_\mu f, \quad \mu = 1, \ldots, n.$$

Die Übungsaufgabe 11 handelte schon von der Tatsache, daß das n-tupel $(\partial_1 f, \ldots, \partial_n f)$ keinen Tangentialvektor $\mathcal{D}_p M \to \mathbb{R}^n$

definiert. Hier sehen wir nun die von unserem gegenwärtigen
Standpunkt aus "wahre" Bedeutung der partiellen Ableitungen
nach Koordinaten: Es sind die Komponenten des Differentials
df, welches deshalb auf Mannigfaltigkeiten die Rolle des Gradienten übernimmt. — Insbesondere können wir für eine Karte
$h = (x^1, \ldots, x^n)$ auf U die Differentiale $dx^\mu \in \Omega^1 U$ der *Koordinatenfunktionen* x^μ *selbst* bilden. Deren Komponenten $dx^\mu(\partial_\nu)$,
$\nu = 1, \ldots, n$ sind dann also

$$dx^\mu(\partial_\nu) = \partial_\nu x^\mu = \delta^\mu_\nu := \begin{cases} 1 & \text{für } \mu = \nu \\ 0 & \text{für } \mu \neq \nu, \end{cases}$$

und das bedeutet:

Lemma: *Die Differentiale* $dx^1, \ldots, dx^n \in \Omega^1 U$ *der Koordinatenfunktionen* $x^\mu : U \to \mathbb{R}$ *einer Karte bilden an jeder Stelle* $p \in U$
die zu $(\partial_1, \ldots, \partial_n)$ *duale Basis* $(dx^1_p, \ldots, dx^n_p)$ *von* $T^*_p M$. □

Korollar: *Ist* ω *eine 1-Form auf* M *und*
(U, h), $h = (x^1, \ldots, x^n)$, *eine Karte, so
gilt*

$$\omega|U = \sum_{\mu=1}^n \omega_\mu dx^\mu,$$

wobei die $\omega_\mu : U \to \mathbb{R}$ *die Komponentenfunktionen* $\omega_\mu := \omega(\partial_\mu)$ *bezeichnen.
Insbesondere gilt also auch für differen-
zierbare Funktionen*

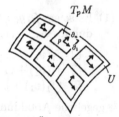

Fig. 42. Überall auf U
ist $(dx^1,...,dx^n)$ dual
zu $(\partial_1,...,\partial_n)$.

$$df = \sum_{\mu=1}^n \frac{\partial f}{\partial x^\mu} dx^\mu \qquad \text{auf dem Kartengebiet } U.$$

BEWEIS: Wir prüfen die Gleichheit an jeder Stelle $p \in U$ durch
Einsetzen der Basisvektoren ∂_ν, $\nu = 1, \ldots, n$ auf beiden Seiten:
$\omega_p(\partial_\nu) = \omega_\nu(p)$ nach Definition von ω_ν, und

$$\sum_{\mu=1}^n \omega_\mu(p) dx^\mu_p(\partial_\nu) = \sum_{\mu=1}^n \omega_\mu(p) \delta^\mu_\nu = \omega_\nu(p),$$

also sind die beiden 1-Formen auf U gleich. □

Diese lokale Beschreibung der 1-Formen als $\omega = \sum_{\mu=1}^{n} \omega_\mu dx^\mu$, insbesondere der Differentiale als $df = \sum_{\mu=1}^{n} \partial_\mu f \cdot dx^\mu$, ist der Schlüssel zum Koordinatenrechnen mit diesen Formen, und sehr oft beruft man sich bei lokalen Begriffsbildungen und Beweisen darauf. Eine solche Beschreibung ist aber nicht nur für 1-Formen möglich. Sobald wir das *äußere Produkt* oder *Dachprodukt* werden eingeführt haben, können wir eine k-Form bezüglich einer Karte als

$$\omega = \sum_{\mu_1 < \cdots < \mu_k} \omega_{\mu_1 \ldots \mu_k} dx^{\mu_1} \wedge \cdots \wedge dx^{\mu_k}$$

mittels Komponentenfunktionen und Koordinatendifferentialen ausdrücken und so das lokale Rechnen mit k-Formen auf den Umgang mit den wohlvertrauten *Funktionen* zurückführen.

3.6 Test

(1) Es seien $f_i, g_i : V \to \mathbb{R}$ lineare Abbildungen. Dann ist die durch $(v_1, \ldots, v_k) \mapsto$

☐ $f_1(v_1) \cdot \ldots \cdot f_k(v_k) + g_1(v_1) \cdot \ldots \cdot g_k(v_k)$
☐ $f_1(v_1) + \ldots + f_k(v_k) + g_1(v_1) + \ldots + g_k(v_k)$
☐ $(f_1(v_1) + g_1(v_1)) \cdot \ldots \cdot (f_k(v_k) + g_k(v_k))$

gegebene Abbildung $V \times \cdots \times V \to \mathbb{R}$ multilinear.

(2) Welche der folgenden Bedingungen an eine multilineare Abbildung $f : V \times \ldots \times V \to \mathbb{R}$ ist hinreichend dafür, daß f alternierend ist?

☐ $f(v_1, \ldots, v_k) = 0$ sobald $v_i = v_{i+1}$ für ein i
☐ Es gibt ein $\varepsilon : S_n \to \{-1, +1\}$, nicht konstant $+1$, mit $f(v_{\tau(1)}, \ldots, v_{\tau(k)}) = \varepsilon(\tau) f(v_1, \ldots, v_k)$
☐ $f(v, \ldots, v) = 0$ für alle $v \in V$.

(3) Sei $\text{Alt}^k(V, W)$ der Vektorraum der alternierenden k-linearen Abbildungen $V \times \ldots \times V \to W$ und $\dim V = n$, $\dim W = m$. Dann ist $\dim \text{Alt}^k(V, W) =$

☐ $\binom{m+n}{k}$ ☐ $m + \binom{n}{k}$ ☐ $m\binom{n}{k}$

(4) Definiert das Kreuzprodukt von Vektoren im $\mathbb{R}^3$ ein Element von $\text{Alt}^2(\mathbb{R}^3, \mathbb{R}^3)$?

   ☐ Ja, weil es bilinear und schiefsymmetrisch ist.

   ☐ Nein, weil es zwar schiefsymmetrisch ist, aber nicht alterniert.

   ☐ Nein, weil es nicht bilinear, sondern linear ist.

(5) Es sei V ein n-dimensionaler Vektorraum, $k > 0, \omega$ eine alternierende k-Form auf V und $\bar{v}_i = \sum_{j=1}^{k} a_{ij} v_j$. Gilt dann $\omega(\bar{v}_1, .., \bar{v}_k) = \det a \cdot \omega(v_1, .., v_k)$?

   ☐ nur für $k = n$

   ☐ nur für $k = 1$ und $k = n$

   ☐ für alle k.

(6) Für eine nichtleere Mannigfaltigkeit M mit $\dim M = n > 0$ und $0 \leq k \leq n$ gilt $\dim \Omega^k M =$

   ☐ ∞ ☐ $\binom{n}{k}$ ☐ $k(k-1)/2$

(7) Für eine differenzierbare Abbildung $f : M \to S^1 \subset \mathbb{C}$, geschrieben als $f = e^{i\theta}$, ist zwar nicht $\theta \in \Omega^0 M$, aber immerhin $\sin\theta, \cos\theta$ und $d\theta \in \Omega^1 M$ wohldefiniert, weil θ lokal als differenzierbare reellwertige Funktion bis auf Addition eines ganzzahligen Vielfachen von 2π wohlbestimmt ist. Ferner hat f als komplexwertige Funktion auch ein komplexwertiges Differential $df \in \Omega^1(M, \mathbb{C})$. Es gilt

   ☐ $df = e^{id\theta}$

   ☐ $df = -\sin\theta d\theta + i\cos\theta d\theta$

   ☐ $df = if d\theta$.

(8) Sei $1 \leq k \leq n = \dim M, M \neq \varnothing$. Kann es eine Abbildung $f : M \to M$ mit der Eigenschaft $f^*\omega = -\omega$ für alle $\omega \in \Omega^k M$ geben?

   ☐ Ja, z.B. gilt das für $M = \mathbb{R}^n$, k ungerade und $f.(x) := -x$

   ☐ Ja, z.B. für $M := S^n$ und f die antipodische Abbildung, k beliebig.

   ☐ Nie und nimmer.

(9) Es sei $\pi : \mathbb{R}^2 \setminus 0 \to S^1$ die radiale Projektion und η eine 1-Form auf S^1. Am Punkte $p \in \mathbb{R}^2 \setminus 0$ betrachten wir den Tangentialvektor $v := \binom{0}{1} \in \mathbb{R}^2 \cong T_p(\mathbb{R}^2 \setminus 0)$ und ebenso $w := \binom{0}{r} \in \mathbb{R}^2 \cong T_{rp}(\mathbb{R}^2 \setminus 0)$ am Punkte rp für ein $r > 0$. Dann gilt

☐ $\pi^* \eta(w) = \pi^* \eta(v)$

☐ $\pi^* \eta(w) = r \pi^* \eta(v)$

☐ $r \pi^* \eta(w) = \pi^* \eta(v)$

(10) Jetzt bezeichne π die radiale Projektion von $\mathbb{R}^3 \setminus 0$ auf S^2 und $\iota : S^2 \hookrightarrow \mathbb{R}^3 \setminus 0$ die Inklusion. Seien $\eta \in \Omega^3(\mathbb{R}^3 \setminus 0)$ und $\omega \in \Omega^2 S^2$. Dann gilt

☐ $\pi^* \iota^* \eta = \eta$ ☐ $\pi^* \iota^* \eta = 0$ ☐ $\iota^* \pi^* \omega = \omega$

3.7 Übungsaufgaben

AUFGABE 13: Es sei V ein n-dimensionaler Vektorraum und $\omega \in \text{Alt}^n V$ von Null verschieden. Man zeige, daß die Abbildung

$$V \longrightarrow \text{Alt}^{n-1} V$$
$$v \longmapsto v \lrcorner \, \omega \, ,$$

wobei $(v \lrcorner \, \omega)(v_1, \ldots, v_{n-1}) := \omega(v, v_1, \ldots, v_{n-1})$, ein Isomorphismus ist.

AUFGABE 14: Es sei $(e_1, \ldots, e_n)$ eine Orthonormalbasis in dem euklidischen Vektorraum $(V, \langle \cdot , \cdot \rangle)$ und ω die alternierende n-Form auf V mit $\omega(e_1, \ldots, e_n) = 1$. Man berechne die "Dichte" $|\omega(v_1, \ldots, v_n)|$ aus der "ersten Grundform" $(g_{\mu\nu})_{\mu,\nu=1,\ldots,n}$, wobei $g_{\mu\nu} := \langle v_\mu, v_\nu \rangle$.

AUFGABE 15: Man bestimme die Transformationsformel für k-Formen im Ricci-Kalkül. Genauer: Für Karten (U, h) und $(U, \bar{h})$

notiere man die Koordinaten als

$$h = (x^1, \ldots, x^n) \quad \text{und}$$

$$\bar{h} = (x^{\bar{1}}, \ldots, x^{\bar{n}})$$

und bezeichne dementsprechend auch die Komponentenfunktionen von $\omega \in \Omega^k M$ bezüglich der Koordinaten. Wie berechnet man $\omega_{\bar{\mu}_1 \ldots \bar{\mu}_k}$ aus den $\omega_{\mu_1 \ldots \mu_k}$?

AUFGABE 16: Ist $V_\alpha^+ \subset \mathbb{R}^2$ der von 0 ausgehende abgeschlossene Halbstrahl mit dem Winkel α zur positiven x-Achse, so ist die Winkelfunktion

$$\varphi_\alpha : \mathbb{R}^2 \smallsetminus V_\alpha^+ \longrightarrow (\alpha - 2\pi, \alpha)$$

der Polarkoordinaten als differenzierbare Funktion wohldefiniert. Bezeichnet $\omega_\alpha := d\varphi_\alpha$ ihr Differential, so stimmen jeweils ω_α und ω_β auf $\mathbb{R}^2 \smallsetminus (V_\alpha^+ \cup V_\beta^+)$ überein (weshalb?) und deshalb ist durch die ω_α eine Pfaffsche Form $\omega \in \Omega^1(\mathbb{R}^2 \smallsetminus 0)$ wohldefiniert. Diese ist ein beliebtes Musterbeispiel für gewisse Phänomene. Man beweise: Es gibt keine differenzierbare Funktion $f : \mathbb{R}^2 \smallsetminus 0 \to \mathbb{R}$ mit $\omega = df$.

3.8 Hinweise zu den Übungsaufgaben

ZU AUFGABE 13: Ich schlage vor, den Ausdruck $v \lrcorner\, \omega$ als "v in ω" zu lesen und zu sprechen, weil wir so an die Bedeutung des Symbols $\lrcorner$ erinnert werden: $v \lrcorner\, \omega = \omega(v, \ldots)$. Da V und $\mathrm{Alt}^{n-1} V$ oft identifiziert — um nicht zu sagen: verwechselt — werden, ist es nützlich, sich klarzumachen, welche Rolle die Wahl einer n-Form ω dabei spielt. Übrigens kann man auch bei gegebenem ω die Abbildung nicht ganz kanonisch nennen, denn ebensogut könnte man v auch als letzte Variable in ω einsetzen, was die Abbildung um das Vorzeichen $(-1)^{n-1}$ änderte. Wir wollen aber auch künftig bei der durch diese Aufgabe gegebenen Definition bleiben. — Technisch betrachtet ist die Aufgabe unproblematisch, und ich wüßte nicht, welchen Hinweis ich noch geben dürfte.

Zu Aufgabe 14: Die Formel, die Sie hier finden und beweisen sollen, spielt eine wichtige Rolle beim Integrieren in lokalen Koordinaten auf "Riemannschen" Mannigfaltigkeiten, insbesondere auf Untermannigfaltigkeiten des $\mathbb{R}^N$. Anstatt mit einem festen Vektorraum V hat man es dann mit den Tangentialräumen auf einer Karte zu tun, und die $v_1, \ldots, v_n$ sind die $\partial_1, \ldots, \partial_n$.

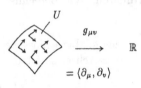

Fig. 43. "Komponenten der ersten Grundform"

Diese Funktionen $g_{\mu\nu} : U \to \mathbb{R}$ sind im Prinzip leicht zu berechnen. Für das Integrieren aber braucht man in dieser Situation die Funktion $|\omega(\partial_1, \ldots, \partial_n)| : U \to \mathbb{R}_+$. (Daß $|\omega|$ von der Wahl der ON-Basis $(e_1, \ldots, e_n)$ unabhängig ist, kommt bei der Lösung der Aufgabe 14 ja mit heraus und könnte auch leicht direkt gezeigt werden: ON-Basen gehen durch isometrische Transformationen auseinander hervor und diese haben stets Determinante $\pm 1 \ldots$).

Das ist der tiefere Sinn der Aufgabe! Vordergründig ist es eine nützliche Übung im Umgang mit n-Formen, Matrizen, Skalarprodukten, Transformationen von n-Formen usw. Praktischer Hinweis: Rechne zuerst aus, wie die Matrix $G := (g_{\mu\nu})$ mit der Matrix $A = (a_{\mu\nu})$ zusammenhängt, welche die Entwicklung der v_μ nach der ON-Basis $e_1, \ldots, e_n$ beschreibt, d.h. $v_\mu =: \sum_{\nu=1}^{n} a_{\mu\nu} e_\nu$ erfüllt.

Zu Aufgabe 15: Wie Sie sehen, ist hier der Durchschnitt zweier Kartengebiete schon oBdA mit U bezeichnet, sonst hätte man eben $U \cap V$ zu betrachten gehabt. — Daß die Frage nach der Transformationsformel für die Komponenten einer k-Form sinnvoll und berechtigt ist, brauche ich wohl nicht zu verteidigen. Außer dieser nützlichen Information bietet Ihnen die Aufgabe aber auch Bekanntschaft mit einer ganz eleganten Notation aus der Trick-Kiste des Ricci-Kalküls. Man muß sie nur lesen können! Sie sehen ja, daß die Notation $\omega_{\mu_1, \ldots, \mu_k} := \omega(\partial_{\mu_1}, \ldots, \partial_{\mu_k})$ für die Komponenten einer k-Form ω eigentlich keine Information über die benutzten Koordinaten enthält — ganz im Einklang mit der Ricci-Philosophie, daß die Koordinaten selbst keine individuellen Namen erhalten. Wie lästig wäre auch ein anderes Vorgehen! Was aber, wenn nun ein zweites Koordinatensystem betrachtet werden muß? Antwort: Querstriche auf — den Indices! Das schafft nicht nur neue Index-Bezeichnungen (wie es ohne nähere Erklärung natürlich von uns gelesen würde) sondern soll auch bedeuten, daß die Größen mit quergestrichenen Indices sich auf das zweite Koordinatensystem beziehen. Versuchen Sie einmal, damit umzugehen. Klappt tadellos!

ZU AUFGABE 16: Sie kennen die "Argument"-Funktion

$$\varphi_\alpha : \mathbb{R}^2 \smallsetminus V_\alpha \to (\alpha - 2\pi, \alpha)$$

auch aus der Funktionentheorie, z.B. für $\alpha = \pi$ als den Imaginärteil des Hauptzweiges des Logarithmus. Nicht direkt, aber dem Sinne nach, hängt unsere Aufgabe auch mit der Tatsache zusammen, daß $\frac{d}{dz} ln z = \frac{1}{z}$ zwar auf ganz $\mathbb{C} \smallsetminus 0$ wohldefiniert ist, aber doch dort keine Stammfunktion besitzt.—

Die Aufgabe ist nicht schwierig zu lösen: Was wäre über $f - \varphi_\pi$ (zum Beispiel) zu sagen, wenn es so ein f gäbe? Und wäre das denn möglich?

Eine Pfaffsche Form kann also überall *lokal* ein Differential sein, ohne daß das auch *global* der Fall sein muß. Dies ist ein mathematisch wichtiges Phänomen ("de Rham-Cohomologie"), und das Beispiel, das die Aufgabe dafür bietet, ist vielleicht das einfachste, das es gibt: kein Wunder, daß es oft herangezogen wird, man sollte es kennen. In der Physik spielt es bei der Interpretation des Aharonov-Bohm-Effekts eine Rolle.

4 Der Orientierungsbegriff

4.1 Einführung

Wie Sie wissen, kommt es beim Integrieren einer Funktion einer reellen Variablen auf die Integrations*richtung* an:

$$\int\limits_a^b f(x)dx = -\int\limits_b^a f(x)dx.$$

Das dx spürt sozusagen die Umkehr der Integrationsrichtung: die Differenzen $\Delta x_k = x_{k+1} - x_k$ in den Riemannsummen $\sum f(x_k)\Delta x_k$ sind positiv oder negativ, je nachdem ob die Teilungspunkte auf- oder absteigen. Analog bei Kurvenintegralen $\int_\gamma f(x,y,z)dx + g(x,y,z)dy + h(x,y,z)dz$, wobei γ eine Kurve im $\mathbb{R}^3$ ist, oder bei den Kontur-Integralen $\int_\gamma f(z)dz$ der Funktionentheorie. Sie sind invariant gegenüber allen Umparametrisierungen der Kurve, welche die Durchlaufungsrichtung nicht ändern. Durchläuft man aber die Kurve rückwärts, so kehrt das Integral sein Vorzeichen um.

Ich will nicht sagen, daß dieses Reagieren auf die Integrationsrichtung eine Eigenschaft jedweder sinnvollen Fassung des Integralbegriffes sein muß. Zum Beispiel sollte die *Bogenlänge* $\int_\gamma ds$ einer Kurve von der Durchlaufungsrichtung unabhängig sein, und in der Tat spürt das sogenannte "Linienelement"

$$ds = \sqrt{dx^2 + dy^2 + dz^2}$$

(keine 1-Form!) die Richtungsumkehr nicht. Meist haben wir es aber mit richtungssensitiven Integralen zu tun, und für den Aufbau der Vektoranalysis ist es aus diesem und anderen Gründen notwendig, den Begriff des gerichteten Intervalls zu dem der *orientierten Mannigfaltigkeit* zu verallgemeinern. Als Vorstufe brauchen wir die linear-algebraische Version davon, nämlich den Begriff des orientierten n-dimensionalen reellen Vektorraums.

Um eine erste intuitive Vorstellung von der Orientierung zu erhalten, wollen wir einmal die unserer Anschauung direkt zugänglichen Dimensionen $n = 1, 2$ und 3 betrachten. Einen eindimensionalen reellen Vektorraum zu "orientieren" soll bedeuten, eine *Richtung* darin auszuzeichnen, und es ist anschaulich klar, daß dies auf genau zwei verschiedene Weisen möglich ist.

Um einen 2-dimensionalen reellen Vektorraum V zu orientieren, muß man einen der beiden *Drehsinne* in V als positiv festlegen. Solange nicht gerade eine mathematische Definition gefordert ist, weiß natürlich jeder Mensch intuitiv ganz gut, was ein "Drehsinn" ist, und immerhin ziemlich viele werden gehört haben, daß

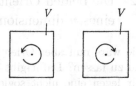

Fig. 44. Die beiden Orientierungen eines 2-dimensionalen reellen Vektorraums.

der "mathematisch positive" Drehsinn derjenige entgegen dem Uhrzeigersinn sei. Es ist deshalb vielleicht nicht ganz überflüssig, darauf hinzuweisen, daß es in einem zweidimensionalen Vektorraum V keinen wohldefinierten "Uhrzeigersinn" gibt. Auf den mathematisch positiven Drehsinn kann man sich erst berufen, wenn V schon orientiert *ist*. — In einem 3-dimensionalen reellen Vektorraum schließlich hat eine Orientierung den Zweck, einen "Schraubensinn" auszuzeichnen, oder festzulegen, was "Rechtshändigkeit" bedeuten soll. Dieser Ausdruck bezieht sich auf die bekannte *Rechte-Hand-Regel*, wonach eine Basis (v_1, v_2, v_3) "rechtshändig" genannt wird, wenn die drei Vektoren in dieser Reihenfolge die Richtungen von Daumen, Zeigefinger und Mittelfinger einer *rechten* Hand angeben können. Es kostet eine gewisse Anstrengung, sich der Illusion zu entziehen, die Rechte-Hand-Regel orientiere in der Tat

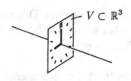

Fig. 45. Ist es auf der "durchsichtigen" 2-dimensionalen Uhr um Neun oder um Drei?

alle dreidimensionalen Vektorräume. Fangen wir aber an, darüber nachzudenken, so bemerken wir bald, daß wir die Stellung dreier Vektoren in einem dreidimensionalen Vektorraum V erst dann mit unserer rechten Hand anschaulich vergleichen können, wenn wir V auf den realen, physikalischen, uns umgebenden Raum abgebildet haben, und je nachdem, wie wir das machen, wird (v_1, v_2, v_3) dabei rechtshändig oder linkshändig ausfallen: eine rechte Hand sieht im Spiegel wie eine linke aus.

4.2   Die beiden Orientierungen
eines n-dimensionalen reellen Vektorraums

Wie wäre nun aber Orientierung als mathematischer Begriff genau zu fassen? Dafür gibt es mehrere äquivalente Möglichkeiten. Wir legen eine nicht sogleich anschauliche, dafür aber bequem handhabbare Version als Definition zugrunde. Zunächst setzen wir $\dim V > 0$ voraus.

Definition: Zwei Basen $(v_1, \ldots, v_n)$ und $(w_1, \ldots, w_n)$ eines reellen Vektorraumes V heißen *gleichorientiert*, geschrieben

$$(v_1, \ldots, v_n) \sim (w_1, \ldots, w_n),$$

wenn die eine durch eine Transformation mit positiver Determinante aus der anderen hervorgeht, d.h. also wenn $\det f > 0$ für den Automorphismus $f : V \to V$ mit $f(v_i) = w_i$ gilt.

Notiz und Definition: *Gleichorientiertheit ist offensichtlich eine Äquivalenzrelation mit genau zwei Äquivalenzklassen auf der Menge $\mathfrak{B}(V)$ der Basen von V.* Diese beiden Äquivalenzklassen heißen die beiden **Orientierungen** von V: Ein **orientierter Vektorraum** ist ein Paar (V, or), bestehend aus einem endlichdimensionalen reellen Vektorraum V und einer seiner beiden Orientierungen. □

Wir haben bisher V als positiv-dimensional angenommen. Würden wir die Definition wörtlich so auch für nulldimensionale

Räume lesen, so wären diese kanonisch orientiert, denn $\{0\}$ hat nur die leere Basis und daher auch nur eine Äquivalenzklasse gleichorientierter Basen. Es erweist sich aber als zweckmäßige Konvention, für die 0-dimensionalen Räume auch noch eine dieser kanonischen "Orientierung" entgegengesetzte einzuführen:

Konvention: Die beiden Zahlen ± 1 seien die beiden *Orientierungen* eines 0-dimensionalen reellen Vektorraums. □

Im Zusammenhang mit dem Orientierungsbegriff stehen einige Sprech- und Schreibweisen, die sich beinahe von selbst verstehen. Ist z.B. (V, or) ein (positiv-dimensionaler) orientierter Vektorraum, so heißen die Basen $(v_1, \ldots, v_n) \in \text{or}$ *positiv orientiert*, die anderen *negativ orientiert*. Unter der *üblichen Orientierung* des $\mathbb{R}^n$ versteht man natürlich diejenige, in der die kanonische Basis $(e_1, \ldots, e_n)$ positiv orientiert ist. — In der Notation wird die Orientierung, wie andere Zusatzstrukturen, gewöhnlich unterdrückt. Ein Isomorphismus $f : V \xrightarrow{\cong} W$ zwischen positiv-dimensionalen orientierten Vektorräumen heißt *orientierungserhaltend*, wenn er eine (dann jede) positiv orientierte Basis von V in eine positiv orientierte Basis von W überführt. Im null-dimensionalen Fall nennen wir die (einzige) Abbildung natürlich nur dann orientierungserhaltend, wenn die beiden Orientierungen gleich (also beide $+1$ oder beide -1) sind.

Bemerkenswert und oftmals nützlich ist die folgende *topologische* Charakterisierung der Orientierungen eines reellen Vektorraums:

Lemma: *Ist V ein n-dimensionaler reeller Vektorraum, $n \geq 1$, so sind die beiden Orientierungen von V die beiden Wegzusammenhangskomponenten des Raumes $\mathfrak{B}(V) \subset V \times \cdots \times V$ der Basen von V.*

BEWEIS: Angenommen, zwei verschieden orientierte Basen $B_0 = (v_1, \ldots, v_n)$ und $B_1 = (w_1, \ldots, w_n)$ ließen sich durch einen stetigen Weg $t \mapsto B_t$ in $\mathfrak{B}(V)$ verbinden. Wir bezeichnen mit $f_t : V \to V$ den Isomorphismus, der B_0 in B_t überführt. Dann ist die stetige Funktion $t \mapsto \det f_t$ am linken Intervall-Ende $t = 0$

positiv (nämlich 1) und am rechten nach Voraussetzung negativ, müßte nach dem Zwischenwertsatz also eine Nullstelle haben, im Widerspruch dazu, daß alle f_t Isomorphismen sind.

Unterschiedlich orientierte Basen gehören also jedenfalls verschiedenen Wegzusammenhangskomponenten von $\mathfrak{B}(V)$ an. Zu zeigen bleibt, daß gleichorientierte Basen B_0 und B_1 stets durch einen Weg in $\mathfrak{B}(V)$ verbindbar sind. Wir dürfen oBdA annehmen, daß $V = \mathbb{R}^n$ und B_1 die Standardbasis $(e_1, \ldots, e_n)$ ist. Nun wenden wir auf B_0 das Erhard Schmidtsche Orthonormalisierungsverfahren an. Dieses führt uns B_0 in $2n - 1$ Schritten in eine Orthonormalbasis über: Vektor normieren/ nächsten Vektor senkrecht (zu den schon bearbeiteten Vektoren) stellen/ normieren/ nächsten senkrecht stellen/ normieren/ usw. Dies ist zunächst nur ein Hüpfen von Basis zu Basis, wir brauchen aber bloß die Zwischenstationen jeweils gradlinig verbinden, um einen stetigen Zickzackweg in $\mathfrak{B}(V)$ von B_0 zu einer orthonormalen Basis zu erhalten, und es bleibt die Aufgabe, von dieser aus auf einem Weg in $\mathfrak{B}(V)$ die Standardbasis zu erreichen. Das gelingt uns aber sogar auf einem Weg im Raume der Orthonormalbasen. Durch eine Drehbewegung erreichen wir zuerst eine Orthonormalbasis, deren erster Vektor e_1 ist, von da aus gelangen wir mittels

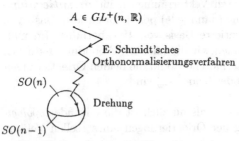

Fig. 46. Zum Beweis des Wegzusammenhangs einer Orientierungsklasse.

einer Drehbewegung in $e_1^\perp$ zu einer Orthonormalbasis, deren erste beiden Vektoren e_1 und e_2 sind usw. Nach $n - 1$ Etappen haben wir auf unserem stetigen Weg eine Orthonormalbasis $(e_1, \ldots, e_{n-1}, w_n)$ erreicht, und wenn es überhaupt Schwierigkeiten gibt, dann jetzt, denn in dem eindimensionalen Raum $\{e_1, \ldots, e_{n-1}\}^\perp$ ist kein Platz mehr zum Drehen. Aber nun brauchen wir auch nicht mehr zu drehen, denn alle drei Basen sind gleichorientiert:

$$(e_1, \ldots, e_n) \sim (v_1, \ldots, v_n) \sim (e_1, \ldots, e_{n-1}, w_n),$$

die ersten beiden nach Voraussetzung, die letzten aufgrund der Wegverbindung. Also kommt von den beiden verbliebenen Möglichkeiten $w_n = \pm e_n$ nur $w_n = e_n$ infrage, und wir sind schon angekommen. □

4.3 Orientierte Mannigfaltigkeiten

Eine Mannigfaltigkeit wird dadurch orientiert, daß man jeden ihrer Tangentialräume orientiert — aber nicht irgendwie, sondern so, daß sich diese Orientierungen nachbarlich gut vertragen und nicht plötzlich "umschlagen". Was soll das heißen? Um es genau ausdrücken zu können, führen wir folgende Sprechweise ein:

Definition: Sei M eine n-dimensionale Mannigfaltigkeit. Eine Familie $\{ \mathrm{or}_p \}_{p \in M}$ von Orientierungen or_p ihrer Tangentialräume $T_p M$ heiße *lokal verträglich*, wenn sich um jeden Punkt von M eine *orientierungserhaltende Karte* finden läßt, also eine Karte (U, h) mit der Eigenschaft, daß für jedes $u \in U$ das Differential

$$dh_u : T_u M \overset{\cong}{\longrightarrow} \mathbb{R}^n$$

die Orientierung or_u in die übliche Orientierung des $\mathbb{R}^n$ überführt. □

Auch mit den kurzen Worten "bezüglich Karten lokal konstant" wäre diese lokale Verträglichkeit nicht übel beschrieben gewesen. Aber wie dem auch sei, jetzt können wir formulieren:

Definition: Unter einer *Orientierung* einer Mannigfaltigkeit M verstehen wir eine lokal verträgliche Familie $\{ \mathrm{or}_p \}_{p \in M}$ von Orientierungen ihrer Tangentialräume. Eine *orientierte Mannigfaltigkeit* ist ein Paar (M, or), bestehend aus einer Mannigfaltigkeit M und einer Orientierung or von M. □

Natürlich wird man eine orientierte Mannigfaltigkeit nur zu besonderen Anlässen wirklich mit (M, or) statt einfach mit M bezeichnen.

Definition: Ein Diffeomorphismus $f : M \xrightarrow{\cong} \widetilde{M}$ zwischen orientierten Mannigfaltigkeiten heißt *orientierungserhaltend (bzw. -umkehrend)*, wenn für alle $p \in M$ das Differential $df_p : T_p M \xrightarrow{\cong} T_{f(p)} \widetilde{M}$ orientierungserhaltend (bzw. -umkehrend) ist.

Der $\mathbb{R}^n$ ist wegen des kanonischen $\mathbb{R}^n \cong T_p \mathbb{R}^n$ durch seine übliche Orientierung als Vektorraum auch als Mannigfaltigkeit orientiert, ferner ist klar, daß alle offenen, also volldimensionalen Untermannigfaltigkeiten einer orientierten Mannigfaltigkeit automatisch auch orientiert sind, und in diesem Sinne sind die eingangs "orientierungserhaltend" genannten Karten wirklich die orientierungserhaltenden Karten $h : U \xrightarrow{\cong} U'$ im Sinne der zuletzt getroffenen Definiton. Es sei übrigens auch angemerkt

Notiz: *Eine Karte ist genau dann orientierungserhaltend, wenn die Basis $(\partial_1, \ldots, \partial_n)$ an jedem Kartenpunkte positiv orientiert ist.*   □

Den besten Anschauungsunterricht über den Orientierungsbegriff für Mannigfaltigkeiten geben die *zweidimensionalen* Mannigfaltigkeiten, die sogenannten *Flächen*. Anschaulich gesprochen, versieht eine Orientierung die Fläche überall mit einem *Drehsinn*, der eben angibt, welche tangentialen Basen positiv orientiert sind.

Die Anschauung der Flächen zeigt uns aber auch sofort ein Phänomen, das sich im technischen Sinne nicht sogleich von selbst versteht, nämlich die Existenz nichtorientierbarer Mannigfaltigkeiten: Gerade die lokale Verträglichkeit, die das plötzliche Umklappen der Orientierung verbietet, führte "ersichtlich" bei einmaligem Umlauf entlang der Seele des Möbiusbandes zu widersprüchlichen Orientierungsangaben am Ausgangspunkt. — Die wirkliche Durchführung dieses Arguments verlangte natürlich erst einmal, daß wir das Möbiusband *definieren* und nicht nur hinzeichnen, sodann aber das Lemma aus

Fortsetzung ohne Umklappen führt zu ...

... unvermeidlicher Kollision

Fig. 47. Das Möbiusband, eine nichtorientierbare 2-dimensionale Mannigfaltigkeit.

der Aufgabe 20 anwenden, wonach ein stetiges n-Bein längs einer Kurve in einer orientierten Mannigfaltigkeit seine Orientierung beibehält.

4.4 Konstruktion von Orientierungen

Es ist klar, sowohl anschaulich als auch technisch, daß es zu jeder Orientierung eines Vektorraums oder einer Mannigfaltigkeit auch die *entgegengesetzte Orientierung* gibt. Wir führen hierfür eine Schreibweise ein.

Notiz und Notation: Ist or eine Orientierung eines Vektorraums, so bezeichne $-$or die andere der beiden Orientierungen. *Ist* or $= \{ \text{or}_p \}_{p \in M}$ *eine Orientierung einer Mannigfaltigkeit* M, *so ist auch*

$$-\text{or} := \{ -\text{or}_p \}_{p \in M}$$

*eine (die **entgegengesetzte**) Orientierung von* M. Wird die Orientierung in der Notation unterdrückt, bezeichnet also M eine orientierte Mannigfaltigkeit, so schreiben wir auch $-M$ für die entgegengesetzt orientierte Mannigfaltigkeit. $\square$

Klar ist auch, daß die **Summe** $M_1 + M_2$ zweier orientierter n-dimensionaler Mannigfaltigkeiten ebenfalls kanonisch orientiert ist, eben durch $\{ \text{or}_p \}_{p \in M_1 + M_2}$. So eine Summe besitzt also, wenn beide Summanden nicht leer sind, mindestens *vier* verschiedene Orientierungen, die in der soeben eingeführten Schreibweise zu den vier orientierten Mannigfaltigkeiten $\pm M_1 \pm M_2$ Anlaß geben.

Wie die Summe ist auch das **Produkt** $M_1 \times M_2$ zweier orientierter Mannigfaltigkeiten kanonisch orientiert, doch Vorsicht ist bei der Quotientenbildung geboten, vergl. dazu die Aufgabe 32. Untermannigfaltigkeiten orientierter Mannigfaltigkeiten brauchen nicht orientierbar zu sein, wie das Möbiusband im $\mathbb{R}^3$ uns vor Augen führt, aber

Lemma: *Ist* c *regulärer Wert einer differenzierbaren Abbildung* $f : M \longrightarrow N$ *und ist* M *orientierbar, so auch die Untermannigfaltigkeit* $M_0 := f^{-1}(c) \subset M$.

BEWEIS: Es seien also Orientierungen für die Mannigfaltigkeit M und für den Vektorraum T_cN gewählt. Wie wir wissen (vergl. Aufgabe 12) ist T_pM_0 der Kern von

$$df_p : T_pM \longrightarrow T_cN.$$

Wir betrachten deshalb die folgende linear-algebraische Situation: es sei

$$0 \to V_0 \overset{\iota}{\to} V_1 \overset{\pi}{\to} V_2 \to 0$$

eine "kurze exakte Sequenz" linearer Abbildungen endlichdimensionaler reeller Vektorräume, d.h. ι ist injektiv, π ist surjektiv und Kern π = Bild ι, wie es nämlich für

$$0 \to T_pM_0 \hookrightarrow T_pM \overset{df_p}{\longrightarrow} T_cN \to 0$$

der Fall ist. Orientierungen für V_0, V_1, V_2 mögen *zueinander passend* heißen, wenn folgendes gilt: Ist $v_1, \ldots, v_k$ eine positiv orientierte Basis von V_0 und ergänzt man $\iota(v_1), \ldots, \iota(v_k)$ durch $w_1, \ldots, w_{n-k}$ zu einer positiv orientierten Basis von V_1, so ist $\pi(w_1), \ldots, \pi(w_{n-k})$ eine positiv orientierte Basis von V_2. In diesem Sinne gibt es dann zu Orientierungen je zweier der Räume V_0, V_1, V_2 genau eine dazu passende des dritten. Von diesem linear-algebraischen Faktum überzeugt man sich leicht, wenn man bedenkt, daß für quadratische Matrizen A und B jede Block-Matrix der Form

$$\begin{pmatrix} A & C \\ & B \end{pmatrix}$$

die Determinante $\det A \cdot \det B$ hat. — Orientiert man nun jedes T_pM_0 passend zu den Orientierungen von T_pM und T_cN, so erhält man eine lokal verträgliche Familie von Orientierungen, also eine Orientierung von M_0. □

Man kann Mannigfaltigkeiten auch mit Hilfe von Atlanten orientieren. Dazu definieren wir:

Definition: Ein Atlas $\mathfrak{A}$ einer differenzierbaren Mannigfaltigkeit heiße ein *orientierender Atlas*, wenn alle seine Kartenwechsel

w orientierungserhaltend sind, d.h. also überall positive Jacobi-Determinante $\det J_w(x) > 0$ haben. □

Ist M schon orientiert, so bilden die orientierungserhaltenden Karten offenbar einen maximalen orientierenden Atlas, und umgekehrt gilt

Notiz: *Ist $\mathfrak{A}$ ein orientierender Atlas einer differenzierbaren Mannigfaltigkeit M, so gibt es genau eine Orientierung von M, bezüglich derer alle Karten in $\mathfrak{A}$ orientierungserhaltend sind.* □

Wir könnten deshalb eine Orientierung ebensogut als einen maximalen orientierenden Atlas auffassen, und diese Version der Definition wird auch oft bevorzugt, weil sie vom Begriff des Tangentialraumes keinen Gebrauch macht.

4.5 Test

(1) Wann sind $(v_1, \ldots, v_n)$ und $(-v_1, \ldots, -v_n)$ gleichorientiert $(n \geq 1)$?

    □ Immer.
    □ Für gerades n.
    □ Nie.

(2) Wieviele Wegzusammenhangskomponenten hat die orthogonale Gruppe $O(n)$ für $n \geq 3$?

    □ Eine, das kann man mittels Drehungen wie beim Beweis des Lemmas in 4.2 zeigen.
    □ Zwei, nämlich $SO(n)$ und $O(n) \smallsetminus SO(n)$.
    □ Eine für n ungerade, zwei für n gerade.

(3) Sei $\dim V = n$ und $0 \leq k \leq n$. Die von $-\mathrm{Id}_V : V \to V$ induzierte Abbildung $\mathrm{Alt}^k(-\mathrm{Id}_V) : \mathrm{Alt}^k V \to \mathrm{Alt}^k V$ ist genau dann orientierungsumkehrend, wenn folgende Zahl ungerade ist:

    □ k □ $\binom{n}{k}$ □ $k\binom{n}{k}$

(4) Für Diffeomorphismen $f : M \xrightarrow{\cong} N$ zwischen orientierten Mannigfaltigkeiten ist die Menge der x in M, für die df_x orientierungserhaltend ist, in M

☐ offen, aber i.a. nicht abgeschlossen.

☐ abgeschlossen, aber i.a. nicht offen.

☐ offen und abgeschlossen.

(5) Sei M eine orientierte Mannigfaltigkeit. Muß ein Diffeomorphismus $f : M \to M$, der nicht orientierungserhaltend ist, orientierungsumkehrend sein?

☐ Ja, weil das bereits für Isomorphismen zwischen orientierten Vektorräumen so ist.

☐ Ja, wenn M zusammenhängend ist, sonst aber im allgemeinen nicht.

☐ Auch für zusammenhängendes M im allgemeinen nicht, weil df_p die Orientierung für einige p umkehren, für andere erhalten kann.

(6) Es seien M und N orientierte Mannigfaltigkeiten mit Dimensionen n und k. Dann definiert die Variablenvertauschung einen *orientierungserhaltenden* Diffeomorphismus zwischen $N \times M$ und

☐ $M \times N$

☐ $(-1)^{n \cdot k} M \times N$

☐ $(-1)^{n+k} M \times N$

(7) Kann ein Produkt $M \times N$ von zwei zusammenhängenden nichtleeren nichtorientierbaren Mannigfaltigkeiten orientierbar sein?

☐ Ja, z.B. ist $M \times M$ stets orientierbar.

☐ Ein Produkt $M \times N$ nichtleerer Mannigfaltigkeiten ist genau dann orientierbar, wenn einer der Faktoren orientierbar ist.

☐ Ein Produkt $M \times N$ nichtleerer Mannigfaltigkeiten ist genau dann orientierbar, wenn beide Faktoren orientierbar sind.

(8) Sei $\widetilde{M} \to M$ eine Überlagerung n-dimensionaler Mannigfaltigkeiten.

☐ Ist $\widetilde{M}$ orientierbar, dann auch M, umgekehrt kann man jedoch nicht schließen.

☐ Ist M orientierbar, dann auch $\widetilde{M}$, umgekehrt kann man jedoch nicht schließen.

☐ Die überlagernde Mannigfaltigkeit $\widetilde{M}$ ist genau dann orientierbar, wenn die überlagerte Mannigfaltigkeit M orientierbar ist.

(9) Ist jede 1-kodimensionale Untermannigfaltigkeit M_0 einer orientierbaren Mannigfaltigkeit M orientierbar?

☐ Ja, weil M_0 dann Urbild eines regulären Wertes einer Funktion $f : M \to \mathbb{R}$ ist.

☐ Ja, weil Untermannigfaltigkeiten orientierbarer Mannigfaltigkeiten stets orientierbar sind.

☐ Nein, die reelle projektive Ebene $\mathbb{RP}^2$ als Untermannigfaltigkeit des projektiven Raumes $\mathbb{RP}^3$ ist ein Gegenbeispiel.

(10) Sei $M_0 \subset M$ eine Untermannigfaltigkeit einer Kodimension ≥ 2 und sei $M \smallsetminus M_0$ orientiert. Ist dann auch M orientierbar?

☐ Ja, die Karten (U, h) von M, die auf $U \smallsetminus M_0$ orientierungserhaltend sind, bilden einen orientierenden Atlas für M.

☐ Nein, Gegenbeispiel $\{p\} \subset \mathbb{RP}^2$.

☐ Nein, Gegenbeispiel $\mathbb{RP}^2 \subset \mathbb{RP}^4$.

4.6 Übungsaufgaben

AUFGABE 17: Sei V ein reeller Vektorraum, $\dim V = n \geq 1$ und $(v_1, \ldots, v_{n-1}, v_n)$ und $(v_1, \ldots, v_{n-1}, v_n')$ zwei Basen, die sich nur durch den jeweils letzten Vektor unterscheiden. Für $0 \leq t \leq 1$ setzen wir jetzt $v_n^t := (1 - t)v_n + tv_n'$, betrachten also die gradlinige Verbindung zwischen v_n und v'_n. Man zeige, daß $(v_1, \ldots, v_{n-1}, v_n^t)$ genau dann für alle $t \in [0,1]$ eine Basis ist, wenn $(v_1, \ldots, v_{n-1}, v_n)$ und $(v_1, \ldots, v_{n-1}, v'_n)$ gleichorientiert sind.

AUFGABE 18: Man zeige, daß eine zusammenhängende Mannigfaltigkeit höchstens zwei Orientierungen besitzt.

AUFGABE 19: Es sei M eine nichtorientierbare n-dimensionale Mannigfaltigkeit und $\omega \in \Omega^n M$. Man zeige, daß es ein $p \in M$ mit $\omega_p = 0$ gibt.

AUFGABE 20: Sei $\gamma : [0,1] \to M$ eine stetige Kurve in einer orientierten n-dimensionalen Mannigfaltigkeit und

$$v : [0,1] \to \bigcup_{p \in M} \mathfrak{B}(T_p M)$$

ein stetiges n-Bein längs γ, d.h. eine bezüglich Karten stetige Zuordnung, die jedem $t \in [0,1]$ eine Basis $v(t) = (v_1(t), \ldots, v_n(t))$ von $T_{\gamma(t)} M$ zuweist. Man zeige: Ist $v(0)$ positiv orientiert, so auch jedes $v(t)$ für $t > 0$. Als Anwendung dieses Lemmas beweise man, daß die projektive Ebene $\mathbb{RP}^2$ nicht orientierbar ist.

4.7 Hinweise zu den Übungsaufgaben

ZU AUFGABE 17: Es ist ratsam, über die Determinante des Endomorphismus nachzudenken, der $(v_1, \ldots, v_n)$ in $(v_1, \ldots, v_{n-1}, v_n^t)$ überführt. Man kann sich diesen Endomorphismus ja zum Beispiel als Matrix bezüglich $(v_1, \ldots, v_n)$ hinschreiben.

ZU AUFGABE 18: Hier ist das typische Zusammenhangsargument anzuwenden. Sollte es jemand noch nicht kennen, so darf ich ihm [J:*Top.*] S. 17, Zeilen 14-21 empfehlen. Man beachte außerdem, daß ein Kartenwechsel genau dann orientierungserhaltend ist, wenn seine Jacobi-Matrix positive Determinante hat.

ZU AUFGABE 19: Wie wir wissen (vergl. 3.3), wirkt ein Automorphismus $f_p : T_p M \xrightarrow{\cong} T_p M$ auf ω_p durch Multiplikation mit der

Determinante, also antwortet ω_p auf zwei Basen von T_pM genau dann mit Werten gleichen Vorzeichens, wenn diese Basen gleichorientiert sind. Wie könnte man also ein $\omega \in \Omega^n M$ mit $\omega_p \neq 0$ für alle $p \in M$ (Annahme des indirekten Beweises) zu benutzen versuchen, um M im Widerspruch zur Voraussetzung zu orientieren? Darauf kommt man ziemlich leicht, die Formulierungsarbeit der Aufgabe besteht in dem Nachweis, die so definierte Familie von Orientierungen der Tangentialräume als lokal verträglich nachzuweisen.

ZU AUFGABE 20: Der Beweis des Lemmas über das stetige n-Bein längs γ ist nach Aufgaben 18 und 19 die dritte Variation des Themas "Die Orientierung darf nicht plötzlich umklappen". Das eigentliche Problem ist die Anwendung auf die Frage der Orientierbarkeit der projektiven Ebene. Pro-

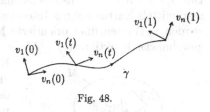

Fig. 48.

bleme werden oft durchsichtiger, ja nicht selten einfacher zu lösen, wenn man sie etwas verallgemeinert. Hier ist es zum Beispiel nützlich darüber nachzudenken, unter welchen Umständen ein Quotient M/τ einer (wegzusammenhängenden) Mannigfaltigkeit nach einer fixpunktfreien Involution τ wohl orientierbar sein mag und wann nicht. (Vgl. 1.6). Am konkreten Beispiel muß man dann nur noch nachweisen, daß die antipodische Involution auf S^2 orientierungsumkehrend ist. Wie ist das eigentlich für andere Dimensionen?

5 Integration auf Mannigfaltigkeiten

5.1 Welches sind die richtigen Integranden?

Das Integrieren über n-dimensionale Mannigfaltigkeiten führt man mittels Karten auf das Integrieren im $\mathbb{R}^n$ zurück. Integriert werden n-Formen über orientierte Mannigfaltigkeiten, denn für gewöhnliche Funktionen $f: M \to \mathbb{R}$ würde der Beitrag eines Kartengebietes U zum Integral ersichtlich von der Wahl der Karte h abhängen, während die Transformationsformel für das Mehrfachintegral im $\mathbb{R}^n$ zeigt, daß das Integral über die mit einer orientierungserhaltenden Karte heruntergeholte Komponentenfunktion einer n-Form koordinatenunabhängig ist. — Das ist der wesentliche Inhalt des Kapitels 5. In Abschnitt 5.4

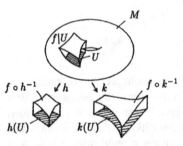

Fig. 49. Integral der heruntergeholten Funktion über das Bild des Kartengebiets ist offenbar abhängig von der Wahl der Karte.

stehen die technischen Einzelheiten, in 5.3 werden die gebrauchten Vorkenntnisse referiert. In den ersten beiden Abschnitten aber wollen wir die Integration auf Mannigfaltigkeiten einmal von der anschaulichen Seite betrachten. —

Als natürlicher Kandidat für die Rolle des Integranden bietet sich der Begriff der *Dichte* an.

Denken wir uns in der Mannigfaltigkeit eine Substanz fein verteilt. Integration über die Dichte der Verteilung sollte die Gesamtmenge der Substanz ergeben. Durch was für ein mathematisches Objekt wird die Dichte beschrieben?

Um uns hierüber klar zu werden, betrachten wir die infinitesimale oder linear-algebraische Version dieser Frage. Sei V ein n-dimensionaler Vektorraum (später T_pM), eine Substanz darin *gleichmäßig* fein verteilt. Handelte es sich um den $\mathbb{R}^n$, so könnten wir die Dichte durch die Zahl beschreiben, welche die Menge der Substanz im Einheitswürfel $[0,1]^n$ mißt. In T_pM oder V haben wir statt eines ausgezeichneten Einheitswürfels aber nur gleichberechtigte n-*Spate*:

Definition: Sei V ein n-dimensionaler reeller Vektorraum und $v_1, \ldots, v_k \in V$. Dann heißt

$$\mathrm{Spat}(v_1, \ldots, v_k) := \{ \sum_{i=1}^{k} \lambda_i v_i \mid 0 \leq \lambda_i \leq 1 \}$$

das von den $v_1, \ldots, v_k$ aufgespannte Parallelepiped oder k-*Spat*.

Fig. 50. Spat.

Ohne eine Basis auszuzeichnen, können wir die Dichte z.B. durch die Abbildung $\rho : V \times \ldots \times V \to \mathbb{R}$ beschreiben, welche für je n Vektoren die in deren Spat enthaltene Menge an Substanz mißt. Welche Abbildungen können auf diese Weise vorkommen? Sicherlich verlangen wir nicht zu viel, wenn wir beim Versuch, den Dichtebegriff mathematisch zu fassen, *positive Homogenität* und *Scherungsinvarianz* fordern:

Definition: Sei V ein n-dimensionaler reeller Vektorraum. Eine Abbildung $\rho : V^n = V \times \ldots \times V \to \mathbb{R}$ heiße eine **Dichte** in V, wenn sie *positiv homogen* und *scherungsinvariant* ist, d.h. wenn (1) $\rho(v_1, \ldots, \lambda v_i, \ldots, v_n) = |\lambda| \, \rho(v_1, \ldots, v_n)$ und (2) $\rho(v_1, \ldots, v_{i-1}, v_i + v_j, v_{i+1}, \ldots, v_n) = \rho(v_1, \ldots, v_n)$ für alle $v_1, \ldots, v_n \in V$, $\lambda \in \mathbb{R}$ und $i \neq j$ gilt. $\square$

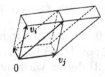

Fig. 51a. Zur positiven Homogenität   Fig. 51b. Zur Scherungsinvarianz.

Es zeigt sich nun, daß eine solche Dichte in V fast dasselbe wie eine alternierende n-Form auf V ist. Der Unterschied besteht nur darin, daß eine Dichte auf Vertauschung zweier Vektoren nicht reagiert, weil sie nur auf das Spat antwortet, während eine n-Form dabei das Vorzeichen ändert. Genauer:

Lemma: *Es sei V ein n-dimensionaler Vektorraum. Wählt man eine Orientierung* or *von V und modifiziert jede Abbildung* $\rho : V \times \ldots \times V \to \mathbb{R}$ *durch*

$$\rho_{\mathrm{or}}(v_1,..,v_n) := \begin{cases} -\rho(v_1,..,v_n) & \text{falls } (v_1,..,v_n) \text{ negativ orientiert} \\ \rho(v_1,..,v_n) & \text{sonst,} \end{cases}$$

zu ρ_{or}, so ist ρ genau dann eine Dichte, wenn ρ_{or} eine alternierende n-Form ist.

BEWEIS: "$\Longleftarrow$" ist trivial; zu "$\Longrightarrow$": Sei also ρ eine Dichte. Aus (1) und (2) folgt

(3) $\rho(v_1,..,v_i{+}w,..,v_n) = \rho(v_1,..,v_n)$, wenn w eine Linearkombination aus den Variablen $v_1,..,v_{i-1},v_{i+1},..,v_n$ ist und

(4) ρ ist invariant unter Vertauschung zweier, also überhaupt unter Permutationen der Variablen.

Aus (3) und (1) folgt weiter, daß ρ verschwindet, wenn $v_1,\ldots,v_n$ linear abhängig sind.

Es sei nun $(e_1,\ldots,e_n)$ eine positiv orientierte Basis von V und $\omega \in \mathrm{Alt}^n V$ die wohlbestimmte alternierende n-Form, welche

$$\omega(e_1,\ldots,e_n) = \rho(e_1,\ldots,e_n)$$

erfüllt. Wir zeigen

$$\omega(v_1,\ldots,v_k,e_{k+1},\ldots,e_n) = \rho_{\mathrm{or}}(v_1,\ldots,v_k,e_{k+1},\ldots,e_n)$$

für $k = 0,\ldots,n$ durch Induktion nach k. Induktionsschluß von k auf $k{+}1$: oBdA sei $(v_1,\ldots,v_{k+1},e_{k+2},\ldots,e_n)$ linear unabhängig. Wegen (3) dürfen wir annehmen, daß $v_1,\ldots,v_{k+1}$ aus der linearen Hülle V_{k+1} von $e_1,\ldots,e_{k+1}$ sind, wegen (4) daß $v_{k+1} \notin V_k$ gilt, und abermals wegen (3), daß $v_1,\ldots,v_k$ Elemente von V_k

sind, diesen Raum aus Dimensionsgründen also aufspannen. Nochmalige Anwendung von (3) erlaubt uns deshalb, $v_{k+1} = \lambda e_{k+1}$ oBdA anzunehmen, womit wegen (1) der Induktionsschluß geführt ist. □

Der Raum der Dichten in V, nennen wir ihn einmal Dens(V), ist also wie Alt$^n V$ ein eindimensionaler Vektorraum, aber erst die Entscheidung für eine der beiden Orientierungen von V stellt einen kanonischen Isomorphismus Dens$(V) \cong$ Alt$^n V$ her.

Analog zu den n-Formen auf Mannigfaltigkeiten definieren wir nun

Definition: Unter einer **Dichte** auf einer n-dimensionalen Mannigfaltigkeit M verstehen wir eine Zuordnung ρ, welche jedem $p \in M$ eine Dichte

$$\rho_p \in \text{Dens}(T_p M)$$

in dem Tangentialraum bei p zuweist. □

Eine Dichte ρ auf M nennen wir natürlich *stetig* oder *differenzierbar* usw., wenn sie es bezüglich Karten ist, d.h. wenn $\rho(\partial_1, \ldots, \partial_n)$ jeweils die Eigenschaft hat. Den Raum der differenzierbaren Dichten auf M könnten wir, wegen seiner nahen Verwandtschaft zu $\Omega^n M$, mit $\Omega^{\text{dens}} M$ bezeichnen.

Auf *orientierten* Mannigfaltigkeiten besteht nur ein formaler Unterschied zwischen Dichten und n-Formen, und das obige Lemma gibt uns eine kanonische Bijektion zwischen $\Omega^{\text{dens}} M$ und $\Omega^n M$. Übergang zur entgegengesetzten Orientierung ändert aber das Vorzeichen dieser Bijektion, und auf *nichtorientierbaren* Mannigfaltigkeiten scheint doch ein wesentlicher Unterschied zwischen Dichten und n-Formen zu bestehen, und so ist es auch.

Als die naheliegenden Integranden empfehlen sich also die Dichten. Auf orientierten Mannigfaltigkeiten leisten die n-Formen zwar dasselbe — und insofern verstehen wir jetzt, was sie überhaupt mit der Integration zu tun haben — aber die Dichten führen auch auf nichtorientierbaren Mannigfaltigkeiten noch zu einem wohldefinierten Integralbegriff. Daß dennoch die Formen bevorzugt werden hängt damit zusammen, daß sie auch als k-Formen für $k < n$ zur Verfügung stehen, zum Beispiel ist ja der Satz von Stokes ein Satz über $(n-1)$-Formen. Zwar ließen sich auch k-Dichten in einer für Integralsätze auf nichtorientierbaren Mannigfaltigkeiten zweckmäßigen Weise definieren, aber dazu brauchte man doch wieder den Formenbegriff. (In einer anderen Sprache gesagt: Bezeichnet $L \to M$ das zur Orientierungsüberlagerung assoziierte Geradenbündel, dessen Schnitte die von den Physikern so genannten Pseudoskalare sind, dann sind die Dichten die L-wertigen n-Formen, und allgemeiner hätte man die k-Dichten als L-wertige k-Formen aufzufassen.)

5.2 Die Anschauung vom Integrationsvorgang

Obwohl wir die folgende Betrachtung ebensogut für eine Dichte auf einer beliebigen nichtorientierten Mannigfaltigkeit anstellen könnten, wollen wir uns, im Hinblick auf den weiteren Fortgang, an die Formen halten. Sei also M eine *orientierte* n-dimensionale Mannigfaltigkeit und ω eine n-Form darauf. Jedes einzelne $\omega_p \in \mathrm{Alt}^n T_p M$ antwortet auf orientierte Spate in $T_p M$, und wir wollen nun intuitiv zu verstehen suchen, ob und inwiefern uns ω eine "Antwort" $\int_M \omega$ auf die ganze Mannigfaltigkeit gibt. Dazu betrachten wir eine orientierungserhaltende Karte

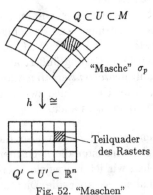

$Q \subset U \subset M$

"Masche" σ_p

$h \downarrow \cong$

Teilquader des Rasters

$Q' \subset U' \subset \mathbb{R}^n$

Fig. 52. "Maschen"

$h : U \xrightarrow{\;\cong\;} U' \subset \mathbb{R}^n$ von M und im Kartenbild U' einen Quader $Q' = [a^1, b^1] \times \cdots \times [a^n, b^n] \subset U'$, den wir uns durch Unterteilungen der Kanten-Intervalle $[a^i, b^i]$ fein gerastert denken. Der große Quader Q' ist dann die Vereinigung vieler kleiner Teilquader, deren Urbilder unter der Karte h wir die **Maschen** des Rasters nennen wollen. Um eine Bezeichnung zu haben, wollen wir σ_p für die Masche mit dem "linken unteren Eckpunkt" p schreiben, das ist also das Urbild des Teilquaders

$$\prod_{i=1}^{n} [x_p^i, x_p^i + \Delta x_p^i]$$

der Rasterung von Q', wobei $x_p^1, \ldots, x_p^n$ die Koordinaten des Gitterpunktes $p \in Q$ bedeuten. Natürlich soll

$$\int_Q \omega = \sum_{p \,\in\, \text{Gitter}} \int_{\sigma_p} \omega$$

gelten, und wir versuchen daher zu verstehen, ob und wie ω auf die einzelnen Maschen antwortet. — Es entspricht nur dem üblichen Vorgehen der Infinitesimalrechnung, wenn wir zu diesem Zweck die kleinen Maschen erst einmal *linear approximieren*, d.h. σ_p jeweils mit dem tangentialen Spat s_p in T_pM vergleichen, welches wir als Urbild unter der linearen Approximation dh_p der Karte aus dem zu σ_p gehörigen Teilquader erhalten: Da die Einheitsvektoren des

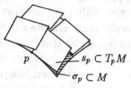

Fig. 53. Approximation der Maschen durch tangentiale Spate.

$\mathbb{R}^n$ unter dem Kartendifferential gerade den Koordinatenbasisvektoren $\partial_1, \ldots, \partial_n$ des Tangentialraumes entsprechen, sind die $\Delta x_p^\mu \cdot \partial_\mu$ die Kantenvektoren des Spates, also

$$s_p = \text{Spat}(\Delta x_p^1 \cdot \partial_1, \ldots, \Delta x_p^n \cdot \partial_n).$$

Nun gibt uns die alternierende n-Form ω_p auf T_pM eine wohldefinierte Antwort

$$\omega_p(\Delta x_p^1 \cdot \partial_1, \ldots, \Delta x_p^n \cdot \partial_n) = \omega_p(\partial_1, \ldots, \partial_n)\Delta x_p^1 \cdot \ldots \cdot \Delta x_p^n,$$

und natürlich liegt es nahe,

$$\sum_{p \,\in\, \text{Gitter}} \omega_p(\partial_1, \ldots, \partial_n)\Delta x_p^1 \cdot \ldots \cdot \Delta x_p^n$$

als eine Näherungssumme für $\int_Q \omega$ aufzufassen und das Integral als Limes solcher Summen bei immer feinerer Rasterung von Q zu verstehen. Die eingangs schon angekündigte Formel

$$\int_Q \omega = \int_{Q'} (\omega_{1 \ldots n} \circ h^{-1})dx^1 \ldots dx^n$$

wird uns auf diese Weise geometrisch und nicht nur formal verständlich.

———

Kleine Maschen werden also durch orientierte tangentiale Spate approximiert, auf die ω ja eine Antwort schon bereit hält — in erster Näherung antwortet ω auf die orientierten Maschen selbst. Denkt man sich die ganze Mannigfaltigkeit in kleine Maschen aufgeteilt, so ist das Integral die Summe der Antworten auf die Maschen, und Zuversicht, daß das Ergebnis nicht von der Wahl der dabei verwendeten Karten abhängen wird, gibt uns die Interpretation der n-Form als Dichte.

Diese Vorstellung von den n-Formen und dem Integral $\int_M \omega$ wird sich als nützlich erweisen, insbesondere für das intuitive Verständnis der Cartanschen oder *äußeren* Ableitung und des Satzes von Stokes, $\int_M d\omega = \int_{\partial M} \omega$. Das bedeutet aber nicht, daß die Approximation von Maschen durch Spate auch technisch der beste Weg sein müßte, das Integral wirklich einzuführen. In der Tat setzen wir ja die Integrationstheorie im $\mathbb{R}^n$ als bekannt voraus und wollen sie für die Integration auf Mannigfaltigkeiten *ausnutzen* und nicht parallel noch einmal von vorn entwickeln. Was wir aus der Integrationstheorie dabei brauchen, wird im nächsten Abschnitt aufgezählt.

5.3   Lebesgue-Vorkenntnisse-Paket

Nach längerer Zeit stelle ich nun wieder einmal zusätzliche Anforderungen an Ihre Vorkenntnisse, indem ich annehme, Sie seien mit dem Lebesgue-Integral im $\mathbb{R}^n$ bekannt. Um aber etwas genauer zu sagen, was ich damit meine, schnüre ich Ihnen das folgende Vorkenntnis-Paket.

Die *Lebesgue-meßbaren* Teilmengen des $\mathbb{R}^n$ bilden eine σ-*Algebra* $\mathfrak{M}$, auf der das *Lebesgue-Maß* $\mu : \mathfrak{M} \to [0, \infty]$ definiert ist, wodurch dann der $\mathbb{R}^n$ erst einmal als ein *Maßraum*

($\mathbb{R}^n, \mathfrak{M}, \mu$) etabliert ist. Die bezüglich μ **integrierbaren** Funktionen $\mathbb{R}^n \to \mathbb{R}$ bilden dann, wie analog für jeden Maßraum, einen Vektorraum $\mathcal{L}^1(\mathbb{R}^n, \mu)$, auf dem das **Integral** als lineare Abbildung

$$\mathcal{L}^1(\mathbb{R}^n, \mu) \longrightarrow \mathbb{R}$$

$$f \longmapsto \int_{\mathbb{R}^n} f(x)dx,$$

wie wir es ganz schlicht notieren wollen, gegeben ist. Die Abbildung

$$\mathcal{L}^1(\mathbb{R}^n, \mu) \longrightarrow \mathbb{R}_+$$

$$f \longmapsto \int_{\mathbb{R}^n} |f(x)|dx =: |f|_1$$

ist eine Halbnorm auf $\mathcal{L}^1$, es gilt $|f|_1 = 0$ genau dann, wenn f **fast überall**, d.h. außerhalb einer Menge vom Maß Null, verschwindet. Dividiert man $\mathcal{L}^1(\mathbb{R}^n, \mu)$ nach dem Untervektorraum der fast überall verschwindenden Funktionen, so erhält man also einen normierten Vektorraum, wir bezeichnen ihn mit $L^1(\mathbb{R}^n, \mu)$, dessen Elemente nun die Äquivalenzklassen integrierbarer Funktionen nach der Relation fast völligen Übereinstimmens sind.

Über die Eigenschaften dieses Lebesgue-Integrals wäre natürlich viel zu sagen, kleine Lemmas und große Sätze. Erinnern will ich jedenfalls an drei fabelhafte Konvergenzsätze, die übrigens für das Lebesgue-Integral über beliebigen Maßräumen gelten, nämlich den **Normkonvergenzsatz**, den Satz von der **monotonen Konvergenz** und drittens den Satz von der **dominierten Konvergenz**, auch **Lebesguescher Konvergenzsatz** genannt.

Pauschal gesagt handeln alle drei Konvergenzsätze davon, wann eine Folge integrierbarer Funktionen wieder gegen eine integrierbare Funktion konvergiert und Limes und Integral vertauscht werden dürfen. Als *Normkonvergenzsatz* bezeichne ich dabei die Aussage, daß $L^1(\mathbb{R}^n, \mu)$ vollständig, also ein Banachraum ist. Der zweite Satz besagt, daß es bei punktweise monotoner Konvergenz $f_k \nearrow f$ für die gewünschte Konvergenzaussage genügt, daß die

Folge der Integrale $\int_{\mathbb{R}^n} f_k dx$ beschränkt bleibt, und der dritte schließlich versichert, daß bei beliebiger punktweiser Konvergenz $f_k \to f$ die Existenz einer "dominierenden" Funktion $g \in \mathcal{L}^1$, d.h. einer mit $|f_k(x)| \leq g(x)$ für alle k und x, hinreichend für $f \in \mathcal{L}^1$ und $\int f dx = \lim \int f_k dx$ ist.

Außer an diese drei allgemeinen Konvergenzsätze will ich an zwei wichtige speziell den $\mathbb{R}^n$ betreffende Theoreme erinnern, nämlich an den *Satz von Fubini* und die *Transformationsformel*. Der Satz von Fubini führt bekanntlich die Integration über den $\mathbb{R}^n$ induktiv auf den eindimensionalen Fall, also auf die Integration über $\mathbb{R}$ zurück ("Mehrfachintegral"). Ich will die genaue Formulierung des Satzes jetzt nicht hinschreiben. Ganz ausführlich soll aber die Transformationsformel zitiert werden, denn sie ist ein Dreh- und Angelpunkt der Integration auf Mannigfaltigkeiten. Doch zuvor noch eine Sprech- und Schreibweise.

Wir haben bisher immer von Integralen über ganz $\mathbb{R}^n$ gesprochen. Der Fall einer Teilmenge $\Omega \subset \mathbb{R}^n$ als Integrationsbereich ist dabei aber in folgender Weise mit eingeschlossen: Ist Ω im Definitionsbereich von f enthalten, so definieren wir $f_\Omega : \mathbb{R}^n \to \mathbb{R}$ durch

$$f_\Omega(x) = \left\{ \begin{array}{ll} f(x) & \text{für } x \in \Omega \\ 0 & \text{sonst,} \end{array} \right.$$

ganz gleich, ob und wie f außerhalb von Ω vorher erklärt war, und wir nennen f *integrierbar über* Ω (bezüglich des Lebesgue-Maßes μ_n des $\mathbb{R}^n$, wohlgemerkt), wenn $f_\Omega \in \mathcal{L}^1(\mathbb{R}^n, \mu)$ ist und schreiben dann

$$\int_\Omega f(x)dx := \int_{\mathbb{R}^n} f_\Omega(x)dx.$$

Satz (Transformationsformel): *Es sei* $\Omega \subset \mathbb{R}^n$ *offen und* $f : \Omega \to \mathbb{R}$ *über* Ω *integrierbar. Ferner sei nun* $\widetilde{\Omega} \subset \mathbb{R}^n$ *eine weitere offene Teilmenge und* $\varphi : \widetilde{\Omega} \xrightarrow{\cong} \Omega$ *ein* C^1-*Diffeomorphismus. Dann ist auch* $f \circ \varphi \cdot |\det J_\varphi|$ *über* $\widetilde{\Omega}$ *integrierbar und es gilt*

$$\int_\Omega f\, dx = \int_{\widetilde{\Omega}} (f \circ \varphi) \cdot |\det J_\varphi| dx,$$

wobei $J_\varphi : \widetilde{\Omega} \to M(n \times n, \mathbb{R})$ *die Jacobimatrix von* φ *bezeichnet.* □

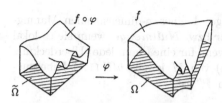

Fig. 54. Zur Transformationsformel

Der Diffeomorphismus $\varphi : \widetilde{\Omega} \to \Omega$ ist gewissermaßen als eine "Umparametrisierung" aufzufassen. Daß f und $f \circ \varphi$ dasselbe Integral haben sollten, ist nicht zu erwarten, vielmehr wird ein Korrekturfaktor notwendig. Daß dieser gerade der Betrag der Jacobi-Determinante ist, braucht uns auch nicht zu wundern: die Jacobimatrix ist ja die lineare Approximation des Diffeomorphismus φ, beim Übergang von kleinen Quadern in $\widetilde{\Omega}$ zu ihren Bildmaschen in Ω wird also das Volumen näherungsweise mit $|\det J_\varphi|$ multipliziert. Die genaue Durchführung des Beweises erfordert aber doch einigen Aufwand, wie Sie sich erinnern werden. Dabei kommt auch mit heraus, daß unter Diffeomorphismen offener Teilmengen des $\mathbb{R}^n$, insbesondere also unter Kartenwechseln, meßbare Mengen in meßbare Mengen und Nullmengen in Nullmengen übergehen, wovon wir gleich Gebrauch machen werden.

Soweit unser Lebesgue-Paket. Wenn Ihnen sein ganzer Inhalt wohlbekannt vorkommt, dann sind Sie jedenfalls für das Folgende gut vorbereitet. Ich will aber gar nicht verschweigen, daß man für die Hauptziele dieser Vorlesung, den Satz von Stokes und seine Konsequenzen, auch mit weniger Integrationstheorie auskommen könnte, im Grunde mit Integral, Fubini und Transformationsformel für C^∞-Funktionen mit kompaktem Träger auf dem $\mathbb{R}^n$ und auf dem Halbraum. Wollen Sie diesen Weg beschreiten, so brauchen Sie nur jetzt anstelle 5.4 die Abschnitte 9.5 und 9.6 durchzuarbeiten — keine Sorge, diese Abschnitte sind darauf eingerichtet und *erwarten* Besuch aus dem Abschnitt 5.3 — und sind dann auch hinlänglich über den Integralbegriff auf Mannigfaltigkeiten unterrichtet.

5.4 Definition der Integration auf Mannigfaltigkeiten

Definition: Eine Teilmenge A einer n-dimensionalen Mannigfaltigkeit M heiße *meßbar* bzw. *Nullmenge*, wenn sie es lokal bezüglich Karten ist, d.h. wenn für eine (dann jede) Überdeckung von A durch Karten (U, h) von M jeweils $h(U \cap A)$ Lebesguemeßbar bzw. Nullmenge im $\mathbb{R}^n$ ist. □

Die σ-Algebra der Lebesgue-meßbaren Mengen ist also auch auf einer Mannigfaltigkeit wohldefiniert, und auch die Nullmengen darin sind kanonisch kenntlich. Beachte aber, daß wir natürlich kein kanonisches Maß auf dieser σ-Algebra haben.

Es sei nun ω eine n-Form auf einer orientierten n-dimensionalen Mannigfaltigkeit M. Um $\int_M \omega$ zu definieren, wollen wir M in abzählbar viele kleine Stücke zerlegen, über die wir einzeln mit Hilfe einer Karte integrieren können. Diese Stückchen brauchen keine Koordinatenmaschen zu sein, was beim Aneinanderfügen benachbarter Karten auch große technische Schwierigkeiten machen würde, vielmehr erlauben uns die guten Eigenschaften des Lebesgue-Integrals eine weitgehende Beliebigkeit beim Zerlegen von M.

Sprechweise: Für die folgende Diskussion möge eine Teilmenge $A \subset M$ *klein* heißen, wenn sie in einem Kartengebiet enthalten ist. □

Notiz: *Man kann jede Mannigfaltigkeit in abzählbar viele paarweise disjunkte kleine meßbare Teilmengen zerlegen. Ist z.B.* $\mathfrak{A} = \{ (U_i, h_i) \mid i \in \mathbb{N} \}$ *ein abzählbarer Atlas von* M, *so ist durch*

$$A_1 := U_1 \quad \text{und}$$

$$A_{i+1} := U_{i+1} \smallsetminus \bigcup_{k=1}^{i} A_k \quad \text{für } i \geq 1$$

eine solche Zerlegung $M = \bigcup_{i=1}^{\infty} A_i$ gegeben. □

Unsere Absicht ist natürlich, $\int_M \omega := \sum_{i=1}^{\infty} \int_{A_i} \omega$ zu setzen. Wie wir über kleine Stücke mittels Karten zu integrieren haben, ist uns intuitiv schon klar geworden, die Transformationsformel für das Lebesgue-Integral gibt uns die technische Möglichkeit dazu.

Satz und Definition (Integration auf Mannigfaltigkeiten):
Eine n-Form ω auf einer orientierten n-dimensionalen Mannigfaltigkeit M heißt **integrierbar**, *wenn für eine (dann jede) Zerlegung $(A_i)_{i \in \mathbb{N}}$ von M in abzählbar viele kleine meßbare Teilmengen und eine (dann jede) Folge $(U_i, h_i)_{i \in \mathbb{N}}$ von orientierungserhaltenden Karten mit $A_i \subset U_i$ gilt: Für jedes $i \in \mathbb{N}$ ist die heruntergeholte Komponentenfunktion*

$$a_i := \omega(\partial_1, \ldots, \partial_n) \circ h_i^{-1} : h_i(U_i) \to \mathbb{R}$$

von ω bezüglich (U_i, h_i) über $h_i(A_i)$ Lebesgue-integrierbar, und es ist

$$\sum_{i=1}^{\infty} \int_{h_i(A_i)} |a_i(x)| dx < \infty.$$

Der von der Wahl der Zerlegung und der Karten dann unabhängige Wert

$$\sum_{i=1}^{\infty} \int_{h_i(A_i)} a_i(x) dx =: \int_M \omega$$

heißt das **Integral** *von ω über M.*

BEWEIS DER DABEI GEMACHTEN BEHAUPTUNGEN: Es seien also $(A_i)_{i \geq 1}$ und $(B_j)_{j \geq 1}$ Zerlegungen von M in meßbare Mengen und (U_i, h_i) und (V_j, k_j) orientierungserhaltende Karten mit $A_i \subset U_i$ und $B_j \subset V_j$. Die n-Form ω, mit heruntergeholten Komponentenfunktionen a_i bezüglich (U_i, h_i) und b_j bezüglich (V_j, k_j), erfülle die Bedingungen bezüglich der A_i und h_i, d.h. a_i ist über $h_i(A_i)$ integrierbar und $\sum_{i=1}^{\infty} \int_{h_i(A_i)} |a_i| dx < \infty$. Zu zeigen ist, daß dann auch die b_j über $k_j(B_j)$ integrierbar sind und daß $\sum_{j=1}^{\infty} \int_{k_j(B_j)} |b_j| dx < \infty$ und

$$\sum_{i=1}^{\infty} \int_{h_i(A_i)} a_i dx = \sum_{j=1}^{\infty} \int_{k_j(B_j)} b_j dx$$

gilt. — Bekanntlich ist eine Lebesgue-integrierbare Funktion auf dem $\mathbb{R}^n$ auch über jede meßbare Teilmenge des $\mathbb{R}^n$ integrierbar, also insbesondere a_i über $h_i(A_i \cap B_j)$, und aus dem Lebesgueschen Konvergenzssatz folgt

$$\int\limits_{h_i(A_i)} a_i dx = \sum_{j=1}^{\infty} \int\limits_{h_i(A_i \cap B_j)} a_i dx,$$

und ebenso für $|a_i|$ statt a_i. Nun wenden wir die in 5.3 so ausführlich zitierte Transformationsformel an, um von a_i auf $h_i(A_i \cap B_j)$ zu b_j auf $k_j(A_i \cap B_j)$ überzugehen, d.h. wir setzen

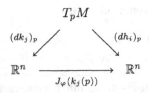

Fig. 55.

$$\Omega := h_i(U_i \cap V_j),$$

$$f(x) := \begin{cases} a_i(x) & \text{für } x \in h_i(A_i \cap B_j) \\ 0 & \text{sonst,} \end{cases}$$

$$\widetilde{\Omega} := k_j(U_i \cap V_j) \text{ und schließlich}$$

$$\varphi := h_i \circ k_j^{-1}|k_j(U_i \cap V_j),$$

der Kartenwechsel von k_j nach h_i.

Betrachte nun für jedes $p \in U_i \cap V_j$ die drei Differentiale

$$T_pM$$

$$(dk_j)_p \swarrow \qquad \searrow (dh_i)_p$$

$$\mathbb{R}^n \xrightarrow[J_\varphi(k_j(p))]{} \mathbb{R}^n$$

Aus der alternierenden n-Form ω_p auf T_pM werden durch die (Inversen der) beiden Kartendifferentiale zwei alternierende n-Formen auf dem $\mathbb{R}^n$ induziert, die auf der kanonischen Basis die beiden Werte $b_j(k_j(p))$ bzw. $a_i(h_i(p))$ annehmen. Der Endomorphismus $J_\varphi(k_j(p))$ wirkt aber auf $\text{Alt}^n \mathbb{R}^n$ durch Multiplikation mit der Determinante, wie wir aus dem Lemma in 3.3 wissen, also gilt

$$b_j(k_j(p)) = a_i(h_i(p)) \cdot \det J_\varphi(k_j(p))$$

oder

$$b_j = (a_i \circ \varphi) \cdot |\det J_\varphi|$$

auf ganz $k_j(U_i \cap V_j)$, wobei wir die Betragsstriche setzen dürfen, weil φ orientierungserhaltend, die Jacobideterminante also positiv ist. Daraus folgt trivialerweise auch

$$(b_j)_{k_j(A_i \cap B_j)} = ((a_i)_{h_i(A_i \cap B_j)} \circ \varphi) \cdot |\det J_\varphi|$$

und ebenso für $|a_i|$ und $|b_j|$ statt a_i und b_j, und deshalb erhalten wir aus der Transformationsformel: Die Funktion b_j ist über $k_j(A_i \cap B_j)$ Lebesgue-integrierbar und es gilt

$$\int\limits_{k_j(A_i \cap B_j)} b_j dx = \int\limits_{h_i(A_i \cap B_j)} a_i dx$$

und ebenso für $|a_i|$ und $|b_j|$ statt a_i und b_j. Daraus folgt jedenfalls

$$\sum_{i,j=1}^{\infty} \int\limits_{k_j(A_i \cap B_j)} |b_j| dx < \infty,$$

und nach den Konvergenzsätzen sind insbesondere $|b_j|$ und b_j selbst über $k_j(B_j)$ integrierbar und

$$\int\limits_{k_j(B_j)} b_j dx = \sum_{i=1}^{\infty} \int\limits_{k_j(A_i \cap B_j)} b_j dx,$$

ebenso für $|b_j|$. Deshalb aber folgt mit der direkt aus der Transformationsformel abgeleiteten Gleichung, welche b_j und a_i in Beziehung setzte, daß $\sum_{j=1}^{\infty} \int_{k_j(B_j)} |b_j| dx < \infty$ und

$$\sum_{j=1}^{\infty} \int\limits_{k_j(B_j)} b_j dx = \sum_{i=1}^{\infty} \int\limits_{h_i(A_i)} a_i dx,$$

was zu beweisen war. □

5.5   Einige Eigenschaften des Integrals

Wie sieht man einer n-Form ihre Integrierbarkeit an? Meist werden wir es mit n-Formen ω zu tun haben, deren sogenannter *Träger*, das ist die abgeschlossene Hülle

$$Tr\,\omega := \overline{\{\, p \in M \mid \omega_p \neq 0 \,\}} \subset M,$$

kompakt ist. Wenn zum Beispiel M selbst kompakt ist, dann haben natürlich *alle* n-Formen kompakten Träger.

Lemma: *Eine n-Form ω mit kompaktem Träger auf einer n-dimensionalen orientierten Mannigfaltigkeit M ist genau dann integrierbar, wenn sie **lokal integrierbar** ist, d.h. wenn es um jeden Punkt eine Karte (U, h) gibt, so daß die heruntergeholte Komponentenfunktion*

$$\omega(\partial_1, \ldots, \partial_n) \circ h^{-1} : h(U) \longrightarrow \mathbb{R}$$

über $h(U) \subset \mathbb{R}^n$ Lebesgue-integrierbar ist.

BEWEIS: Ist $(U_i, h_i)_{i \in \mathbb{N}}$ ein abzählbarer Atlas aus solchen Karten, so überdecken schon endlich viele, sagen wir die ersten r, den Träger von ω. Setzen wir $A_1 := U_1$ und $A_{i+1} = U_{i+1} \smallsetminus \bigcup_{k=1}^{i} A_k$, so ist $\omega|A_i \equiv 0$ für alle $i > r$, und daher

$$\sum_{i=1}^{\infty} \int_{h_i(A_i)} |a_i|\, dx = \sum_{i=1}^{r} \int_{h_i(A_i)} |a_i|\, dx < \infty.$$

$\square$

Stetige n-Formen sind natürlich lokal integrierbar, und ist ω lokal integrierbar und $A \subset M$ meßbar, so ist auch die durch

$$p \longmapsto \begin{cases} \omega_p\,, & p \in A \\ 0 & \text{sonst} \end{cases}$$

definierte Form ω_A lokal integrierbar. Das Lemma gibt uns also schon viele Beispiele integrierbarer Formen, und insbesondere sind

auf einer kompakten orientierten n-dimensionalen Mannigfaltigkeit alle stetigen, erst recht alle differenzierbaren n-Formen, also
alle $\omega \in \Omega^n M$, integrierbar.

Wie wir nach der Diskussion in 5.1 schon erwarteten und wie
nun aus der Definition leicht abzulesen ist, ändert Orientierungs-
umkehr das Vorzeichen des Integrals:

Notiz: $\int\limits_{-M} \omega = - \int\limits_{M} \omega$. $\square$

Wie lautet die Transformationsformel für das Integral auf Mannigfaltigkeiten? Statt eines Diffeomorphismus $\varphi : \widetilde{\Omega} \to \Omega$ zweier
offenen Teilmengen des $\mathbb{R}^n$ betrachten wir jetzt natürlich einen
orientierungserhaltenden Diffeomorphismus $\varphi : \widetilde{M} \xrightarrow{\cong} M$. Benutzen wir für die Integration auf M eine Zerlegung $M = \cup A_i$
und Karten (U_i, h_i) um die A_i, so können wir für $\widetilde{M}$ die
unter φ entsprechenden Daten gebrauchen, also die Zerlegung
$\widetilde{M} = \cup \varphi^{-1}(A_i)$ und die Karten $(\varphi^{-1}(U_i), h_i \circ \varphi \,|\, \varphi^{-1}(U_i))$. Dann
haben die n-Formen ω auf M und $\varphi^* \omega$ natürlich ganz dieselben
heruntergeholten Komponentenfunktionen und es ergibt sich die
schöne und wichtige Natürlichkeitseigenschaft des Integrals:

**Notiz ("Transformationsformel" für die Integration auf
Mannigfaltigkeiten):** *Ist* $\varphi : \widetilde{M} \xrightarrow{\cong} M$ *ein orientierungserhaltender Diffeomorphismus zwischen orientierten n-dimensionalen
Mannigfaltigkeiten, so ist eine n-Form ω auf M genau dann integrierbar, wenn $\varphi^* \omega$ auf $\widetilde{M}$ integrierbar ist und es gilt dann*

$$\int_M \omega = \int_{\widetilde{M}} \varphi^* \omega.$$

$\square$

Auch nach der intuitiven Diskussion des Integrals im Abschnitt
5.2 hatten wir das natürlich zu erwarten, denn nach Definition der
induzierten Form antwortet $\varphi^* \omega$ auf eine Masche (Spat) dasselbe
wie ω auf die Bildmasche.

Was schließlich Integrierbarkeit und Integral über Teilmengen
$A \subset M$ betrifft, so folgen wir sinngemäß der Vereinbarung, die

wir für das Lebesgue-Integral getroffen hatten, als wir in 5.3 an die Transformationsformel erinnern wollten, also $\int_A \omega := \int_M \omega_A$, wobei ω_A auf A mit ω übereinstimmt und außerhalb A null gesetzt ist. Die Transformationsformel nimmt dann die Form an

Korollar: *Ist* $\varphi : \widetilde{M} \to M$ *ein orientierungserhaltender Diffeomorphismus und* $A \subset \widetilde{M}$ *eine Teilmenge, so ist* ω *genau dann über* $\varphi(A)$ *integrierbar, wenn* $\varphi^*\omega$ *über* A *integrierbar ist, und es gilt dann*

$$\int_A \varphi^*\omega = \int_{\varphi(A)} \omega.$$

□

Noch ein letzter allgemeiner Hinweis. Wir haben hier die Integration auf Mannigfaltigkeiten mittels Karten auf die Integration im $\mathbb{R}^n$ zurückgeführt und deshalb auch nur letztere als bekannt voraussetzen müssen. Wer aber das Lebesgue-Integral für beliebige Maßräume kennt, hat damit auch einen Generalschlüssel für den direkten Zugang zu den allgemeinen Eigenschaften des Integrals auf Mannigfaltigkeiten — etwa den Konvergenzsätzen — in der Hand.

Auf jeder orientierten Mannigfaltigkeit M kann man nämlich eine sogenannte *Volumenform* konstruieren, das heißt eine n-Form $\omega_M \in \Omega^n M$, die nirgends verschwindet und auf positiv orientierte Basen positiv antwortet. Mit einer *Zerlegung der Eins*, die wir bei Gelegenheit des Stokesschen Satzes als Hilfsmittel kennenlernen werden, ist das ganz einfach. Eine solche Volumenform nun definiert durch

$$\mu(X) := \int_X \omega_M$$

ein Maß μ auf der σ-Algebra $\mathfrak{M}$ der Lebesgue-meßbaren Teilmengen der Mannigfaltigkeit M, diese so zu einem Maßraum machend. Eine Funktion $f : M \to \mathbb{R}$ ist nun über diesen Maßraum genau dann integrierbar, wenn die n-Form $f\,\omega_M$ integrierbar ist, und es gilt

$$\int_M f\,d\mu = \int_M f\,\omega_M.$$

Wegen $\dim \mathrm{Alt}^n T_p M = 1$ ist aber *jede* n-Form auf M von der Gestalt $f\,\omega_M$, und so kann man die Integration von n-Formen auf orientierten Mannigfaltigkeiten auch als Integration von Funktionen auf einem Maßraum auffassen. — Kanonisch gegeben ist eine Volumenform freilich nicht.

5.6 Test

(1) Das von den drei Einheitsvektoren im $\mathbb{R}^3$ auf gespannte Spat ist ein

☐ Tetraeder ☐ Dreieck ☐ Würfel

(2) Ist $A : \mathbb{R}^n \to \mathbb{R}^n$ eine lineare Abbildung, so ist das n-dimensionale Volumen von $A([\,0,1\,]^n)$

☐ $\|A\|$
☐ $|\det A|$
☐ $|a_{11} \cdot \ldots \cdot a_{nn}|$

(3) Ist ρ eine Dichte und ω eine alternierende n-Form auf einem n-dimensionalen Vektorraum V, so ist

☐ $-|\rho|$ eine alternierende n-Form
☐ $-|\omega|$ eine Dichte
☐ $|\omega|$ eine Dichte.

(4) Eine Teilmenge $X \subset \mathbb{R}^n$ ist genau dann eine Nullmenge, wenn es zu jedem ε eine Folge von Würfeln W_i mit einem Gesamtvolumen $\sum_{i=1}^{\infty} \mathrm{Vol}(W_i) \leq \varepsilon$ gibt, so daß

☐ $X \subset \cup_{i=1}^{\infty} W_i$
☐ $X \subset \cap_{i=1}^{\infty} W_i$
☐ $X \subset W_i$ für beliebig große i.

(5) In der Ebene $\mathbb{R}^2$ bezeichne Q das Rechteck $(1,2) \times (0, \pi/2)$ und K das Kreisringviertel im ersten Quadranten mit den Radien 1 und 2. Der Wechsel von Polar- zu kartesischen Koordinaten, $(r, \varphi) \mapsto (x, y)$ durch $x = r \cos \varphi$ und $y = r \sin \varphi$ definiert dann einen Diffeomorphismus Φ von

    ☐ K auf sich   ☐ K nach Q ☐ Q nach K.

(6) Die Jacobideterminante $\det J_\Phi(r, \varphi)$ ist dann

    ☐ $r \sin 2\varphi$ ☐ r ☐ $-r$.

(7) Zuweilen trifft man die Notationsgewohnheit an, eine bestimmte Funktion in den verschiedensten Koordinatensystemen immer wieder mit dem Buchstaben f zu bezeichnen, gleichsam als wäre die Schreibweise

$$f(x'_1, \ldots, x'_n) = f(x'_1(x_1, \ldots, x_n), \ldots, x'_n(x_1, \ldots, x_n))$$
$$\overset{!}{=:} f(x_1, \ldots, x_n),$$

vereinbart. Sehr verwirrend! Aber nachvollziehbar, wenn man sich vorstellt, daß f eigentlich koordinatenunabhängig auf U lebt (z.B. auf einem Bereich U des realen physikalischen Raumes) und $f(x'_1, \ldots, x'_n)$ den Funktionswert an jenem Punkt bedeuten soll, der *bezüglich des gestrichenen Koordinatensystems* die Koordinaten $(x'_1, \ldots, x'_n)$ hat, usw. Man schreibt dann also statt $f \circ h^{-1}$, $f \circ h'^{-1}$ usw. stets f, in konsequenter Unterdrückung der Bezeichnungen $h, h', \ldots$ der Karten. — Wir wollen uns diese Notation nicht gerade zu eigen machen, aber sie im Notfall doch lesen können, und in diesem Sinne heißt nun die Frage: Wie lautet bei Anwendung obiger Konvention die Integraltransformationsformel zwischen kartesischen und Polarkoordinaten?

    ☐ $\iint f(x, y) dx dy = \iint f(r, \varphi) r dr d\varphi$

    ☐ $\iint f(x, y) \sqrt{x^2 + y^2} dx dy = \iint f(r, \varphi) dr d\varphi$

    ☐ $\iint f(x, y) dx dy = \iint f(r, \varphi) dr d\varphi$

(8) In den lokalen Koordinaten einer Karte (U,h) ist das Integral einer n-Form ω über das Kartengebiet

$$\int_U \omega = \int_{h(U)} f(x) \, dx,$$

wobei $f : h(U) \to \mathbb{R}$ so angegeben werden kann:

☐ $f(x) = \omega(h^{-1}(x))$

☐ $f(x^1, \ldots, x^n) = \omega_{1\ldots n}$ (Ricci-Kalkül)

☐ $f \circ h = \omega(\partial_1, \ldots, \partial_n)$

(9) Unterscheiden sich zwei Karten (U, h) und (U, h') nur durch das Vorzeichen der ersten Koordinate, und sind a und a' die heruntergeholten Komponentenfunktionen einer auf U gegebenen n-Form ω, so ist

$$\int_{h(U)} a \, dx \;=\; -\int_{h'(U)} a' \, dx$$

Weshalb?

☐ Weil in den Koordinaten des $\mathbb{R}^n$

$$a(x^1, \ldots, x^n) = a'(-x^1, x^2, \ldots, x^n)$$

und die Determinate der Jacobimatrix des Kartenwechsels -1 ist.

☐ Weil $a(x^1, \ldots, x^n) = -a'(-x^1, x^2, \ldots, x^n)$ und der Betrag der Determinate der Jacobimatrix des Kartenwechsels 1 ist.

☐ Weil $a(x^1, \ldots, x^n) = -a'(x^1, \ldots, x^n)$ und der Kartenwechsel orthogonal ist.

(10) Für orientierungsumkehrende Diffeomorphismen $\varphi : M \to N$ gilt

☐ $\int_M \omega + \int_{\varphi(M)} \varphi^* \omega = 0$

☐ $\int_M \varphi^* \omega + \int_{\varphi(M)} \omega = 0$

☐ $\int_M \omega + \int_{\varphi^{-1}(N)} \varphi^* \omega = 0$

5.7 Übungsaufgaben

AUFGABE 21: Man gebe eine n-Form ω auf dem $\mathbb{R}^n$ so an, daß
für jedes $A \subset \mathbb{R}^n$ mit einem Lebesgue-Maß $\mu(A) < \infty$ gilt:
$\int_A \omega = \mu(A)$.

AUFGABE 22: Es sei ω eine integrierbare n-Form auf der orientierten n-dimensionalen Mannigfaltigkeit M. Man zeige, daß wie
bei der Integration im $\mathbb{R}^n$ gilt: Stimmt eine n-Form η außerhalb
einer Nullmenge in M mit ω überein, so ist auch η integrierbar
und es gilt $\int_M \omega = \int_M \eta$.

AUFGABE 23: Es sei M eine orientierte n-dimensionale Man-
nigfaltigkeit. Wie hätte man analog zu $|..|_1$ auf $\mathcal{L}^1(\mathbb{R}^n, \mu)$ eine
Halbnorm $|..|_1$ auf dem Vektorraum $\mathcal{L}^1(M)$ der integrierbaren n-
Formen auf M zu definieren? Erkläre zu jedem $\omega \in \mathcal{L}^1(M)$ in
geeigneter Weise eine n-Form $|\omega|$, so daß durch $|\omega|_1 := \int_M |\omega|$
eine Halbnorm definiert ist, die genau für die fast überall ver-
schwindenden Formen Null ist.

AUFGABE 24: Es sei $\pi : \widetilde{M} \to M$ eine m-blättrige Überlagerung
der zusammenhängenden n-dimensionalen orientierten Mannigfaltigkeit M. Die überlagernde Mannigfaltigkeit $\widetilde{M}$ sei so orientiert, daß π überall orientierungserhaltend ist. Man zeige:
Ist ω auf M integrierbar, so auch $\pi^*\omega$ auf $\widetilde{M}$ und es gilt
$\int_{\widetilde{M}} \pi^*\omega = m \int_M \omega$.

5.8 Hinweise zu den Übungsaufgaben

ZU AUFGABE 21: Über das Lebesgue-Maß braucht man zur
Lösung dieser Aufgabe nur zu wissen, daß für Lebesgue-meßbare
$A \subset \mathbb{R}^n$ mit endlichem Maß

$$\mu(A) = \int\limits_A 1 \, dx$$

gilt. Das soll hier natürlich nicht bewiesen werden, sondern wird
als bekannt vorausgesetzt. Die Aufgabe ist nicht schwer und soll

Sie nur veranlassen, die Definition des Integrals über eine n-Form nochmals durchzulesen.

ZU AUFGABE 22: Denselben Zweck hat auch diese Aufgabe, nur kommt man hier nicht wie in Aufgabe 21 mit einer einzigen Karte für M aus.

ZU AUFGABE 23: Achtung: Mit $|\omega|_p$ ist hier nicht der Betrag $|\omega_p|$ von $\omega_p : T_pM \times \cdots \times T_pM \to \mathbb{R}$ gemeint, das wäre ja auch gar keine alternierende n-Form auf T_pM. Für jedes $p \in M$ wird man aber zweckmäßigerweise $|\omega|_p := \pm\omega_p$ setzen, es fragt sich nur, wie das Vorzeichen von p abhängen soll. Daß $|\omega|$ für $\omega \in \mathcal{L}^1(M)$ wirklich integrierbar und $|\cdot|_1 := \int_M |\cdot|$ eine Halbnorm auf $\mathcal{L}^1(M)$ mit der genannten Eigenschaft ist, soll natürlich bewiesen, das heißt hier: auf entsprechende Eigenschaften des Lebesgue-Integrals im $\mathbb{R}^n$ zurückgeführt werden.

ZU AUFGABE 24: Über den Überlagerungsbegriff ist man für diese Aufgabe hinlänglich unterrichtet, wenn man die Seiten 144-148 in [J: Top] durchliest und zusätzlich zur Kenntnis nimmt, daß im Falle einer Überlagerung $\pi : \widetilde{M} \to M$ einer Mannigfaltigkeit M der überlagernde Raum $\widetilde{M}$ in kanonischer Weise auch eine Mannigfaltigkeit ist, und zwar mit der einzigen differenzierbaren Struktur, für die π überall lokal diffeomorph ist. Wie wird man die Zerlegung

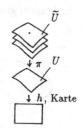

Fig. 56. Zur differenzierbaren Struktur von $\widetilde{M}$

$$\widetilde{M} = \bigcup_{i=1}^{\infty} \bigcup_{j=1}^{m} \widetilde{A}_{ij}$$

von $\widetilde{M}$ in meßbare Teilmengen wohl zu wählen haben, damit die Integrierbarkeit von $\pi^*\omega$ und die Formel $\int_{\widetilde{M}} \pi^*\omega = m \int_M \omega$ ohne Mühe folgt? Anschaulich ist's klar!

6 Berandete Mannigfaltigkeiten

6.1 Vorbemerkung

Der klassische Satz von Stokes handelt von dem Zusammenhang zwischen "Flächenintegralen" und "Linienintegralen", eine dreidimensionale Version davon, der sogenannte Gaußsche Integralsatz, sagt etwas über die Beziehung zwischen "Volumenintegralen" und Flächenintegralen aus.

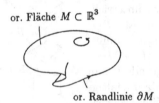

or. Fläche $M \subset \mathbb{R}^3$

or. Randlinie ∂M

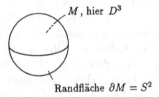

M, hier D^3

Randfläche $\partial M = S^2$

Fig. 57. Beim ursprünglichen Satz $\int_M \text{rot } \vec{v} \cdot d\vec{F} = \int_{\partial M} \vec{v} \cdot d\vec{s}$ von Stokes wird über eine Fläche und deren Randlinie integriert.

Fig. 58. Beim Gaußschen Integralsatz $\int_{\partial M} \vec{v} \cdot d\vec{F} = \int_M \text{div } \vec{v} dV$ wird "über eine geschlossene Fläche und über das von ihr umschlossene Volumen" integriert.

Wir wollen hier natürlich beide Fälle zugleich behandeln, und schon dafür lohnte sich eine n-dimensionale Fassung des Satzes. Auch wollen wir uns nicht auf Untermannigfaltigkeiten des $\mathbb{R}^3$ oder des $\mathbb{R}^N$ beschränken. Um aber den Satz von Stokes in voller Allgemeinheit formulieren zu können, brauchen wir den Begriff der *berandeten Mannigfaltigkeit*, dem der gegenwärtige Paragraph gewidmet ist.

6.2 Differenzierbarkeit im Halbraum

Das lokale Modell für die berandeten Mannigfaltigkeiten ist der abgeschlossene Halbraum, so wie $\mathbb{R}^n$ das lokale Modell der Mannigfaltigkeiten ist. Um diese Vorstellung in eine genaue Definition zu fassen, müssen wir zuerst erklären, was Differenzierbarkeit im Falle des Halbraumes bedeuten soll.

Welchen Halbraum wir benutzen, ist natürlich gleichgültig, aber im Hinblick auf eine gewisse Orientierungskonvention, die wir zu treffen haben werden, entscheiden wir uns für den *linken* Halbraum:

Notation und Sprechweise: Für $n \geq 1$ bezeichnen wir mit $\mathbb{R}^n_-$ den Halbraum $\{\, x \in \mathbb{R}^n \,|\, x^1 \leq 0 \,\}$ und mit $\partial\mathbb{R}^n_- := 0 \times \mathbb{R}^{n-1}$ seinen sogenannten *Rand*. Ist $U \subset \mathbb{R}^n_-$ offen in der Teilraumtopologie des $\mathbb{R}^n_- \subset \mathbb{R}^n$ (kurz: *offen in* $\mathbb{R}^n_-$), so heißt $\partial U := U \cap \partial\mathbb{R}^n_-$ der *Rand* von U, die Elemente $p \in \partial U$ dementsprechend *Randpunkte* von U. □

Der Rand ∂U von U kann natürlich auch leer sein, offensichtlich ist das genau dann der Fall, wenn $U \subset \mathbb{R}^n_-$ nicht nur in $\mathbb{R}^n_-$, sondern sogar in der Topologie des $\mathbb{R}^n$ offen ist.

In der Topologie versteht man unter einem *Randpunkt* einer Teilmenge A eines topologischen Raumes X ein Element $x \in X$, das weder innerer noch äußerer Punkt von A ist. Dieser Sprechweise sollten

Fig. 59 a. $\partial U \neq \varnothing$.   Fig. 59 b. $\partial U = \varnothing$.

wir aber jetzt für einige Zeit aus dem Wege gehen, denn sie kollidiert mit dem oben eingeführten Randbegriff für in $\mathbb{R}^n_-$ offene U. Beachte, daß ∂U im allgemeinen *nicht* mit dem topologischen Rand von U übereinstimmt, ganz gleich ob man U dafür als Teilmenge von $\mathbb{R}^n_-$ oder von $\mathbb{R}^n$ ansieht.

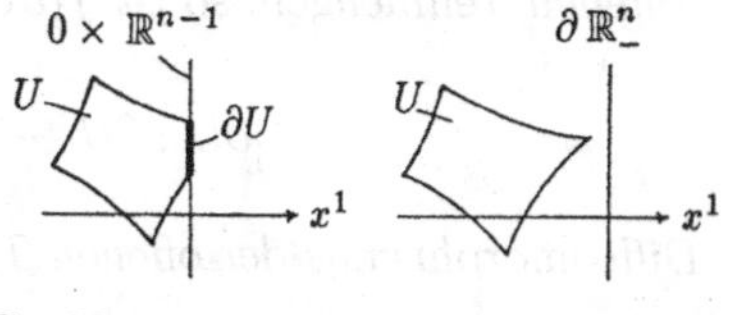

Definition: Sei U offen in $\mathbb{R}^n_-$. Eine Abbildung $f : U \to \mathbb{R}^k$ heißt *differenzierbar* an der Stelle $p \in U$, wenn sie zu einer in einer Umgebung von p in $\mathbb{R}^n$ differenzierbaren Abbildung fortgesetzt werden kann, d.h. wenn es eine offene Umgebung $\tilde{U}_p$ von p in $\mathbb{R}^n$ und eine differenzierbare Abbildung $g : \tilde{U}_p \to \mathbb{R}^k$ gibt, so daß $f|U \cap \tilde{U}_p = g|U \cap \tilde{U}_p$ gilt. $\qquad\square$

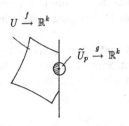

Für die $p \in U \smallsetminus \partial U$ ist das nichts Neues, und f ist schlechthin, also überall differenzierbar, wenn es auf $U \smallsetminus \partial U$ im üblichen Sinne und für alle $p \in \partial U$ im obigen Sinne differenzierbar ist. Unter einem **Diffeomorphismus** zwischen in $\mathbb{R}^n_-$ offenen Teilmengen verstehen wir natürlich eine in beiden Richtungen differenzierbare Bijektion. Solche Diffeomorphismen

Fig. 60. Zur Differenzierbarkeit an Randpunkten.

werden die Kartenwechsel der noch zu definierenden berandeten Mannigfaltigkeiten sein. Die folgenden beiden Lemmas beleuchten ihr Verhalten am Rande.

6.3 Das Randverhalten der Diffeomorphismen

Lemma 1: *Ist* $f : U \xrightarrow{\cong} V$ *ein Diffeomorphismus zwischen in* $\mathbb{R}^n_-$ *offenen Teilmengen, so ist* $f(\partial U) = \partial V$ *und folglich*

$$f|\partial U : \partial U \xrightarrow{\cong} \partial V$$

ein Diffeomorphismus der offenen Teilmengen des $\mathbb{R}^{n-1}$.

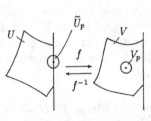

Fig. 61. Annahme

BEWEIS: Sei $p \in \partial U$ und $g : \tilde{U}_p \to \mathbb{R}^n$ eine lokale differenzierbare Fortsetzung von f. Angenommen, der Punkt $f(p)$ wäre kein Randpunkt von V. Wegen der Stetigkeit von f^{-1} hätte er dann eine in $\mathbb{R}^n$ offene Umgebung V_p in V mit $f^{-1}(V_p) \subset \tilde{U}_p$. Aber $g\circ(f^{-1}|V_p)$ ist die Identität auf V_p, und g und $f^{-1}|V_p$ sind differenzierbar im üblichen Sinne, also hat f^{-1} bei $f(p)$ jedenfalls den vollen Rang n, ist nach dem Umkehrsatz also ein lokaler Diffeomorphismus im üblichen Sinne, insbesondere ist also $f^{-1}(V_p) \subset U$ Umgebung von p in $\mathbb{R}^n$, im Widerspruch zu $p \in \partial U$. — Damit haben wir $f(\partial U) \subset \partial V$ gezeigt, ebenso aber $f^{-1}(\partial V) \subset \partial U$, also $f(\partial U) = \partial V$. $\square$

Die lokale differenzierbare Fortsetzung einer Abbildung $f : U \to \mathbb{R}^k$ um einen Randpunkt p ist natürlich nicht eindeutig bestimmt, wohl aber alle partiellen Ableitungen $\partial_\alpha f$ von f an der Stelle p, insbesondere die Jacobi-Matrix $J_f(p)$.

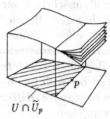

Lemma 2: *Ist* $f : U \xrightarrow{\cong} V$ *ein Diffeomorphismus zwischen in* $\mathbb{R}^n_-$ *offenen Teilmengen und* $p \in \partial U$, *so bildet das wohldefinierte Differential*

$U \cap \tilde{U}_p$

Fig. 62. Lokale Fortsetzung nicht eindeutig bestimmt, wohl aber die $\partial_\alpha f|_p$.

$$df_p : \mathbb{R}^n \xrightarrow{\cong} \mathbb{R}^n$$

den Untervektorraum $0 \times \mathbb{R}^{n-1}$ *und die Halbräume* $\mathbb{R}^n_\pm$ *jeweils in sich ab, d.h. die Jacobi-Matrix ist von der Form*

$$J_f(p) = \begin{array}{|c|c|} \hline \partial_1 f^1 & 0 \\ \hline \partial_1 f^2 & \\ \vdots & J_{f|0 \times \mathbb{R}^{n-1}}(p) \\ \partial_1 f^n & \\ \hline \end{array}$$

mit $\partial_1 f^1 > 0$.

BEWEIS: Wegen $f(\partial U) = \partial V$ ist jedenfalls $f^1|\partial U \equiv 0$, also $\partial_k f^1 = 0$ für $k = 2, \ldots, n$, und weil V in $\mathbb{R}^n_-$ liegt gilt $f^1 \leq 0$ auf U, also

$$\frac{f^1(p + te_1) - f^1(p)}{t} \geq 0$$

für $t < 0$, also $\partial_1 f^1 \geq 0$ und daher sogar $\partial_1 f^1 > 0$, weil $J_f(p)$ vollen Rang hat. $\square$

6.4 Der Begriff der berandeten Mannigfaltigkeit

Soviel über die zukünftigen Kartenwechsel, und nun zum Begriff der berandeten Mannigfaltigkeit selbst. Der einzige formale Unterschied zu den gewöhnlichen ("unberandeten") Mannigfaltigkeiten besteht darin, daß wir nun als Kartenbilder auch in $\mathbb{R}^n_-$ offene Teilmengen zulassen.

Sei zunächst X ein topologischer Raum. Ein Homöomorphismus h einer offenen Teilmenge $U \subset X$ auf eine in $\mathbb{R}^n_-$ oder in $\mathbb{R}^n$ offene Teilmenge U' von $\mathbb{R}^n_-$ bzw. $\mathbb{R}^n$ heiße eine *berandete n-dimensionale Karte* für X. Dementsprechend sind die Begriffe *berandeter n-dimensionaler Atlas, differenzierbarer berandeter n-dimensionaler Atlas* und *berandete n-dimensionale differenzierbare Struktur* (maximaler Atlas) zu verstehen.

Definition: Sei $n \geq 1$. Eine *berandete n-dimensionale Mannigfaltigkeit* ist ein Paar $(M, \mathcal{D})$, meist kurz als M geschrieben, bestehend aus einem zweit-abzählbaren Hausdorffraum M und einer berandeten n-dimensionalen differenzierbaren Struktur $\mathcal{D}$ für M. Abbildungen zwischen berandeten Mannigfaltigkeiten nennen wir differenzierbar, wenn sie es bezüglich Karten sind. □

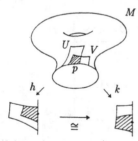

Bei einem Kartenwechsel müssen Randpunkte in Randpunkte übergehen, wie wir in Lemma 1 gesehen hatten. Daher dürfen wir definieren

Definition: Sei M eine berandete Mannigfaltigkeit. Ein Punkt $p \in M$ heißt ein *Randpunkt* von M, wenn er durch eine (dann jede) Karte (U, h) um p auf einen Randpunkt $h(p)$ von $h(U) \subset \mathbb{R}^n_-$ abgebildet

Fig. 63. Ist p Randpunkt bezüglich h, dann auch bezüglich k: der Rand von M ist wohldefiniert.

wird. Die Menge ∂M der Randpunkte heißt der *Rand* der berandeten Mannigfaltigkeit M. □

Notiz: Der Rand ∂M einer n-dimensionalen berandeten Mannigfaltigkeit M erhält durch die Einschränkungen

$$h|U \cap \partial M : U \cap \partial M \xrightarrow{\cong} \partial(h(U)) \subset 0 \times \mathbb{R}^{n-1} \cong \mathbb{R}^{n-1}$$

der Karten von M einen $(n-1)$-dimensionalen gewöhnlichen differenzierbaren Atlas und wird so zu einer gewöhnlichen (unberandeten) $(n-1)$-dimensionalen Mannigfaltigkeit. □

Diese Mannigfaltigkeit ist künftig stets gemeint, wenn vom Rand ∂M einer berandeten Mannigfaltigkeit die Rede ist. Man sagt auch, M werde *von ∂M berandet* oder ∂M *berandet* M. Ist $f : M \to N$ eine differenzierbare Abbildung zwischen berandeten Mannigfaltigkeiten, so ist natürlich auch $f|\partial M : \partial M \to N$ differenzierbar, und aus dem Lemma 1 folgt

Notiz: *Ist* $f : M \xrightarrow{\cong} N$ *ein Diffeomorphismus zwischen berandeten Mannigfaltigkeiten, dann ist* $f(\partial M) = \partial N$, *und* $f|\partial M : \partial M \xrightarrow{\cong} \partial N$ *ist ein Diffeomorphismus.* □

Für $n \geq 1$ betrachten wir jede gewöhnliche n-dimensionale Mannigfaltigkeit M in der naheliegenden Weise auch als berandete Mannigfaltigkeit mit leerem Rand. Unter einer *nulldimensionalen berandeten Mannigfaltigkeit* verstehen wir einfach eine nulldimensionale Mannigfaltigkeit. Der Rand einer nulldimensionalen berandeten Mannigfaltigkeit ist also, wie es sich für eine (-1)-dimensionale Mannigfaltigkeit gehört, stets leer.

6.5 Untermannigfaltigkeiten

Wir wollen nicht alles, was sich von den gewöhnlichen Mannigfaltigkeiten unmittelbar auf die berandeten Mannigfaltigkeiten verallgemeinert, ausführlich niederschreiben. Wäre das gefordert, so hätten wir besser von Anfang an den allgemeineren Begriff zugrunde gelegt! Indessen gibt es doch Angelegenheiten, bei deren Übertragung auf berandete Mannigfaltigkeiten gewisse Entscheidungen oder Verabredungen getroffen werden müssen oder die sich sonstwie nicht ganz von selbst verstehen, und einiges dieser Art soll in diesem und den folgenden Abschnitten noch besprochen werden.

Definition: Es sei M eine n-dimensionale berandete Mannigfaltigkeit und $1 \leq k \leq n$. Eine Teilmenge $M_0 \subset M$ heißt eine

k-dimensionale berandete Untermannigfaltigkeit, wenn es um jedes $p \in M_0$ eine berandete Karte (U, h) von M gibt, so daß
$h(U \cap M_0) = (\mathbb{R}_-^k \times 0) \cap h(U)$ gilt.   □

Das ist nicht die einzige plausible Möglichkeit, den Untermann-
nigfaltigkeitsbegriff für berandete Mannigfaltigkeiten zu fassen.
Indem wir für uns diese Version wählen, treffen wir zwei Entscheidungen: erstens verlangen wir nicht, daß $\partial M_0 \subset \partial M$ sein muß.
Wenn aber, zweitens, ein Punkt $p \in M_0$ im Rand von M liegt,
dann ist er auch Randpunkt von M_0 und M_0 ist dort "transver-
sal" zu ∂M in dem Sinne, daß eben M_0 und ∂M bei p bezüglich
der Karte wie $\mathbb{R}_-^k$ und $0 \times \mathbb{R}^{n-1}$ aneinanderstoßen müssen:

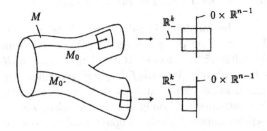

Fig. 64. Die beiden zugelassenen Möglichkeiten für die Lage von
∂M_0 bezüglich ∂M

Insbesondere ist ∂M selbst, außer wenn es leer ist, *keine* Untermannigfaltigkeit von M, und auch die nichtleeren Untermannigfaltigkeiten von ∂M lassen wir *nicht* als Untermannigfaltigkeiten
von M gelten. Unter einer *nulldimensionalen* Untermannigfaltigkeit $M_0 \subset M$ verstehen wir sinngemäß eine gewöhnliche nulldimensionale Untermannigfaltigkeit von $M \smallsetminus \partial M$, den Rand soll sie
nicht treffen dürfen, weil sie selbst keinen hat.
    Wie bei den gewöhnlichen Mannigfaltigkeiten sind die k-di-
mensionalen berandeten Untermannigfaltigkeiten wirklich in kanonischer Weise k-dimensionale berandete Mannigfaltigkeiten,
die Einschränkungen der Flachmacher (U, h) jeweils auf $U \cap M_0$
bilden einen k-dimensionalen berandeten differenzierbaren Atlas
für M_0.

6.6 Konstruktion berandeter Mannigfaltigkeiten

Als Beispiele für Konstruktionen gewöhnlicher Mannigfaltigkeiten hatten wir die Bildung von Summen, Produkten, gewissen Quotienten und die Urbilder regulärer Werte angeführt. Die disjunkte Summe $M_1 + M_2$ zweier berandeter n-dimensionaler Mannigfaltigkeiten ist in kanonischer Weise wieder eine. Bei der Produktbildung gibt es eine kleine technische Schwierigkeit: zwar ist kanonisch $\mathbb{R}^k \times \mathbb{R}^n = \mathbb{R}^{k+n}$, aber $\mathbb{R}^k_- \times \mathbb{R}^n_-$ ist kein Halb- sondern eher ein *Viertelraum* in $\mathbb{R}^{k+n}$.

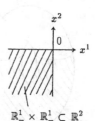

$\mathbb{R}^1_- \times \mathbb{R}^1_- \subset \mathbb{R}^2$

Fig. 65. Entstehung von Kanten am Produkt.

Bildet man zum Beispiel das Produkt $[a,b] \times D^2$ aus einem abgeschlossenen Intervall und einer abgeschlossenen Kreisscheibe, so erhält man einen 3-dimensionalen Vollzylinder, in dessen Rand sich zwei "Kanten" befinden, nämlich $a \times S^1$ und $b \times S^1$. Allgemeiner ist $M \times N$, intuitiv gesprochen, so etwas wie eine berandete Mannigfaltigkeit mit Rand

$$\partial(M \times N) = \partial M \times N \cup M \times \partial N$$

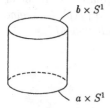

Fig. 66. $[a,b] \times D^2$ mit seinen "Kanten".

und einer "Kante" längs $\partial M \times \partial N$. Je nachdem, *weshalb* man überhaupt solche Produkte betrachten möchte, wird man sie entweder zu richtigen berandeten Mannigfaltigkeiten machen, indem man die Kanten mit Hilfe eines nur bei 0 nicht lokal diffeomorphen Homöomorphismus $\mathbb{R}^1_- \times \mathbb{R}^1_- \to \mathbb{R}^2_-$ "glättet", oder aber man wird sie unverändert lassen und eine Theorie der "Mannigfaltigkeiten mit Kanten" entwickeln. Wir wollen hier keinen dieser Wege beschreiten, sondern nur darauf hinweisen, daß wenigstens dann, wenn einer der beiden Faktoren unberan-

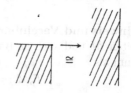

Fig. 67. Glättungsabbildung

det ist, das Produkt in kanonischer Weise wieder eine berandete Mannigfaltigkeit ist.

Der Quotient M/τ einer berandeten n-dimensionalen Mannigfaltigkeit M nach einer fixpunktfreien Involution τ ist in kanonischer Weise wieder eine n-dimensionale berandete Mannigfaltigkeit, ganz wie in 1.6 für gewöhnliche Mannigfaltigkeiten geschildert, und $\partial(M/\tau) = (\partial M)/\tau$.

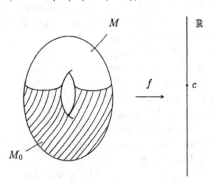

Eine wichtige Quelle konkreter Beispiele berandeter Mannigfaltigkeiten ist, wie bei den unberandeten Mannigfaltigkeiten, der Satz vom regulären Wert:

Fig. 68. Urbild $f^{-1}((-\infty,c])=:M_0$ bei regulärem c. Es ist dann $f^{-1}(c)=\partial M_0$.

Lemma: *Ist M eine n-dimensionale unberandete Mannigfaltigkeit und $c \in \mathbb{R}$ regulärer Wert einer C^∞-Funktion $f : M \to \mathbb{R}$, so ist $M_0 := \{\, p \in M \mid f(p) \leq c \,\}$ eine n-dimensionale berandete Untermannigfaltigkeit von M.* $\qquad\square$

6.7   Tangentialräume am Rande

Wie steht es mit den Tangentialräumen T_pM für Randpunkte $p \in \partial M$? Sind sie überhaupt wohldefiniert? Und wenn ja, sollen wir vielleicht besser tangentiale Halbräume benutzen?

Hinweis und Vereinbarung: Auch für berandete Mannigfaltigkeiten M und auch an Randpunkten $p \in \partial M$ ist der Tangentialraum als

$$T_pM := T_p^{\mathrm{alg}}M \underset{\mathrm{kanon}}{\cong} T_p^{\mathrm{phys}}M$$

wieder wohldefiniert, und bezüglich einer Karte (U, h) ist für jedes $p \in U$ wie bei gewöhnlichen Mannigfaltigkeiten die Koordinatenbasis $(\partial_1, \ldots \partial_n)$ von T_pM erklärt. — Wir benutzen also auch für

Randpunkte den ganzen Vektorraum T_pM als Tangentialraum, jedoch sind für $p \in \partial M$ die beiden Halbräume

$$T_p^{\pm}M := (dh_p)^{-1}(\mathbb{R}_{\pm}^n)$$

unabhängig von der Karte wohldefiniert. $\qquad \square$

Notiz und Sprechweise: Es sei p ein Randpunkt von M. Dann ist offenbar kanonisch $T_p\partial M \subset T_pM$ und

$$T_p^+M \cap T_p^-M = T_p\partial M.$$

Die Elemente von $T_p^-M \smallsetminus T_p\partial M$ heißen **nach innen weisende**, die von $T_p^+M \smallsetminus T_p\partial M$ **nach außen weisende** Tangentialvektoren. Ein

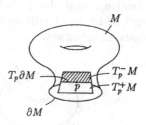

Fig. 69. Die Halbräume $T_p^{\pm}M$ für $p \in \partial M$.

$v \in T_pM$ weist genau dann nach innen bzw. außen, wenn bezüglich einer (dann jeder) Karte die erste Komponente v^1 von v negativ bzw. positiv ist. $\qquad \square$

6.8 Die Orientierungskonvention

Die Begriffe *Orientierung* und *orientierender Atlas* werden für berandete Mannigfaltigkeiten genau so definiert wie für gewöhnliche. Man sieht leicht, daß der Rand einer *orientierten* Mannigfaltigkeit M jedenfalls *orientierbar* ist, was aber nicht bedeutet, daß ∂M auch schon kanonisch *orientiert* sei. Dazu brauchen wir vielmehr eine

Orientierungskonvention: Ist M eine orientierte n-dimensionale berandete Mannigfaltigkeit und $p \in \partial M$, so soll eine Basis $w_1, \ldots, w_{n-1}$ von $T_p\partial M$ genau dann positiv orientiert heißen, bzw. $T_p\partial M$ im Falle $n = 1$ die

Fig. 70. Zur Orientierungskonvention

Orientierung $+1$ tragen, wenn für einen (dann jeden) nach außen weisenden Vektor v die Basis $(v, w_1, \ldots, w_{n-1})$ von T_pM positiv orientiert ist. Mit der dadurch festgelegten Orientierung sei der Rand ∂M einer orientierten Mannigfaltigkeit künftig immer versehen.   □

Orientieren wir also dreidimensionale berandete Untermannigfaltigkeiten, etwa eine Vollkugel oder einen Volltorus, des uns umgebenden realen physikalischen Raumes durch die Rechte-Hand-Regel, so ist die Oberfläche in der Daraufsicht entgegen dem Uhrzeigersinn orientiert.

Fig. 71. Orientierungskonvention und Rechte-Hand-Regel für Körper im physikalischen Raum.

Da wir Tangentialräume und auf Kartengebieten auch die Koordinatenvektorfelder $\partial_1, \ldots, \partial_n$ für berandete Mannigfaltigkeiten zur Verfügung haben, ist natürlich auch klar, was unter k-Formen ω auf einer berandeten Mannigfaltigkeit zu verstehen ist, wann eine solche Form stetig bzw. differenzierbar heißt, was der Vektorraum $\Omega^k M$ der differenzierbaren k-Formen auf M und schließlich, wann eine n-Form ω auf einer n-dimensionalen orientierten berandeten Mannigfaltigkeit integrierbar ist und was dann unter dem Integral $\int_M \omega$ zu verstehen ist. Damit sind wir dem Satz von Stokes wieder ein Stück nähergerückt.

6.9   Test

(1) Offen in der Topologie des Halbraums

$$\mathbb{R}^n_- = \{\, x \in \mathbb{R}^n \mid x^1 \le 0 \,\}$$

ist

$\square$ $X := \{\, x \in \mathbb{R}^n \mid \|x\| < 1 \text{ und } x^1 < 0 \,\}$
$\square$ $X := \{\, x \in \mathbb{R}^n \mid \|x\| < 1 \text{ und } x^1 \leq 0 \,\}$
$\square$ $X := \{\, x \in \mathbb{R}^n \mid \|x\| \leq 1 \text{ und } x^1 \leq 0 \,\}$.

(2) Sei U der in der linken Halbebene $\mathbb{R}^2_-$ gelegene Teil des offenen Quadrats $(-1,1) \times (-1,1)$, also

$$U = \{\, (x,y) \in \mathbb{R}^2 \mid -1 < x \leq 0 \text{ und } -1 < y < 1 \,\}.$$

Es bezeichne A die rechte und B die Vereinigung der anderen drei Seiten von U, genauer jedoch: $A := 0 \times (-1,1)$ und

$$B := -1 \times [-1,1] \cup [-1,0] \times \{\pm 1\}.$$

Als Teilmenge des toplogischen Raumes $\mathbb{R}^2_-$ hat U auch einen *topologischen Rand*, das ist die Menge $\dot{U}_{\mathbb{R}^2_-}$ der Punkte des $\mathbb{R}^2_-$, die weder innere noch äußere Punkte von U sind, und analog können wir auch $\dot{U}_{\mathbb{R}^2}$ betrachten. Die Frage zielt auf die Unterschiede, soweit vorhanden, zwischen ∂U, $\dot{U}_{\mathbb{R}^2_-}$ und $\dot{U}_{\mathbb{R}^2}$. Es gilt:

$\square$ $\partial U = A \cup B$, $\quad \dot{U}_{\mathbb{R}^2_-} = A \cup B$, $\quad \dot{U}_{\mathbb{R}^2} = A \cup B$
$\square$ $\partial U = A \quad$, $\quad \dot{U}_{\mathbb{R}^2_-} = A \cup B$, $\quad \dot{U}_{\mathbb{R}^2} = A \cup B$
$\square$ $\partial U = A \quad$, $\quad \dot{U}_{\mathbb{R}^2_-} = \quad B$, $\quad \dot{U}_{\mathbb{R}^2} = A \cup B$.

(3) Es bezeichne M eine berandete Mannigfaltigkeit. Kann $M \smallsetminus \partial M$ kompakt sein, wenn $\partial M \neq \varnothing$?

$\square$ Nein, denn dann wäre $M \smallsetminus \partial M$ auch abgeschlossen, also ∂M offen in M.

$\square$ Ja, das ist genau dann der Fall, wenn M kompakt ist.

$\square$ Ja, nach dem Satz von Heine-Borel gilt das zum Beispiel für alle abgeschlossenen beschränkten berandeten Untermannigfaltigkeiten des $\mathbb{R}^n$.

(4) Kann eine nulldimensionale Untermannigfaltigkeit M_0 einer berandeten Mannigfaltigkeit M deren Rand "berühren", d.h. kann $\overline{M}_0 \cap \partial M \neq \varnothing$ sein?

$\square$ Nein, da M_0 aus isolierten Punkten in $M \smallsetminus \partial M$ besteht.

☐ Ja, $M_0 := \{\, 1/n \mid n = 1, 2, \dots \,\}$ in $\mathbb{R}_+^1$ ist ein Beispiel dafür.

☐ Nein, denn nulldimensionale Untermannigfaltigkeiten sind automatisch abgeschlossen, und daher gilt $\overline{M}_0 \cap \partial M = M_0 \cap \partial M = \varnothing$.

(5) Sei M eine berandete Mannigfaltigkeit und $p \in \partial M$. Ist dann $M \smallsetminus p$ eine berandete Untermannigfaltigkeit von M mit $\partial(M \smallsetminus p) = \partial M \smallsetminus p$?

☐ Ja, *jede* offene Teilmenge $X \subset M$ ist berandete Untermannigfaltigkeit mit $\partial X = X \cap \partial M$.

☐ Nein, $M \smallsetminus p$ ist dann zwar berandete Untermannigfaltigkeit, aber für $\dim M > 0$ gilt $\partial(M \smallsetminus p) = \partial M$, weil $M \smallsetminus p$ dicht in M liegt.

☐ Ja, die Karten (U, h) von M mit $p \notin U$ bilden einen Atlas für $M \smallsetminus p$.

(6) Welche der folgenden den Zusammenhang betreffenden Implikationen sind für berandete Mannigfaltigkeiten M richtig:

☐ M zush. $\Longleftrightarrow M \smallsetminus \partial M$ zush.

☐ M zush. $\Longrightarrow \partial M$ zush.

☐ ∂M zush. $\Longrightarrow M$ zush.

(7) Diese Frage handelt vom Zerschneiden einer Mannigfaltigkeit längs einer 1-kodimensionalen Untermannigfaltigkeit. Sei M eine unberandete n-dimensionale Mannigfaltigkeit und $M_0 := f^{-1}(c) \neq \varnothing$ das Urbild eines regulären Wertes c einer differenzierbaren Funktion f. Dann ist M die Vereinigung der beiden n-dimensionalen berandeten Untermannigfaltigkeiten $A := f^{-1}([c, \infty))$ und $B := f^{-1}((-\infty, c])$, deren Durchschnitt ihr gemeinsamer Rand M_0 ist. Anschaulich darf man sich dabei etwa vorstellen, daß M beim Zerschneiden längs M_0 in die disjunkte Vereinigung von A und B zerfallen würde.

Jetzt sei keine Funktion f, sondern nur eine 1-kodimensionale abgeschlossene unberandete nichtleere Untermannigfaltigkeit $M_0 \subset M$ gegeben. Was geschieht, wenn man M längs M_0 "zerschneidet", oder genauer gefragt: Ist M die

Vereinigung zweier beranderter Untermannigfaltigkeiten A und B mit $\partial A = \partial B = A \cap B = M_0$? Wir würden dann sagen, M *zerfalle beim Zerschneiden längs M_0*. Wann geschieht das?

☐ Nicht immer, man zerschneide etwa eine Kreislinie "längs" eines Punktes oder einen Torus längs eines Meridians.

☐ Es gibt aber stets eine offene Umgebung X von M_0 in M, die beim Zerschneiden längs M_0 zerfällt, man muß X nur eng genug um M_0 wählen.

☐ Auch das trifft nicht zu, man zerschneide etwa ein Möbiusband längs der "Seele" (Mittellinie) oder $\mathbb{RP}^2$ längs $\mathbb{RP}^1$: dabei zerfällt kein X.

(8) Sei M unberandet und $X \subset M$ offen. Ist dann die abgeschlossene Hülle $\bar{X} \subset M$ eine berandete Untermannigfaltigkeit?

☐ Nein, Gegenbeispiel: $M = \mathbb{R}^3$ und X durch die Ungleichung $x^2 + y^2 + z^2 > 0$ definiert.

☐ Nein, Gegenbeispiel: $M = \mathbb{R}^3$ und X durch die Ungleichung $x^2 + y^2 - z^2 > 1$ definiert.

☐ Nein, Gegenbeispiel: $M = \mathbb{R}^3$ und X durch die Ungleichung $x^2 + y^2 > z^2$ definiert.

(9) Ist ∂M immer eine Nullmenge in M?

☐ Ja, weil $0 \times \mathbb{R}^{n-1}$ eine Nullmenge für das Lebesguemaß im $\mathbb{R}^n_-$ ist.

☐ Nein, z.B. hat die Kugeloberfläche das Maß $4\pi r^2 \neq 0$.

☐ Nein, nur wenn $\partial M = \varnothing$ ist.

(10) Sei M eine orientierte unberandete Mannigfaltigkeit. Man spricht dann von $M_1 := 1 \times M$ und $M_0 := 0 \times M$ als von Deckel und Boden des Zylinders $[0,1] \times M$ über M. Sie seien beide als Kopien von M orientiert, d.h. so, daß die kanonischen Abbildungen $M_1 \cong M \cong M_0$ orientierungserhaltend sind. Sei nun das Intervall $[0,1]$ wie üblich orientiert. Dann bewirkt unsere Orientierungskonvention für die Randorientierung:

☐ $\partial([0,1] \times M) = M_0 + M_1$

☐ $\partial([0,1] \times M) = M_0 - M_1$

☐ $\partial([0,1] \times M) = M_1 - M_0$.

6.10 Übungsaufgaben

AUFGABE 25: Es sei M eine berandete Mannigfaltigkeit. Man zeige, daß ∂M abgeschlossen in M ist.

AUFGABE 26: Es sei $f : M \to \mathbb{R}$ eine überall reguläre differenzierbare Funktion auf der kompakten berandeten Mannigfaltigkeit M. Man zeige, daß f seine Extrema am Rande annimmt.

AUFGABE 27: Kompakte unberandete Mannigfaltigkeiten heißen *geschlossen*, zwei geschlossene Mannigfaltigkeiten M_0 und M_1 heißen *bordant*, wenn $M_0 + M_1$ (diffeomorph zum) Rand einer kompakten berandeten Mannigfaltigkeit ist. Man beweise: Ist M geschlossen und a, b reguläre Werte von $f : M \to \mathbb{R}$, dann sind $f^{-1}(a)$ und $f^{-1}(b)$ bordant.

AUFGABE 28: Man beweise: Jede geschlossene Mannigfaltigkeit M, auf der eine fixpunktfreie differenzierbare Involution τ existiert, ist "nullbordant", d.h. berandet eine kompakte Mannigfaltigkeit.

6.11 Hinweise zu den Übungsaufgaben

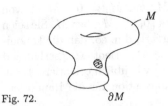

Fig. 72. ∂M

ZU AUFGABE 25: Anschaulich klar: um jeden Punkt von $M \setminus \partial M$ gibt es eine Umgebung, die den Rand nicht trifft. Beim Beweis muß man nur korrekt mit der Relativtopologie des Halbraumes $\mathbb{R}_-^n$ umgehen.

ZU AUFGABE 26: Auch auf einer nichtkompakten Mannigfaltigkeit kann eine reguläre Funktion übrigens kein Extremum auf $M \smallsetminus \partial M$ annehmen, nur braucht sie dann ja überhaupt keine Extrema zu haben, während eine stetige Funktion auf einem kompakten topologischen Raum bekanntlich immer ein Maximum und ein Minimum annimmt. — Die Aufgabe ist so einfach, daß mir kein sinnvoller Lösungshinweis einfällt. Vielleicht soll ich daran erinnern, daß $f : M \to \mathbb{R}$ genau dann regulär ist, wenn überall $df_p \neq 0$ gilt.

ZU AUFGABE 27: Die Aufgabe ist so gemeint, daß Sie das am Ende von 6.6 mit bloßem Hinweis auf den Satz vom regulären Wert angegebene Lemma über $f^{-1}((-\infty, c])$ *benutzen* sollen.

ZU AUFGABE 28: Diese Aufgabe ist etwas schwieriger als die vorangehenden drei. Die nicht so fern liegende Idee ist, jeweils x und $\tau(x)$ gleichsam durch eine Strecke zu verbinden, um so eine kompakte Mannigfaltigkeit W mit $\partial W = M$ zu konstruieren. Wie aber führt man das technisch aus? Man kann z.B. mit der unberandeten Mannigfaltigkeit $M \times \mathbb{R}$ beginnen und zunächst einen ebenfalls unberandeten Quotienten $(M \times \mathbb{R})/\!\sim$ nach einer geeigneten freien Involution bilden, wie in 1.6

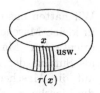

Fig. 73.

beschrieben, und zwar so, daß man das gesuchte W als berandete Untermannigfaltigkeit $f^{-1}((-\infty, c])$ in diesem Quotienten vorfindet.

7 Die anschauliche Bedeutung des Satzes von Stokes

7.1 Vergleich der Antworten auf Maschen und Spate

Erst im nächsten Kapitel werden wir die Cartansche oder äußere Ableitung $d : \Omega^k M \to \Omega^{k+1} M$ wirklich definieren, im übernächsten den Satz $\int_M d\omega = \int_{\partial M} \omega$ von Stokes beweisen. Im gegenwärtigen Kapitel will ich (in freilich fiktiver Weise) zu schildern versuchen, wie man intuitiv auf den Begriff der äußeren Ableitung verfallen und den Satz von Stokes vermuten könnte.

Wir hatten uns das Integral $\int_U \omega$ über ein in kleine Maschen zerlegtes Stück U einer orientierten Mannigfaltigkeit anschaulich als Summe der Antworten der n-Form ω auf die Maschen vorgestellt: Dabei wird die Masche σ_p durch das tangentiale Spat $s_p = \mathrm{Spat}(\Delta x^1 \partial_1, \ldots, \Delta x^n \partial_n)$ approximiert. Wenn wir jetzt, nachdem wir in Kapitel 5 das Integral förmlich eingeführt haben, noch einmal auf die Approximation von $\int_U \omega$ durch $\Sigma_p \omega_p(s_p)$ zurücksehen, können wir auch beurteilen, wie gut sie ist. Ist nämlich $a = \omega_{1\ldots n} \circ h^{-1}$ die heruntergeholte Komponentenfunktion, so ist der wahre Beitrag der Masche zum Integral

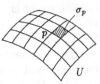

Fig. 74.

$$\int_{\sigma_p} \omega = \int_{Q_p} a(x)dx,$$

während die Approximation davon,

$$\omega_p(s_p) = \int_{Q_p} a(h(p))dx,$$

$h|\sigma_p \downarrow \cong$

Quader Q_p

mit Kantenlängen $\Delta x^1, \ldots, \Delta x^n$

Fig. 75. Unter h entspricht der Quader der Masche, unter dh_p dem Spat.

das Integral über den konstanten Wert $a(h(p)) = \omega_p(\partial_1, \ldots, \partial_n)$, also $\omega_p(\partial_1 \ldots \partial_n)\Delta x^1 \cdot \ldots \cdot \Delta x^n$ ist. Wenn also zum Beispiel ω eine *stetige* n-Form ist, so kann der Fehler dem Betrage nach nicht größer als $\varepsilon_p \cdot \mathrm{Vol}(Q_p)$ sein, wobei ε_p die Schwankung von a auf dem Quader Q_p bezeichnet, genauer:

$$\varepsilon_p := \sup_{x \in Q_p} |a(x) - a(h(p))|.$$

Der Betrag des *Gesamtfehlers* über den ganzen Bereich U ist dann also kleiner oder gleich $\max_p \varepsilon_p \cdot \mathrm{Vol}(h(U))$, und $\max_p \varepsilon_p$ wird für stetiges ω bei genügend feiner Rasterung beliebig klein.

Diese Überlegung zeigt nun auch, wie wir für stetiges ω die alternierende n-Form $\omega_p \in \mathrm{Alt}^n T_p M$ aus der Integralwirkung von ω auf Maschen an p zurückgewinnen. Betrachten wir für feste orientierungserhaltende Karten h die Kantenlängen $\Delta x^1, \ldots, \Delta x^n$ der Masche an p als Variable, dann ist

$$\omega_p(\partial_1, \ldots, \partial_n) = \lim_{\Delta x \to 0} \frac{1}{\Delta x^1 \cdot \ldots \cdot \Delta x^n} \int_{\sigma_p} \omega.$$

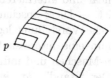

Diese Formel präzisiert die Aussage, ω_p sei die infinitesimale Version bei p der Integration über ω.

Fig. 76. Maschen σ_p mit immer kleiner werdenden Kantenlängen Δx^μ

7.2 Die Strömungsbilanz einer $(n-1)$-Form auf einer n-Masche

Der Satz von Stokes macht eine Aussage über $(n-1)$-Formen $\omega \in \Omega^{n-1} M$ auf einer orientierten n-dimensionalen Mannigfaltigkeit. So eine Form antwortet von Natur aus auf orientierte tangentiale $(n-1)$-Spate, aber auch auf orientierte $(n-1)$-*Maschen*: näherungsweise durch Vermittlung eines approximierenden Spates, genau durch Integration über die Masche als $(n-1)$-dimensionale Mannigfaltigkeit.

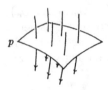

Fig. 77.

Eine anschauliche Vorstellung von $(n-1)$-Formen auf orientierten n-dimensionalen Mannigfaltigkeiten bieten "Strömungsdichten", die nämlich durch 2-Formen im 3-dimensionalen Raum beschrieben werden. Die Antwort von ω auf eine orientierte 2-Masche gibt dann an, wieviel pro Zeiteinheit durch die Masche "hindurchfließt". Die Orientierung gestattet, die beiden möglichen Richtungen des Durchtritts durch die Masche im Vorzeichen zu unterscheiden. Es ist eine nützliche Übung, sich anschaulich klar zu machen, weshalb so eine Strömungsdichte für infinitesimale Maschen multilinear und alternierend ist. — Diese anschauliche Vorstellung legt

Eine Kante als Summe: Entartete Masche:

Durchfluß summiert sich.   Durchfluß Null.

Fig. 78. Strömungsdichten sind multilinear und alternierend

nun eine interessante Möglichkeit nahe, eine $(n-1)$-Form auf n-Maschen und infinitesimal dann auf n-Spate wirken zu lassen. Der "Rand" $\partial\sigma_p$ einer n-Masche σ_p wird ja von $2n$ Randma-schen der Dimension $(n-1)$ gebildet, für jede Koordinate eine "Vorderseite" und eine "Rückseite". Wir orientieren diese $2n$ Seiten nach derselben Konvention wie den Rand einer Mannig-faltigkeit: Die Außen-

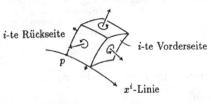

i-te Rückseite i-te Vorderseite p x^i-Linie

Fig. 79. Die $2n$ orientierten Randmaschen einer n-Masche in einer orientierten n-dimensionalen Mannigfaltigkeit

normale, gefolgt von der Randorientierung, ergibt die Orientierung von σ. Nun können wir die $2n$ Antworten addieren, *die ω auf die orientierten Seitenmaschen gibt* und haben damit definiert, wie ω auf orientierte n-Maschen wirken soll, nämlich durch

$$\sigma \longmapsto \int_{\partial\sigma} \omega.$$

Damit die Schreibweise nicht mißverstanden wird, wollen wir ausdrücklich vereinbaren, was wir hier sinngemäß schon verwendet haben:

Notation: Sei ω eine k-Form auf einer n-dimensionalen Mannigfaltigkeit M und $M_0 \subset M$ eine orientierte k-dimensionale Untermannigfaltigkeit oder auch, im Falle $k = n - 1$, der mit einer Orientierung versehene Rand ∂M von M. Ist dann $\iota : M_0 \hookrightarrow M$ die Inklusion und $\iota^*\omega$ die induzierte k-Form auf M_0, so schreibt man

$$\int_{M_0} \iota^*\omega =: \int_{M_0} \omega.$$

$\square$

Die Unterdrückung von ι^* ist erstens deshalb berechtigt, weil natürlich $(\iota^*\omega)|_p (v_1, \ldots, v_k) = \omega_p(v_1, \ldots, v_k)$ ist, und zweitens ist auch keine Verwechslung mit der Notation $\int_{M_0} \omega := \int_M \omega_{M_0}$ aus 5.3 zu fürchten, denn für $k < n$ kann man eine k-Form sowieso nicht über M integrieren und $\int_M \omega_{M_0}$ hätte keinen Sinn, und für $k = n$ ist es ja wirklich dasselbe. —

Soviel zur Notation. In der anschaulichen Deutung aber ist nun $\int_{\partial\sigma} \omega$ die *Strömungsbilanz* der n-Masche σ! Mit $\int_{\partial\sigma} \omega$ messen wir, was pro Zeiteinheit per Saldo aus der n-Masche σ herausfließt, weil ω in der hier gegebenen Orientierung von $\partial\sigma$ den Hineinfluß negativ, den Herausfluß positiv bewertet. Dieser Überschuß $\int_{\partial\sigma} \omega$ ist also gewissermaßen die *Quellstärke* von σ.

Auf dieser Strömungsbilanz beruht schließlich der Satz von Stokes, und wenn wir unsere Diskussion aus 5.1 über die Vorzüge von Dichten und Formen noch einmal aufnehmen, so müssen wir bemerken, daß eine Behandlung der Strömungsbilanz mittels *Dichten* jedenfalls einen Begriff von "$(n-1)$-Dichte" erforderte, der auf die Orientierung der Maschen von $\partial\sigma$ Rücksicht nimmt, denn ohne Unterscheidung von Heraus- und Hineinfluß ist keine Bilanz möglich. Die k-Formen sind hierfür schon eingerichtet.

7.3 Quellstärke und Cartansche Ableitung

Ist nun diese Quellstärke einer $(n-1)$-Form ω, aufgefaßt als Zuordnung $\sigma \rightarrow \int_{\partial\sigma} \omega$, tatsächlich die Wirkung einer *Differentialform* vom Grade n, d.h. gehört zu jeder $(n-1)$-Form ω eine n-Form η, so daß für orientierte n-Maschen $\int_\sigma \eta = \int_{\partial\sigma} \omega$ gilt? Wenn ja, so müßte diese "Quelldichte" η jedenfalls, wie wir gesehen haben,

$$\eta(\partial_1,\ldots,\partial_n) = \lim_{\Delta x \to 0} \frac{1}{\Delta x^1 \cdot \ldots \cdot \Delta x^n} \int_{\partial\sigma} \omega$$

erfüllen, und das eröffnet auch schon einen Weg, wie man versuchen könnte, die Frage zu beantworten: Prüfe, ob dieser Grenzwert existiert und η dann unabhängig von der Wahl der Karte ist und beweise $\int_\sigma \eta = \int_{\partial\sigma} \omega$ für das so definierte η. Zwar haben wir nicht vor, diesen Weg zu beschreiten, weil wir auf elegantere, wenn auch formalere Weise zum Ziel kommen werden. Versetzen wir uns aber in eine fiktive Pionierzeit des Cartan-Kalküls, so ist der Weg ganz der richtige, und er führt zu der Einsicht, daß es in der Tat zu jedem $\omega \in \Omega^{n-1}M$ genau eine n-Form gibt, **welche auf orientierte n-Maschen so antwortet, wie ω selbst auf deren Rand**. Diese n-Form heißt die **Cartansche Ableitung** von ω und wird mit $d\omega$ bezeichnet.

Beobachtet man übrigens, welchen Beitrag das i-te Seitenpaar zu dem Grenzwert

$$d\omega(\partial_1,\ldots,\partial_n) = \lim_{\Delta x \to 0} \frac{1}{\Delta x^1 \cdots \Delta x^n} \int_{\partial\sigma} \omega$$

leistet, so *erhält* man nicht nur die Koordinatenformel

$$d\omega(\partial_1,\ldots,\partial_n) = \sum_{i=1}^n (-1)^{i-1} \frac{\partial}{\partial x^i} \omega(\partial_1,\ldots,\widehat{i},\ldots,\partial_n)$$

für die Cartansche Ableitung, sondern man versteht auch die anschauliche Bedeutung ihrer einzelnen Summanden.

7.4 Der Satz von Stokes

Die Eigenschaft von $d\omega$, auf eine einzelne Masche so zu antworten wie ω auf deren Rand, überträgt sich auch auf Aggregate von Maschen. Betrachten wir zwei benachbarte Maschen σ_1 und σ_2, so heben sich in der Integralsumme

$$\int_{\sigma_1 \cup \sigma_2} d\omega = \int_{\partial \sigma_1} \omega + \int_{\partial \sigma_2} \omega$$

Fig. 80.

die Beiträge der gemeinsamen Seite auf, da diese durch die beiden Maschen entgegengesetzte Orientierungen erhält. Auch intuitiv ist klar, daß die Innenwand für die Strömungsbilanz von ω in $\sigma_1 \cup \sigma_2$ keine Rolle spielt. — Denkt man sich nun eine berandete kompakte orientierte n-dimensionale Mannigfaltigkeit als ein einziges Aggregat von Maschen, so sieht man, wie sich in der Summe

$$\int_M d\omega = \sum_p \int_{\sigma_p} d\omega = \sum_p \int_{\partial \sigma_p} \omega$$

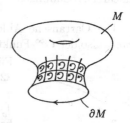

die Beiträge der inneren Maschenseiten alle aufheben und überhaupt nur die Integrale über die den Rand ∂M bildenden Seiten übrigbleiben, daß also

$$\int_M d\omega = \int_{\partial M} \omega$$

gilt, und das ist der Satz von Stokes.

Fig. 81. $\int_\sigma d\omega = \int_{\partial\sigma} \omega$ für Maschen (Definition von d), daher $\int_M d\omega = \int_{\partial M} \omega$ (Satz von Stokes).

Wie schon gesagt, wollen wir den Satz von Stokes nicht wirklich auf diesem Wege beweisen, denn ein Maschennetz über die ganze Mannigfaltigkeit zu werfen, wäre beweistechnisch eine aufwendige Sache, ganz abgesehen davon, daß es im allgemeinen gar nicht möglich ist, wenn man nicht auch gewisse "singuläre Maschen" in Kauf nimmt, wie sie z.B. in Winkelkoordinaten auf S^2 an den Polen entstehen.

Aber wenn auch die Vorstellung vom Maschennetz nicht zu einem eleganten Beweis anleitet, so gibt sie doch den geometrischen Inhalt des Satzes sehr gut wieder, ja sie reduziert ihn auf der intuitiven Ebene zu einer Selbstverständlichkeit.

7.5　Der de Rham-Komplex

Die Definition der Cartanschen Ableitung $d\omega$ durch die Randwirkung von ω ist nicht auf $(n-1)$-Formen beschränkt, auch zu jeder differenzierbaren k-Form $\omega \in \Omega^k M$, für beliebiges k, gibt es genau eine $(k+1)$-Form $d\omega \in \Omega^{k+1} M$, die auf orientierte $(k+1)$-Maschen so antwortet, wie ω auf deren orientierten Rand. Auf diese Weise erhält man eine ganze *Sequenz*

$$0 \to \Omega^0 M \xrightarrow{d} \Omega^1 M \xrightarrow{d} \cdots \xrightarrow{d} \Omega^{n-1} M \xrightarrow{d} \Omega^n M \to 0.$$

linearer Abbildungen.

Die Cartansche Ableitung $d : \Omega^0 M \to \Omega^1 M$ der *Nullformen*, also der C^∞-Funktionen auf M, ist einfach das Differential:

Fig. 82.

Für eine orientierte 1-Masche σ wie in Fig. 82 wird durch die Orientierungskonvention q positiv und p negativ orientiert, also $\int_\sigma d\omega = \omega(q) - \omega(p)$ für $\omega \in \Omega^0 M$. Deshalb gibt es keine Kollision zwischen unserer bisherigen Notation $df \in \Omega^1 M$ für das Differential einer Funktion und der Bezeichnung der Cartanschen Ableitung durch d.

Die Sequenz der Cartanschen Ableitungen ist, was man in der homologischen Algebra einen *Komplex* nennt, d.h. es gilt $d \circ d = 0$. Ist nämlich $\omega \in \Omega^{k-1} M$ und σ eine orientierte $(k+1)$-Masche, so haben wir ja

$$\int_\sigma dd\omega = \int_{\partial\sigma} d\omega = \int_{\partial\partial\sigma} \omega,$$

wobei das Integral über $\partial\partial\sigma$ eben die Summe der Integrale über die Seiten der Seiten von σ bezeichnen soll. In dieser Summe wird aber über jede Kante zweimal, mit entgegengesetzten Orientierungen integriert, und deshalb ist $\int_{\partial\partial\sigma}\omega = 0$. Oder: Wagen wir es, die $(k+1)$-Masche σ trotz ihrer Kanten und Ecken als berandete Mannigfaltigkeit aufzufassen, was zum Zwecke des darüber Integrierens schon angeht, dann hat $\partial\sigma$ als unberandete Mannigfal-

Seite τ_1

Seite τ_2 von σ

"Kante" von σ

Fig. 83. Die Antwort $\int_\sigma dd\omega$ von $dd\omega$ auf eine $(k+1)$-Masche ist null.

tigkeit leeren Rand $\partial\partial\sigma = \varnothing$, und zweimalige Anwendung des Stokeschen Satzes führt zu $\int_\sigma dd\omega = \int_{\partial\sigma} d\omega = \int_\varnothing \omega = 0$, da ein Integral über die leere Mannigfaltigkeit natürlich Null ist. — Jedenfalls verstehen wir die Komplexeigenschaft $dd = 0$ als Konsequenz der geometrischen Tatsache "$\partial\partial = \varnothing$". Den Komplex

$$0 \to \Omega^0 M \xrightarrow{d} \Omega^1 M \xrightarrow{d} \cdots \xrightarrow{d} \Omega^{n-1} M \xrightarrow{d} \Omega^n M \to 0$$

nennt man den **de Rham-Komplex** von M.

7.6 Simpliziale Komplexe

Der de Rham-Komplex definiert in kanonischer Weise einen kontravarianten Funktor von der differenzierbaren Kategorie in die Kategorie der (Coketten-) Komplexe und stellt eine wichtige Schnittstelle zwischen Analysis und algebraischer Topologie dar.

Dies im technisch genauen Sinne zu erläutern würde natürlich zuvor eine Einführung in die algebraische Topologie erfordern und deshalb über den Rahmen des vorliegenden Buches hinausgehen. Aber eine intuitive Vorstellung davon zu geben, will ich einmal versuchen. Zu diesem Zweck muß ich zunächst etwas über eine ganz andere Art von Komplexen erzählen.

"Komplex" ist ja ein Allerweltswort für etwas aus Einzelbau-
steinen Zusammengesetztes. Diesen naiven Sinn hat es in der Bezeichnung *de Rham-Komplex* nicht mehr, aber in dem Ausdruck
simplizialer Komplex ist es noch so gemeint. Stellen Sie sich vor,
Sie dürften aus (abgeschlossenen) Tetraedern, Dreiecken, Strecken
und Punkten im $\mathbb{R}^3$ als 3-, 2-, 1- und nulldimensionalen Baustei-
nen ("Simplices") beliebige Gebilde zusammensetzen, wobei Sie
nur zwei Spielregeln zu beachten haben:

(1) Sie dürfen jeweils nur endlich viele Bausteine verwenden und

(2) benachbarte Bausteine müssen aneinanderpassen, genauer:
    der Durchschnitt zweier Bausteine muß leer oder ein gemein-
    sames Teilsimplex sein.

Die Teilsimplices eines Tetraeders z.B. sind seine Ecken, Kanten
und Seitenflächen. Analog im $\mathbb{R}^n$, wo entsprechende Bausteine
bis zur Dimension n möglich und zugelassen sind. Die Gebilde,
die Sie nach dieser Baukastenmethode zusammensetzen können,
heißen *endliche simpliziale Komplexe*. Mit etwas Vorsicht ("lokal
endlich" statt "endlich" in der ersten Spielregel) kann man auch
unendlich viele Bausteine in sinnvoller Weise zulassen.

Sucht man nicht gerade absichtlich nach Gegenbeispielen, so
wird man sich von jedem geometrischen Objekt im $\mathbb{R}^n$, dem man
begegnet, ein simpliziales Baukastenmodell vorstellen können: von
Kugel, Kegel, Torus; von Mannigfaltigkeiten und Nichtmannigfal-
tigkeiten aller Art – meist zwar nicht ganz echt, weil eckig und
kantig, aber doch *homöomorph* zum Vorbild und deshalb dessen
topologische Eigenschaften treu wiedergebend.

Um solcher topologischer Eigenschaften des Originals habhaft
zu werden, betrachtet man nun *simpliziale Ketten* im Modell. Jeder kann sich eine "Kette" aus endlich vielen orientierten Bau-
steinkanten vorstellen, die von einer Ecke des simplizialen Komplexes zu einer anderen läuft, deren "Rand" daher von dem (positiv
orientierten) Endpunkt und dem (negativ orientierten) Anfangspunkt gebildet wird. Ist der Anfangspunkt gleich dem Endpunkt,
so ist die Kette ein "Zykel". Einleuchtende Benennungen!

Will man aber die Vereinigung von Ketten zu einer abelschen Gruppenverknüpfung machen und auch beim eindimensionalen Fall nicht stehen bleiben, so wird man automatisch auf folgende Verallgemeinerung des Kettenbegriffs geführt:

Definition: Die k-dimensionalen *simplizialen Ketten* eines simplizialen Komplexes X werden durch ganzzahlige formale Linearkombinationen

$$\lambda_1 \sigma_1 + \cdots + \lambda_r \sigma_r$$

von orientierten k-dimensionalen (Teil-)Bausteinen des simplizialen Komplexes beschrieben und dementsprechend addiert, aber mit der Maßgabe, daß ein k-Simplex σ durch Umorientierung in $-\sigma$ übergeht. □

Die k-dimensionalen Ketten von X bilden so eine abelsche Gruppe $S_k(X)$, jedes einzelne orientierte k-Simplex σ hat (mit derselben Orientierungskonvention wie bei den berandeten Mannigfaltigkeiten) eine $(k-1)$-Kette $d\sigma$ als Rand, wodurch auch für jede k-*Kette* $c \in S_k(X)$ eine Randkette $dc \in S_{k-1}(X)$ definiert ist. Eine Kette c mit $dc = 0$ nennt man einen *Zykel*, und die Sequenz

$$0 \to S_n(X) \xrightarrow{d} S_{n-1}(X) \xrightarrow{d} \cdots \xrightarrow{d} S_1(X) \xrightarrow{d} S_0(X) \to 0$$

der Randoperatoren heißt der *simpliziale Kettenkomplex* von X.

Die Randkette der Randkette eines k-Simplex ist ersichtlich Null, weil sich, wie bei einer Masche, der Beitrag jeder Seite mit den gegenorientierten Beiträgen der Nachbarseiten aufhebt. Deshalb gilt auch für Ketten $d \circ d = 0$ oder in Worten: *Alle Ränder sind Zykeln.*

Aber nicht alle Zykeln brauchen Ränder zu sein, ein Meridian-Zykel auf einem simplizialen Torus zum Beispiel sieht nicht so aus, als ob er der Rand einer 2-Kette sein könnte. Und gerade diese *nichtberandenden* Zykeln scheinen etwas über die topologische Gestalt des simplizialen Komplexes auszusagen und damit auch über die Gestalt des uns eigentlich interessierenden geometrischen Objekts, dessen Baukastenmodell der simpliziale Komplex nur ist. Aber wie können wir an diese Information rechnerisch herankommen?

Will man die uninteressanten Ränder im Kalkül unterdrücken, so muß man mit Zykeln "modulo Rändern" rechnen, d.h. zwei Zykeln für äquivalent oder *homolog* erklären, wenn sie sich nur um einen Rand unterscheiden. Die Äquivalenz- oder *Homologieklassen* von k-Zykeln sind dann die Elemente der k-ten *Homologiegruppe* von X, des Quotienten der Zykelgruppe durch die Rändergruppe:

Definition: Ist X ein simplizialer Komplex, so heißt die abelsche Gruppe

$$H_k(X, \mathbb{Z}) := \frac{\text{Kern}\,(d : S_k(X) \to S_{k-1}(X))}{\text{Bild}\,(d : S_{k+1}(X) \to S_k(X))}$$

die *k-te simpliziale Homologiegruppe* von X. □

Ist zum Beispiel X ein *endlicher* simplizialer Komplex, so ist $H_k(X, \mathbb{Z})$ nach Konstruktion eine endlich erzeugte abelsche Gruppe, die man im Prinzip zu Fuß ausrechnen kann. Sagt sie uns aber wirklich etwas über das ursprüngliche geometrische Objekt oder wird sie von den uninteressanten Details der Anfertigung des Baukastenmodells beeinflußt?

Nun, in letzterem Falle würden wir heute über diese etwa hundert Jahre alte Erfindung wohl nicht mehr reden. Mittels einer *simpliziale Approximation* genannten Methode ließ sich nicht nur zeigen, daß homöomorphe simpliziale Komplexe isomorphe Homologiegruppen haben, sondern daß die simpliziale Homologie sogar in kanonischer Weise einen Funktor von der Kategorie der "triangulierbaren" (d.h. zu einem simplizialen Komplex homöomorphen) topologischen Räume und stetigen Abbildungen in die Kategorie (der durch den Index k *graduierten*) abelschen Gruppen definiert.

Die Homologietheorie war damit etabliert.

7.7   Das de Rham-Theorem

Der Erfolg der Homologietheorie war durchschlagend. Berühmte alte Theoreme sanken zu kleinen Lemmas herab, ungeahnte neue Resultate ergaben sich in Massen. Man konnte nun durch Anwendung des Homologiefunktors gleichsam einen Röntgenblick ins Innere unangreifbar scheinender geometrischer Probleme tun.

Sie können sich denken, daß dies mit einer Weiterentwicklung der Methoden einherging. Als das eigentliche Erfolgsrezept kristallisierte sich heraus, geometrischen Objekten X auf möglichst natürliche, funktorielle Weise *Kettenkomplexe*

$$\cdots \xrightarrow{d} C_{k+1}(X) \xrightarrow{d} C_k(X) \xrightarrow{d} C_{k-1}(X) \xrightarrow{d} \cdots$$

zuzuordnen, also jedenfalls Sequenzen von Homomorphismen zwischen algebraischen Objekten, etwa zwischen abelschen Gruppen oder Vektorräumen oder Moduln über Ringen, welche die Komplex-Bedingung $d \circ d = 0$ erfüllen und deren k-*te Homologie*

$$H_k(C(X), d) := \frac{\operatorname{Kern}(d : C_k(X) \to C_{k-1}(X))}{\operatorname{Bild}(d : C_{k+1}(X) \to C_k(X))}$$

man deshalb studieren kann. Beispielsweise war ja nun klar, daß die simpliziale Homologie nicht von der Triangulierung abhängt, sollte es also nicht auch möglich sein, sie direkt, ohne Zuhilfenahme eines Baukastenmodells und dann gleich allgemein, für beliebige topologische Räume zu definieren? Als Lösung dieses Problems fand man die sehr wichtige *singuläre Homologie*.

Unter einem *singulären k-Simplex* in einem topologischen Raum X versteht man einfach eine stetige Abbildung $\sigma : \Delta_k \to X$ des k-dimensionalen Standard-Simplex nach X, im Falle $k = 1$ also einen stetigen Weg in X, und die k-Ketten dieser Theorie sind die formalen ganzzahligen Linearkombinationen von singulären k-Simplices. Die resultierenden *singulären Homologiegruppen* $H_k(X, \mathbb{Z})$ lassen sich zwar nicht mehr "zu Fuß" ausrechnen, aber die naiven Berechnungsmethoden hatte die sich entwickelnde Homologietheorie sowieso schon hinter sich gelassen und durch elegantere axiomatische ersetzt.

Von besonderer Bedeutung bei der Erfindung neuer Homologietheorien war die Anwendung algebraischer Funktoren auf die Kettenkomplexe schon vorhandener, bewährter Theorien. In einem
Kettenkomplex schlummert mehr Information als die Homologie
herausholt, man darf daher schon hoffen, etwas Neues zu finden,
wenn man *vor* Bildung der Homologiequotienten Kern d/Bild d
den Kettenkomplex einer algebraischen Manipulation unterwirft,
wenn diese nur die Komplex-Eigenschaft $d \circ d = 0$ erhält.

Zum Beispiel kann man eine abelsche Gruppe G nehmen und
alle "Kettengruppen" $C_k(X)$ damit tensorieren. Im Falle der singulären Homologie führt das zur sogenannten singulären Homologie *mit Koeffizienten in* G, deren Gruppen mit $H_k(X, G)$ bezeichnet werden.

Eine ausgefeilte *algebraische* Theorie der Kettenkomplexe
wurde für die zur Industrie anwachsende Homologietheorie schließlich zu einer so zwingenden technischen Notwendigkeit, daß ihr
Sog eine eigenständige neue Teildisziplin hervorbrachte, die *ho-
mologische Algebra*.

Unter den algebraischen Funktoren, die sich zur versuchswei-
sen Anwendung auf vorhandene Kettenkomplexe anbieten und
auch frühzeitig angewandt *wurden*, ist natürlich der Hom-Funktor
$\mathrm{Hom}(-, G)$. Da er kontravariant ist, macht er aus einem Kettenkomplex einen, wie man dann lieber sagt, *Coketten-Komplex*, dessen Graduierung nun mit dem Randoperator *aufsteigt*, aus dem
singulären Kettenkomplex zum Beispiel macht er den sogenannten
singulären Coketten-Komplex mit Koeffizienten in G:

$$\cdots \xleftarrow{\ \delta\ } \mathrm{Hom}(C_{k+1}(X), G) \xleftarrow{\ \delta\ } \mathrm{Hom}(C_k(X), G) \xleftarrow{\ \delta\ } \cdots,$$

dessen Homologiegruppen dann folgerichtig singuläre *C*ohomolo-
giegruppen mit Koeffizienten in G genannt und $H^k(X, G)$ geschrieben werden.

Es war nicht sogleich zu sehen gewesen, auf welche bedeutende
Erweiterung der Homologietheorie man damit gestoßen war. Erst
nach und nach fand man heraus, daß für die singuläre Cohomologie – im Gegensatz zur Homologie! – mit Koeffizienten in einem

kommutativen Ring R in natürlicher Weise ein Produkt

$$\smile : \ H^r(X,R) \times H^s(X,R) \ \longrightarrow \ H^{r+s}(X,R),$$

das sogenannte *Cup-Produkt* erklärt ist, das die Cohomologie zum *Cohomologiering* macht, was weitreichende Konsequenzen hat.

Wie Sie nun sehen, ist auch der de Rham-Komplex ein Cokettenkomplex und definiert eine Cohomologietheorie für die Kategorie der Mannigfaltigkeiten. Die Cohomologiegruppen $H^k_{\mathrm{dR}}M$ dieser sogenannten de Rham-Cohomologie sind reelle Vektorräume, und mit dem Dachprodukt bilden sie einen Cohomologiering. Viel äußere Ähnlichkeit mit der singulären Cohomologie mit Koeffizienten in $\mathbb{R}$! Aber die Herkunft der de Rham-Cohomologie wirkt unter den anderen Homologietheorien, die ihre Abstammung von der simplizialen Homologie nicht verleugnen können, geradezu exotisch. Ihr Randhomomorphismus, die Cartansche Ableitung, ist ein Differentialoperator!

Georges de Rham hat als erster herausgefunden, was diese exotische Cohomologietheorie ist, deshalb ist sie nach ihm benannt, er hat sie identifiziert. Es ist die reelle singuläre Cohomologie der Mannigfaltigkeiten, und Dach ist Cup.

Die Verbindung wird durch den Satz von Stokes hergestellt. Man kann nämlich eine k-Form ω auf M über ein (differenzierbares) singuläres k-Simplex σ in M integrieren, indem man

$$\int_\sigma \omega := \int_{\Delta_k} \sigma^*\omega$$

setzt. Deshalb ist auch $\int_c \omega$ für (differenzierbare) singuläre k-Ketten erklärt, und der Satz von Stokes, angewandt auf Δ_k (die Ecken und Kanten machen keine wirklichen Schwierigkeiten) liefert $\int_c d\eta = \int_{dc} \eta$. Deshalb haben wir lineare Abbildungen

$$H^k_{\mathrm{dR}}M \ \longrightarrow \ \mathrm{Hom}(H^{\mathrm{diffb}}_k(M,\mathbb{Z}),\mathbb{R}) \ \longleftarrow \ H^k(M,\mathbb{R}),$$

die erste eben durch Integration über singuläre Zykeln, die rechte sowieso, direkt aus der Definition der singulären Cohomologie.

Beide sind Isomorphismen: Für die zweite der beiden Abbildungen folgt das mit Methoden der üblichen Homologietheorie, für die Integrationsabbildung ist es der Kern der Aussage des de Rham-Theorems und nicht einfach zu beweisen.

Der Satz von de Rham hat sich als eine Entdeckung von großer Tragweite erwiesen. Zum ersten Mal wurden hier die tiefen unterirdischen Verbindungen sichtbar, die zwischen der mächtigen alten Analysis und der jungen so erfolgreichen algebraischen Topologie bestehen und die in der Mathematik der Gegenwart eine so große Rolle spielen, ich denke zum Beispiel an den Indexsatz von Atiyah und Singer und dessen weitverzweigte, bis in die theoretische Physik hinüberreichenden Folgewirkungen.

———

Auf eine elementarere Weise ist der de Rham-Komplex in der klassischen Vektoranalysis täglich gegenwärtig, wenn im dreidimensionalen physikalischen Raum M von den drei bekannten Differentialoperatoren Gradient, Rotation und Divergenz die Rede ist. Wir wir im Kapitel 10 im einzelnen noch sehen werden, entsprechen sie nämlich gerade den drei Cartanschen Ableitungen:

$$0 \to \Omega^0 M \xrightarrow[\text{grad}]{d} \Omega^1 M \xrightarrow[\text{rot}]{d} \Omega^2 M \xrightarrow[\text{div}]{d} \Omega^3 M \to 0.$$

Deshalb sind zum Beispiel die Divergenz einer Rotation und die Rotation eines Gradienten immer Null, und Aussagen über den de Rham-Komplex haben nebenbei immer auch eine direkte Interpretation in der klassischen Vektoranalysis.

———

Das gegenwärtige Kapitel genau in der Mitte des Buches sollte Ihnen etwas anderes geben, als was durch Tests und Übungen abfragbar ist. Nun wollen wir uns wieder den technischen Details unseres, in einem höheren Sinn jetzt vielleicht etwas besser verstandenen Gegenstandes zuwenden.

8 Das Dachprodukt und die Definition der Cartanschen Ableitung

8.1 Das Dachprodukt alternierender Formen

Zur Definition der Cartanschen Ableitung werden wir ein Hilfsmittel aus der multilinearen Algebra heranziehen, nämlich das äußere oder "Dachprodukt" von alternierenden Multilinearformen.

Definition: Sei V ein reeller Vektorraum, sei $\omega \in \text{Alt}^r V$ und $\eta \in \text{Alt}^s V$. Dann heißt die durch

$$\omega \wedge \eta(v_1, \ldots, v_{r+s}) :=$$
$$\frac{1}{r!s!} \sum_{\tau \in \mathfrak{S}_{r+s}} \text{sgn}\,\tau \cdot \omega(v_{\tau(1)}, \ldots, v_{\tau(r)}) \cdot \eta(v_{\tau(r+1)}, \ldots, v_{\tau(r+s)})$$

definierte alternierende $(r+s)$-Form $\omega \wedge \eta \in \text{Alt}^{r+s} V$ das **äußere Produkt** oder **Dachprodukt** von ω und η. $\qquad\square$

Jeder einzelne Summand ist schon multilinear in den Variablen $v_1, \ldots, v_{r+s}$. Die große Wechselsumme — wie ich wegen des Vorzeichens $\text{sgn}\,\tau$ sagen will — bildet man, um das Alternieren sicherzustellen. Dabei kommen aber viele Summanden mehrfach vor: die jeweils $r!s!$ Permutationen, die dieselbe Zerlegung

$$\{1, \ldots, r+s\} = \{\tau(1), \ldots, \tau(r)\} \cup \{\tau(r+1), \ldots, \tau(r+s)\}$$

in eine erste Teilmenge aus r und eine zweite aus s Elementen hervorbringen, liefern auch denselben Summanden, weil eben ω und η schon als alternierend vorausgesetzt sind. Daher ist $(\omega \wedge \eta)(v_1, \ldots, v_{r+s})$ auch durch die wohldefinierte Summe

$$\sum_{[\tau] \in \mathcal{Z}_{r,s}} \text{sgn}\,\tau \cdot \omega(v_{\tau(1)}, \ldots, v_{\tau(r)}) \cdot \eta(v_{\tau(r+1)}, \ldots, v_{\tau(r+s)})$$

über die $\binom{r+s}{r}$-elementige Menge $\mathcal{Z}_{r,s}$ dieser Zerlegungen gegeben.

Lemma: *Das Dachprodukt $\wedge$ hat die folgenden beiden Eigenschaften* (1) *und* (2):

(1) *Für jeden reellen Vektorraum V wird die direkte Summe $\bigoplus_{k=0}^{\infty} \mathrm{Alt}^k V$ durch das Dachprodukt zu einer graduierten antikommutativen Algebra mit Einselement, genauer: Für alle $r, s, t \geq 0$ gilt:*

  (i) *Das Dachprodukt $\wedge : \mathrm{Alt}^r V \times \mathrm{Alt}^s V \to \mathrm{Alt}^{r+s} V$ ist bilinear.*

  (ii) *Das Dachprodukt $\wedge$ ist assoziativ, d.h. für $\omega \in \mathrm{Alt}^r V$, $\eta \in \mathrm{Alt}^s V$ und $\zeta \in \mathrm{Alt}^t V$ gilt $(\omega \wedge \eta) \wedge \zeta = \omega \wedge (\eta \wedge \zeta)$.*

  (iii) *Das Dachprodukt $\wedge$ ist antikommutativ, d.h. für $\omega \in \mathrm{Alt}^r V$, $\eta \in \mathrm{Alt}^s V$ gilt $\eta \wedge \omega = (-1)^{r \cdot s} \omega \wedge \eta$.*

  (iv) *Die 0-Form $1 \in \mathrm{Alt}^0 V = \mathbb{R}$ erfüllt $1 \wedge \omega = \omega$ für alle $\omega \in \mathrm{Alt}^r V$.*

(2) *Das Dachprodukt ist "natürlich", d.h. mit linearen Abbildungen verträglich: $f^*\omega \wedge f^*\eta = f^*(\omega \wedge \eta)$ für jede lineare Abbildung $f : W \to V$ und alle $\omega \in \mathrm{Alt}^r V$, $\eta \in \mathrm{Alt}^s V$.*

Zum Beweis: Die Eigenschaften (i), (iv) und (2) folgen trivial aus der definierenden Formel, auch die Antikommutativität (iii) ist direkt zu sehen. Um die Assoziativität zu verifizieren, denke man sich $\omega \wedge \eta(v_1, .., v_{r+s})$, wie oben erläutert, als Summe über die Zerlegungen von $\{1, .., r+s\}$ in eine erste und eine zweite Teilmenge aus r bzw. s Elementen. Dann erkennt man nämlich auch $(\omega \wedge \eta) \wedge \zeta$ und $\omega \wedge (\eta \wedge \zeta)$, angewandt auf $(v_1, .., v_{r+s+t})$, als ein und dieselbe Summe über die Menge $\mathcal{Z}_{r,s,t}$ der Zerlegungen von $\{1, .., r+s+t\}$ in eine erste, zweite und dritte Teilmenge aus r, s und t Elementen, oder als

$$(\omega \wedge \eta \wedge \zeta)(v_1, .., v_{r+s+t}) :=$$
$$\frac{1}{r!s!t!} \sum_{\tau \in \mathfrak{S}_{r+s+t}} \mathrm{sgn}\, \tau \cdot \omega(v_{\tau(1)}, .., v_{\tau(r)}) \cdot$$
$$\eta(v_{\tau(r+1)}, .., v_{\tau(r+s)}) \cdot \zeta(v_{\tau(r+s+1)}, .., v_{\tau(r+s+t)})$$

$\square$

Als nachträgliche Kurzfassung des Lemmas können wir also formulieren: *Das Dachprodukt macht $\bigoplus_{k=0}^{\infty} \mathrm{Alt}^k$ zu einem kontravarianten Funktor von der Kategorie der reellen Vektorräume und linearen Abbildungen in die Kategorie der reellen graduierten antikommutativen Algebren mit Einselement und deren Homomorphismen.*

8.2 Eine Charakterisierung des Dachprodukts

Dadurch ist das Dachprodukt noch nicht charakterisiert, für beliebiges $f : \mathbb{N}_0 \to \mathbb{R} \setminus 0$ mit $f(0) = 1$ hätte z. B. das zu $\omega \widetilde{\wedge} \eta := \frac{f(r)f(s)}{f(r+s)} \omega \wedge \eta$ abgeänderte Dachprodukt $\widetilde{\wedge}$ immer noch die Eigenschaften (1) und (2). Nach unserer Definition erfüllt das Dachprodukt aber auch die folgende Normierungsbedingung:

Notiz: *Bezeichnet $e_1, .., e_k$ die kanonische Basis des $\mathbb{R}^k$ und $\delta^1, .., \delta^k$ die dazu duale Basis von $\mathbb{R}^{k*} = \mathrm{Alt}^1 \mathbb{R}^k$, so gilt*

$$(3) \qquad \delta^1 \wedge .. \wedge \delta^k(e_1, .., e_k) = 1 \quad \text{für alle} \quad k \geq 1. \qquad \Box$$

Satz: *Nur $\wedge$ erfüllt* (1), (2) *und* (3).

BEWEIS: Genauer will der Satz natürlich besagen: erfüllt eine für alle V, r, s erklärte Verknüpfung $\wedge : \mathrm{Alt}^r V \times \mathrm{Alt}^s V \to \mathrm{Alt}^{r+s} V$ die oben genannten Bedingungen (1) - (3), so stimmt sie mit dem in 8.1 explizit angegebenem Dachprodukt überein. Sei also $\wedge$ eine beliebige solche Verknüpfung. Dann gilt auch

(4) *Sei $e_1, .., e_n$ Basis eines reellen Vektorraumes V, sei ferner $\delta^1, .., \delta^n$ die duale Basis und $1 \leq \nu_1 < .. < \nu_k \leq n$. Dann ist*

$$\delta^{\mu_1} \wedge .. \wedge \delta^{\mu_k}(e_{\nu_1}, .., e_{\nu_k}) = \begin{cases} \operatorname{sgn} \tau \\ 0 \end{cases},$$

wobei τ die Permutation bezeichnet, durch die $\mu_1, .., \mu_k$ gegebenenfalls aus $\nu_1, .., \nu_k$ hervorgeht ($\mu_i = \nu_{\tau(i)}$).

Es bezeichne nämlich V_0 den von $e_{\nu_1}, \ldots, e_{\nu_k}$ aufgespannten k-dimensionalen Unterraum von V und $\iota : V_0 \hookrightarrow V$ die Inklusion. Wegen der Natürlichkeit (2) ist dann

$$\delta^{\mu_1} \wedge \ldots \wedge \delta^{\mu_k}(e_{\nu_1}, \ldots, e_{\nu_k}) = \iota^* \delta^{\mu_1} \wedge \ldots \wedge \iota^* \delta^{\mu_k}(e_{\nu_1}, \ldots, e_{\nu_k}).$$

Ist $(\mu_1, \ldots, \mu_k)$ *keine* Permutation der $\nu_1 < \ldots < \nu_k$, so gibt es entweder $i \neq j$ mit $\mu_i = \mu_j$, und dann ist schon $\delta^{\mu_i} \wedge \delta^{\mu_j} = 0$ wegen der Antikommutativität (1) (iii), oder es gibt ein i mit $\mu_i \neq \nu_j$ für alle j. Dann aber ist $\iota^* \delta^{\mu_i} = 0$. Wenn jedoch $(\mu_1, \ldots, \mu_k)$ durch eine Permutation τ aus $(\nu_1, \ldots, \nu_k)$ hervorgeht, also $\mu_i = \nu_{\tau(i)}$ gilt, dann ist wegen der Antikommutativität

$$\iota^* \delta^{\mu_1} \wedge \ldots \wedge \iota^* \delta^{\mu_k}(e_{\nu_1}, \ldots, e_{\nu_k})$$
$$= \operatorname{sgn} \tau \cdot \iota^* \delta^{\nu_1} \wedge \ldots \wedge \iota^* \delta^{\nu_k}(e_{\nu_1}, \ldots, e_{\nu_k}),$$

und die Behauptung in (4) folgt aus der Normierungsbedingung (3) und der auf $V_0 \cong \mathbb{R}^k$ angewandten Natürlichkeit. — Damit ist zunächst "(1) - (3) $\Longrightarrow$ (4)" gezeigt.

Im Hinblick auf unser Ziel, den Satz zu beweisen, haben wir damit insbesondere das Teilergebnis, daß $\delta^{\mu_1} \wedge \ldots \wedge \delta^{\mu_k}$ nicht von der Wahl der (1) - (3) erfüllenden Verknüpfung $\wedge$ abhängt. Um das aber für beliebige Produkte $\omega \wedge \eta$ zu zeigen, werden wir ω und η als Linearkombinationen solcher Produkte von 1-Formen darstellen, genauer behaupten wir: Aus (1) - (3) folgt auch

(5) *Sind* $\omega_{\mu_1 \ldots \mu_k} := \omega(e_{\mu_1}, \ldots, e_{\mu_k})$ *die Komponenten der Form* $\omega \in \operatorname{Alt}^k V$ *bezüglich einer Basis* $e_1, \ldots, e_n$ *von* V *und bezeichnet* $\delta^1, \ldots, \delta^n$ *wieder die duale Basis, so gilt*

$$\omega = \sum_{\mu_1 < \cdots < \mu_k} \omega_{\mu_1 \ldots \mu_k} \delta^{\mu_1} \wedge \ldots \wedge \delta^{\mu_k}.$$

Zum Beweis von (5) brauchen wir nur nachzuprüfen, daß für $\nu_1 < \ldots < \nu_k$ beide Seiten dieselbe Antwort auf $(e_{\nu_1}, \ldots, e_{\nu_k})$ geben, und das folgt unmittelbar aus (4), und damit ist (5) schon verifiziert.

Wegen (5) und (4) wissen wir also nun, daß für jedes endlichdimensionale V die Produkte $\omega \wedge \eta \in \operatorname{Alt}^{r+s} V$ durch die in 8.1

explizit definierte Verknüpfung gegeben sind. Das genügt aber für den Beweis des Satzes, denn wegen der Natürlichkeit (2) gilt für beliebiges V, daß

$$(\omega \wedge \eta)(v_1, .., v_{r+s}) = (\iota^*\omega \wedge \iota^*\eta)(v_1, .., v_{r+s})$$

ist, wobei $\iota : V_0 \hookrightarrow V$ die Inklusion des von $v_1, .., v_{r+s}$ erzeugten endlichdimensionalen Vektorraums V_0 in V bezeichnet. Der Satz ist also bewiesen. □

Ausdrücklich sei als Folgerung aus (5) auch angemerkt:

Korollar: *Ist* $(e_1, .., e_n)$ *eine Basis von* V *und* $(\delta^1, .., \delta^n)$ *die duale Basis, so ist* $(\delta^{\mu_1} \wedge .. \wedge \delta^{\mu_k})_{\mu_1 < .. < \mu_k}$ *eine Basis von* $Alt^k V$. □

8.3 Der definierende Satz für die Cartansche Ableitung

Soviel zunächst über das Dachprodukt als ein Begriff aus der multilinearen Algebra. Nun wollen wir es für die Analysis auf Mannigfaltigkeiten nutzbar machen. Wenn nicht anders gesagt, dürfen Mannigfaltigkeiten im folgenden immer auch berandet sein.

Definition: Sei M eine differenzierbare Mannigfaltigkeit. Wir definieren das *Dachprodukt*

$$\wedge : \Omega^r M \times \Omega^s M \longrightarrow \Omega^{r+s} M$$
$$(\omega, \eta) \longmapsto \omega \wedge \eta$$

von Differentialformen auf M natürlich punktweise, d.h. durch $(\omega \wedge \eta)_p := \omega_p \wedge \eta_p$, für jedes $p \in M$. □

Beachte, daß das Dachprodukt mit einer Nullform, also einer Funktion, einfach das gewöhnliche Produkt ist: $f \wedge \eta = f\eta$ für $f \in \Omega^0(M)$ wegen (1)(i),(iv) S. 136.

Notiz (vergl. 8.1): *Durch das Dachprodukt wird* $\Omega^* := \bigoplus_{k=0}^{\infty} \Omega^k$ *zu einem kontravarianten Funktor von der Kategorie der Mannigfaltigkeiten und differenzierbaren Abbildungen in die Kategorie der reellen graduierten antikommutativen Algebren mit Einselement.* □

Sei jetzt (U, h) eine Karte.
Wir erinnern uns (vergl.
Lemma in 3.5), daß an je-
dem Punkt von U die 1-
Formen $dx^1, \ldots, dx^n$ die
duale Basis zu der Basis
$\partial_1, \ldots, \partial_n$ des Tangentialraumes bilden. Aus den
Dachprodukten der dualen

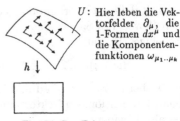

U: Hier leben die Vek-
torfelder ∂_μ, die
1-Formen dx^μ und
die Komponenten-
funktionen $\omega_{\mu_1 .. \mu_k}$

Fig. 84. Zur Erinnerung

Basiselemente lassen sich aber alle k-Formen linearkombinieren
(siehe (5) in 8.2), es folgt also

Korollar: *Ist* $\omega \in \Omega^k M$ *und* (U, h) *eine Karte, so gilt*

$$\omega|U = \sum_{\mu_1 < \cdots < \mu_k} \omega_{\mu_1 .. \mu_k} dx^{\mu_1} \wedge \ldots \wedge dx^{\mu_k},$$

wobei $\omega_{\mu_1 \ldots \mu_k} := \omega(\partial_{\mu_1}, \ldots, \partial_{\mu_k}) : U \to \mathbb{R}$ *die Komponentenfunktionen von* ω *bezüglich* (U, h) *sind.* □

Definierender Satz (Cartansche Ableitung): *Ist* M *eine
Mannigfaltigkeit, so gibt es genau eine Möglichkeit, eine Sequenz
linearer Abbildungen*

$$0 \to \Omega^0 M \xrightarrow{d} \Omega^1 M \xrightarrow{d} \Omega^2 M \xrightarrow{d} \cdots$$

so einzuführen, daß folgende drei Bedingungen erfüllt sind:

(a) *Differentialbedingung: Für* $f \in \Omega^0 M$ *hat* $df \in \Omega^1 M$ *die
übliche Bedeutung als das Differential von* f.
(b) *Komplexeigenschaft:* $d \circ d = 0$
(c) *Produktregel:* $d(\omega \wedge \eta) = d\omega \wedge \eta + (-1)^r \omega \wedge d\eta$ *für* $\omega \in \Omega^r M$.

Man nennt $d\omega$ die **äußere** oder **Cartansche Ableitung** der Differentialform ω, die ganze Sequenz heißt der **de Rham-Komplex**
von M.

Der Beweis des Satzes erfolgt in zwei Schritten, denen die folgenden beiden Abschnitte gewidmet sind.

8.4 Beweis für ein Kartengebiet

Wir wollen für die Dauer des Beweises die Notation d_M für die zu konstruierenden Cartan-Ableitungen benutzen und das d für das übliche Differential von Funktionen reservieren. — Zunächst beweisen wir den Satz statt für M nur für ein Kartengebiet. Dafür haben wir einen naheliegenden Ansatzpunkt: Ist (U, h) eine Karte, so läßt sich jedes $\omega \in \Omega^k U$, wie wir vorhin gesehen haben als

$$\omega = \sum_{\mu_1 < \cdots < \mu_k} \omega_{\mu_1 \ldots \mu_k} dx^{\mu_1} \wedge \ldots \wedge dx^{\mu_k}$$

schreiben, also mit Hilfe des *Dachproduktes* durch *Funktionen* und *Differentiale* ausdrücken, und gerade auf diese Begriffe nehmen die Forderungen (a) - (c) Bezug. So erhalten wir für den Eindeutigkeitsbeweis als Faktum und für den Existenzbeweis folglich als Definition die Formel

$$(*) \qquad d_U \omega = \sum_{\mu_1 < \cdots < \mu_k} d(\omega_{\mu_1 \ldots \mu_k}) \wedge dx^{\mu_1} \wedge \ldots \wedge dx^{\mu_k}$$

oder genauer: Haben die d_U die Eigenschaften (a), (b) und (c) für $M := U$, so folgt daraus ersichtlich die Formel $(*)$ für alle $\omega \in \Omega^k U$, und damit ist die Eindeutigkeitsaussage für den Fall $M = U$ schon gezeigt. Für den Existenzbeweis benutzen wir jetzt $(*)$ als Definition. Die so definierten Abbildungen

$$0 \to \Omega^0 U \xrightarrow{d_U} \Omega^1 U \xrightarrow{d_U} \cdots \text{ usw.}$$

sind offenbar linear und die Differentialbedingung (a) ist erfüllt. Zu verifizieren bleiben die Komplexeigenschaft und die Produktregel. Wir beginnen mit der Produktregel. OBdA sei

$$\omega = f \, dx^{\mu_1} \wedge \ldots \wedge dx^{\mu_r} \quad \text{und}$$
$$\eta = g \, dx^{\nu_1} \wedge \ldots \wedge dx^{\nu_s}.$$

Nach der Definition $(*)$ ist dann

$$d_U(\omega \wedge \eta) = d(fg) \wedge dx^{\mu_1} \wedge \ldots \wedge dx^{\mu_r} \wedge dx^{\nu_1} \wedge \ldots \wedge dx^{\nu_s}.$$

Wegen der gewöhnlichen Produktregel $d(fg) = df \cdot g + f \cdot dg$ für Funktionen und der Antikommutativität des Dachprodukts folgt daraus weiter

$$
\begin{aligned}
d_U(\omega \wedge \eta) &= (df \wedge dx^{\mu_1} \wedge \ldots \wedge dx^{\mu_r}) \wedge (g dx^{\nu_1} \wedge \ldots \wedge dx^{\nu_s}) + \\
&\quad (-1)^r (f dx^{\mu_1} \wedge \ldots \wedge dx^{\mu_r}) \wedge (dg \wedge dx^{\nu_1} \wedge \ldots \wedge dx^{\nu_s}) \\
&= (d_U \omega) \wedge \eta + (-1)^r \omega \wedge d_U \eta,
\end{aligned}
$$

was zu zeigen war. — Nun zur Komplex-Eigenschaft. Zu zeigen ist $d_U d_U \omega = 0$ für alle $\omega \in \Omega^k U$. Da $d_U \omega$ nach der definierenden Formel (∗) eine Summe von Dachprodukten von Differentialen ist, genügt es, wegen der schon bewiesenen Produktregel, den Fall $k = 0$ zu betrachten. Für eine Funktion $f \in \Omega^0 U$ aber ist

$$
\begin{aligned}
d_U d_U f = d_U df &= d_U \sum_{\mu=1}^{n} \partial_\mu f \cdot dx^\mu \\
&= \sum_{\mu=1}^{n} d(\partial_\mu f) \wedge dx^\mu \\
&= \sum_{\mu,\nu=1}^{n} \partial_\nu \partial_\mu f \cdot dx^\nu \wedge dx^\mu = 0,
\end{aligned}
$$

denn $\partial_\nu \partial_\mu f$ ist symmetrisch in μ und ν, aber $dx^\nu \wedge dx^\mu$ schiefsymmetrisch. Damit haben wir auch die Komplexeigenschaft für die d_U gezeigt, und für den Spezialfall $M = U$ ist der Satz jetzt bewiesen.

8.5   Beweis für die ganze Mannigfaltigkeit

Wenden wir uns nun dem allgemeinen Fall zu. Für den Existenzbeweis werden wir natürlich versuchen, d_M lokal mittels Karten zu definieren. Für $\omega \in \Omega^k M$ setzen wir also

$$
(d_M \omega)_p := (d_U \omega)_p
$$

für eine Karte (U, h) von p, wobei mit $d_U \omega$ natürlich $d_U(\omega|U)$ gemeint ist. Die Unabhängigkeit von der Kartenwahl ist klar, denn

$$
d_U \omega \,|\, U \cap V = d_{U \cap V} \omega = d_V \omega \,|\, U \cap V
$$

ergibt sich sofort aus der definierenden Formel $(*)$ für die Cartansche Ableitung in Kartengebieten. — Da das so definierte d_M offenbar die Eigenschaft $d_M\omega\,|\,U = d_U\omega$ hat, definiert es wirklich lineare Abbildungen

$$0 \to \Omega^0 M \xrightarrow{\;d_M\;} \Omega^1 M \xrightarrow{\;d_M\;} \cdots \text{ usw.,}$$

welche Differentialbedingung, Komplexeigenschaft und Produktregel erfüllen, und der Existenzbeweis ist schon fertig.

Zum Beweis der Eindeutigkeitsaussage müssen wir nun umgekehrt zeigen: Ist d_M eine Cartansche Ableitung für ganz M, d.h. erfüllt es die Bedingungen (a) - (c), so gilt auch $(d_M\omega)_p = (d_U\omega)_p$. Nun ist zwar

$$\omega\,|\,U = \sum_{\mu_1 < \cdots < \mu_k} \omega_{\mu_1\ldots\mu_k}\, dx^{\mu_1} \wedge \ldots \wedge dx^{\mu_k},$$

aber davon können wir für die Anwendung von d_M nicht unmittelbar Gebrauch machen, denn d_M wirkt nach Voraussetzung nur auf Differentialformen, die auf ganz M definiert sind, und das trifft auf die Funktionen $\omega_{\mu_1\ldots\mu_k}$ und die Einsformen dx^{μ_i} gerade nicht zu. Deshalb wenden wir nun einen Kunstgriff an. Wir wählen in $h(U)$ drei konzentrische offene Kugeln um $h(p)$ mit Radien $0 < \varepsilon_1 < \varepsilon_2 < \varepsilon_3$, ihre Urbilder unter h nennen wir $U_1 \subset U_2 \subset U_3$. Jetzt wählen wir eine C^∞-Funktion $\tau : U_3 \longrightarrow [\,0,1\,]$ mit $\tau\,|\,U_1 \equiv 1$ und $\tau\,|\,U_3 \smallsetminus U_2 \equiv 0$, eine "Tafelbergfunktion" sozusagen, mit Plateau über U_1 und dem Hang in

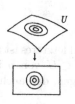

Fig. 85. Vorbereitung zum Tafelberg.

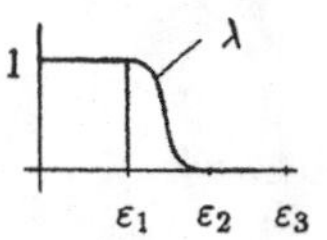

$U_2 \smallsetminus U_1$. Dazu braucht man ja nur eine C^∞-Hilfsfunktion $\lambda : \mathbb{R}_+ \to [\,0,1\,]$ wie in Fig. 86, mit der man dann $\tau(q) := \lambda(\|\,h(q) - h(p)\,\|)$ für $q \in U_3 \subset U$ definiert. – Der Zweck dieses Werkzeugs τ ist es, die Funktionen $\omega_{\mu_1\ldots\mu_k}$ und $x^1,\ldots,x^n$ von U_1 differenzierbar auf ganz M fortzusetzen, und zwar einfach indem wir definieren:

Fig. 86. Hilfsfunktion für den Tafelberg.

$$a_{\mu_1\ldots\mu_k}(q) := \begin{cases} \tau(q)\omega_{\mu_1\ldots\mu_k}(q) & \text{für } q \in U_3 \\ 0 & \text{für } q \in M \smallsetminus U_3 \end{cases}$$

$$\xi^\mu(q) := \begin{cases} \tau(q)x^\mu(q) & \text{für } q \in U_3 \\ 0 & \text{für } q \in M \smallsetminus U_3. \end{cases}$$

Für die durch

$$\widetilde{\omega} := \sum_{\mu_1 < \cdots < \mu_k} a_{\mu_1\ldots\mu_k} d\xi^{\mu_1} \wedge \ldots \wedge d\xi^{\mu_k}$$

gegebene k-Form $\widetilde{\omega} \in \Omega^k M$ folgt nun wirklich aus den Axiomen (a) - (c), daß

$$d_M\widetilde{\omega} = \sum_{\mu_1 < \cdots < \mu_k} da_{\mu_1\ldots\mu_k} \wedge d\xi^{\mu_1} \wedge \ldots \wedge d\xi^{\mu_k}$$

gilt, denn die a und ξ sind jetzt auf ganz M differenzierbar. Insbesondere ist, wie die definierende Formel (∗) für U zeigt:

$$(d_M\widetilde{\omega})_p = (d_U\widetilde{\omega})_p,$$

und letzteres ist gleich $(d_U\omega)_p$, weil ja ω und $\widetilde{\omega}$ auf der Umgebung $U_1 \subset U$ von p übereinstimmen. Also brauchen wir nur noch zu zeigen, daß auch

$$(d_M\widetilde{\omega})_p = (d_M\omega)_p$$

gilt. Ähnlich wie vorhin die Tafelbergfunktion τ wählen wir jetzt eine "Hochebenenfunktion" $\sigma : M \to [0,1]$, nämlich eine C^∞-Funktion mit $\sigma|M \smallsetminus U_1 \equiv 1$ und $\sigma(p) = 0$. Dann ist

$$\widetilde{\omega} - \omega = \sigma \cdot (\widetilde{\omega} - \omega),$$

daher folgt aus (a) - (c) für d_M:

$$d_M(\widetilde{\omega} - \omega) = d\sigma \wedge (\widetilde{\omega} - \omega) + \sigma d_M(\widetilde{\omega} - \omega).$$

Beide Summanden verschwinden bei p, weil $\widetilde{\omega} - \omega$ und σ dort null sind, und daher ist $d_M(\widetilde{\omega} - \omega)_p = 0$, was zu zeigen war. □

8.6 Die Natürlichkeit der Cartanschen Ableitung

Damit haben wir nun die Cartansche Ableitung zur Verfügung. Wir konnten sie durch allgemeine Eigenschaften (a) - (c) charakterisieren, und durch die unterwegs gewonnene lokale Formel

$$d\omega | U = \sum_{\mu_1 < \cdots < \mu_k} d(\omega_{\mu_1 \ldots \mu_k}) \wedge dx^{\mu_1} \wedge \ldots \wedge dx^{\mu_k}$$

haben wir auch eine konkrete Anleitung für das Berechnen von $d\omega$ in den Koordinaten einer Karte (U, h). — Die *Natürlichkeit* der Cartanschen Ableitung hatten wir nicht unter die charakterisierenden Forderungen aufgenommen, sie folgt nun von selbst:

Lemma: *Die Cartansche Ableitung ist mit differenzierbaren Abbildungen verträglich, d.h. ist $f : M \to N$ eine differenzierbare Abbildung, so gilt*

$$f^* d\omega = d(f^* \omega)$$

für alle Differentialformen ω auf N.

BEWEIS: Für 0-Formen $\omega \in \Omega^0 N$, also differenzierbare Funktionen $\omega : N \to \mathbb{R}$, ist $f^* d\omega = d(f^* \omega)$ nur eine andere Schreibweise der Kettenregel, denn $f^* \omega := \omega \circ f$ und $(f^* d\omega)_p := d\omega_{f(p)} \circ df_p$. Für Differentialformen höheren Grades wissen wir aus der obigen Rechenformel für $d\omega | U$ immerhin schon im voraus, daß die Cartanableitung mit der Inklusion offener Teilmengen verträglich ist, und deshalb dürfen wir oBdA annehmen, es gäbe eine Karte (U, h) für N, deren Kartenbereich ganz N ist. Dann hätten wir also

$$\omega = \sum_{\mu_1 < \cdots < \mu_k} \omega_{\mu_1 \ldots \mu_k} dx^{\mu_1} \wedge \ldots \wedge dx^{\mu_k} \quad \text{und}$$

$$d\omega = \sum_{\mu_1 < \cdots < \mu_k} d(\omega_{\mu_1 \ldots \mu_k}) \wedge dx^{\mu_1} \wedge \ldots \wedge dx^{\mu_k},$$

und daher nach Anwendung von f^*:

$$f^* \omega = \sum f^* \omega_{\mu_1 \ldots \mu_k} \cdot f^* dx^{\mu_1} \wedge \ldots \wedge f^* dx^{\mu_k}$$

$$f^* d\omega = \sum f^* d(\omega_{\mu_1 \ldots \mu_k}) \wedge f^* dx^{\mu_1} \wedge \ldots \wedge f^* dx^{\mu_k}.$$

Bevor wir nun d auf die erste dieser beiden Gleichungen anwenden, um $df^*\omega$ mit $f^*d\omega$ vergleichen zu können, wollen wir uns überzeugen, daß

$$d(f^*dx^{\mu_1} \wedge \cdots \wedge f^*dx^{\mu_k}) = 0$$

ist. Das folgt mittels Induktion und Produktregel daraus, daß für die Nullform x^{μ_i} auf N, wie wir schon wissen,

$$f^*dx^{\mu_i} = d(f^*x^{\mu_i})$$

gilt, also $d(f^*dx^{\mu_i}) = 0$ wegen $dd = 0$. — Die Anwendung von d auf $f^*\omega$ ergibt nach der Produktregel also nur

$$df^*\omega = \sum d(f^*\omega_{\mu_1\ldots\mu_k}) \wedge f^*dx^{\mu_1} \wedge \ldots \wedge f^*dx^{\mu_k},$$

und da wir d und f^* vor der Nullform $\omega_{\mu_1\ldots\mu_k}$ vertauschen dürfen, folgt $df^*\omega = f^*d\omega$.   □

8.7   Der de Rham-Komplex

Die Natürlichkeit von d bedeutet auch, daß jede differenzierbare Abbildung $f : M \to N$ einen sogenannten **Kettenhomomorphismus** zwischen den de Rham-Komplexen von N und M induziert, d.h. daß das Diagramm

$$
\begin{array}{ccccccccc}
0 & \longrightarrow & \Omega^0 N & \xrightarrow{\ d\ } & \Omega^1 N & \xrightarrow{\ d\ } & \Omega^2 N & \longrightarrow & \cdots \\
 & & \Big\downarrow f^* & & \Big\downarrow f^* & & \Big\downarrow f^* & & \\
0 & \longrightarrow & \Omega^0 M & \xrightarrow[\ d\ ]{} & \Omega^1 M & \xrightarrow[\ d\ ]{} & \Omega^2 M & \longrightarrow & \cdots
\end{array}
$$

kommutativ ist. Durch den de Rham-Komplex ist daher, wie in 7.5 angekündigt, kanonisch ein kontravarianter Funktor von der differenzierbaren Kategorie in die Kategorie der Komplexe und ihrer Kettenhomomorphismen definiert. — Der de Rham-Komplex einer n-dimensionalen Mannigfaltigkeit M ist natürlich nur bis zum Grade n interessant, weil $\Omega^k M = 0$ für $k > n$ ist. Deshalb wird oft auch die *endliche* Sequenz

$$0 \to \Omega^0 M \xrightarrow{d} \Omega^1 M \xrightarrow{d} \cdots \xrightarrow{d} \Omega^{n-1} M \xrightarrow{d} \Omega^n M \to 0$$

de Rham-Komplex von M genannt. Die Natürlichkeit von d bezieht sich aber nicht nur auf Abbildungen zwischen gleichdimensionalen Mannigfaltigkeiten, und es ist deshalb formal bequemer, den endlichen de Rham-Komplex nach rechts durch seine Nullen zu ergänzen. Ist $\dim N =: k < n$, so macht die Natürlichkeit von d noch eine nichttriviale Aussage über die k-Formen auf M: Alle von N kommenden k-Formen haben die Cartansche Ableitung Null, sind "Cozykel", wie man auch sagt:

$$
\begin{array}{ccc}
\Omega^k N & \longrightarrow & 0 \\
f^* \downarrow & & \downarrow \\
\Omega^k M & \xrightarrow{\ d\ } & \Omega^{k+1} M.
\end{array}
$$

Korollar: *Ist M eine n-dimensionale berandete Mannigfaltigkeit und $f : M \to \partial M$ irgendeine differenzierbare Abbildung, so gilt*

$$d f^* \omega = 0$$

für alle $\omega \in \Omega^{n-1} \partial M$. □

8.8 Test

(1) Sei $(e_1, \ldots, e_n)$ eine Basis von V und $(\delta^1, \ldots, \delta^n)$ die duale Basis. Dann ist die folgende Familie von Dachprodukten eine Basis von $\mathrm{Alt}^2 V$:

☐ $(\delta^\mu \wedge \delta^\nu)_{\mu,\nu = 1,\ldots,n}$
☐ $(\delta^\mu \wedge \delta^\nu)_{\mu \leq \nu}$
☐ $(\delta^\mu \wedge \delta^\nu)_{\mu < \nu}$

(2) Sei V ein n-dimensionaler Vektorraum. Welche der folgenden Bedingungen an k mit $0 \le k \le n$ ist gleichbedeutend mit $\omega \wedge \omega = 0$ für alle $\omega \in \mathrm{Alt}^k V$?

☐ $0 < k$

☐ $2k > n$

☐ k ungerade oder $2k > n$

(3) Sei V wie oben und $0 \le r \le n$. Ist ohne weitere Bedingungen an r durch $\eta \mapsto \ldots \wedge \eta$ wohl ein Isomorphismus

$$\mathrm{Alt}^{n-r} V \xrightarrow{\cong} \mathrm{Hom}(\mathrm{Alt}^r V, \mathrm{Alt}^n V)$$

gegeben?

☐ Ja, die Räume sind dimensionsgleich und der Homomorphismus ersichtlich injektiv.

☐ Nein, z.B. ist die Abbildung für ungerades r und $n = 2r$ wegen $\eta \wedge \eta = 0$ *nicht* injektiv.

☐ Nur wenn r und $n - r$ beide gerade sind.

(4) In lokalen Koordinaten (x, y) einer 2-dimensionalen Mannigfaltigkeit gilt

☐ $dx \wedge dy \, (\partial_y, \partial_x) = 1$

☐ $dx \wedge dy \, (\partial_y, \partial_x) = 0$

☐ $dx \wedge dy \, (\partial_y, \partial_x) = -1$.

(5) In lokalen Koordinaten (t, x, y, z) einer 4-dimensionalen Mannigfaltigkeit gilt

☐ $dt \wedge dx \, (\partial_y, \partial_z) = 1$

☐ $dt \wedge dx \, (\partial_y, \partial_z) = 0$

☐ $dt \wedge dx \, (\partial_y, \partial_z) = -1$

(6) Es seien $\omega \in \Omega^r M$, $\eta \in \Omega^s M$ und $\zeta \in \Omega^t M$. Dann sind die Vorzeichen in der Formel

$$d(\omega \wedge \eta \wedge \zeta) = \pm d\omega \wedge \eta \wedge \zeta \pm \omega \wedge d\eta \wedge \zeta \pm \omega \wedge \eta \wedge d\zeta$$

der Reihe nach

☐ $+1, \quad +1, \quad +1$

☐ $(-1)^r, \quad (-1)^s, \quad (-1)^t$

☐ $+1, \quad (-1)^r, \quad (-1)^{r+s}$.

(7) Für die Koordinatenfunktionen x und y des $\mathbb{R}^2$ gilt:

☐ $d(x\,dy + y\,dx) = 0$

☐ $d(x\,dx + y\,dy) = 0$

☐ $d(xy\,dx + yx\,dy) = 0$.

(8) Es sei $f : M \to N$ eine differenzierbare Abbildung zwischen Mannigfaltigkeiten. Ist dann die Zusammensetzung der drei Homomorphismen

$$\Omega^{r-1} N \xrightarrow{\ d\ } \Omega^r N \xrightarrow{\ f^*\ } \Omega^r M \xrightarrow{\ d\ } \Omega^{r+1} M$$

notwendig Null?

☐ Ja, wegen der Natürlichkeit der Cartanableitung.

☐ Nein, Gegenbeispiel $M = N = \mathbb{R}^2$, $f(x,y) := (y,x)$ und $\omega = xy \in \Omega^0 N$, dann ist nämlich $d\omega = (dx)y - x\,dy = y\,dx - x\,dy$, also $f^*d\omega = x\,dy - y\,dx$ und daher $df^*d\omega = dx \wedge dy - dy \wedge dx = 2\,dx \wedge dy \neq 0$.

☐ Nein, für $N = M = \mathbb{R}$ können wir zum Beispiel $\omega = f$ setzen und erhalten $df^*df = \| df \|^2$, was im allgemeinen nicht verschwindet.

(9) Es bezeichnen r und φ die üblichen Polarkoordinaten in der Ebene. Dann ist $r\,dr \wedge d\varphi =$

☐ $dx \wedge dy$

☐ $dy \wedge dx$

☐ $\sqrt{x^2 + y^2}\ dx \wedge dy$.

(10) Man kann auf einer Mannigfaltigkeit M auch *komplexwertige* Differentialformen $\omega \in \Omega^r(M, \mathbb{C})$ betrachten, das Dachprodukt reeller Formen zu einer komplex bilinearen Verknüpfung komplexwertiger Formen erweitern und die Cartanableitung (durch Anwendung auf Real- und Imaginärteil) auch für komplexwertige Formen erklären. Dann gilt auf $M := \mathbb{C}$:

$\square \quad dz \wedge d\bar{z} = \quad\ dx \wedge dy$

$\square \quad dz \wedge d\bar{z} = \quad 2\,dx \wedge dy$

$\square \quad dz \wedge d\bar{z} = -2i\,dx \wedge dy$

8.9 Übungsaufgaben

AUFGABE 29: Es sei V ein n-dimensionaler reeller Vektorraum. Man zeige, daß die alternierende k-lineare Abbildung $V^* \times \cdots \times V^* \xrightarrow{u} \mathrm{Alt}^k V$, $(\varphi^1, \ldots, \varphi^k) \mapsto \varphi^1 \wedge \ldots \wedge \varphi^k$ in folgendem Sinne universell ist: Zu jeder alternierenden k-linearen Abbildung $\alpha \colon V^* \times \cdots \times V^* \to W$ gibt es genau eine lineare Abbildung $f \colon \mathrm{Alt}^k V \to W$ mit $\alpha = f \circ u$.

AUFGABE 30: Auf dem $\mathbb{R}^3$ betrachte man die üblichen drei Koordinatenfunktionen x, y und z. Man gebe eine 2-Form $\omega \in \Omega^2 \mathbb{R}^3$ so an, daß $d\omega = dx \wedge dy \wedge dz$. Gilt $\omega = d\eta$ für ein $\eta \in \Omega^1 \mathbb{R}^3$?

AUFGABE 31: Es sei M eine n-dimensionale Mannigfaltigkeit und $\omega \in \Omega^{n-1} M$. Man zeige, daß in lokalen Koordinaten

$$d\omega(\partial_1, \ldots, \partial_n) = \sum_{\mu=1}^{n} (-1)^{\mu-1} \partial_\mu \omega_{1 \ldots \hat{\mu} \ldots n}$$

gilt.

AUFGABE 32: Es sei $\omega := dx^1 \wedge \ldots \wedge dx^n \in \Omega^n \mathbb{R}^n$ und $v = v^\mu \partial_\mu$ ein Vektorfeld auf $\mathbb{R}^n$. Man bestimme $\eta := v \lrcorner\, \omega \in \Omega^{n-1} \mathbb{R}^n$ und $d\eta \in \Omega^n \mathbb{R}^n$. Auch gebe man ein Vektorfeld v explizit so an, daß η auf S^{n-1} die kanonische Volumenform von S^{n-1} induziert.

8.10 Hinweise zu den Übungsaufgaben

ZU AUFGABE 29: Bei dieser rein linear-algebraischen Aufgabe muß man an das linear-algebraische Faktum denken, daß es zu einer Basis $a_1, \ldots, a_m$ eines Vektorraums A und zu Elementen

$b_1, \ldots, b_m$ eines Vektorraums B genau eine lineare Abbildung $f : A \to B$ mit $f(a_i) = b_i$ für $i = 1, \ldots, m$ gibt.

Zu Aufgabe 30: Da die Koordinaten x, y, z hier eine Karte (U, h) mit $U = M = \mathbb{R}^3$ definieren, gilt die zu Beginn von 8.6 noch einmal hervorgehobene lokal definierende Formel gleich für $\omega | U = \omega$ selbst. Es sind nur x^1, x^2, x^3 in x, y, z umbenannt.

Zu Aufgabe 31: Noch ein direkter Anwendungsfall jener lokalen Formel (siehe 8.6) für die Cartansche Ableitung.

Zu Aufgabe 32: Die Notation $v \lrcorner \, \omega$ für "v in ω" hatten wir in Aufgabe 13 kennengelernt — dort für die linear-algebraische Situation $v \in V$, $\omega \in \mathrm{Alt}^n V$, jetzt sinngemäß auf ein Vektorfeld v auf M und $\omega \in \Omega^n M$ zu übertragen. Unter der "kanonischen Volumenform" $\omega_{S^{n-1}} \in \Omega^{n-1} S^{n-1}$ verstehen wir die $(n-1)$-Form, die auf jede positiv orientierte ($S^{n-1} = \partial D^n$, Randorientierung) Orthonormalbasis $(v_1, \ldots, v_{n-1})$ von $T_p S^{n-1}$ mit $+1$ antwortet. (Beachte: Ist $(V, \langle \cdot, \cdot \rangle)$ ein orientierter n-dimensionaler euklidischer Vektorraum und $(v_1, \ldots, v_n)$, $(v_1', \ldots, v_n')$ positiv orientierte Orthonormalbasen, dann hat der Automorphismus $f : V \to V$ mit $v_i \mapsto v_i'$ die Determinante $+1$, daher ist $\omega_{S^{n-1}}$ wohldefiniert, vergl. Aufg. 14). – Der eigentliche Hinweis zu der Aufgabe 32

Fig. 87.

ist nun: Auch $\mathbb{R}^n$ hat eine kanonische Volumenform, und zwar ist das natürlich

$$\omega = dx^1 \wedge \ldots \wedge dx^n.$$

Wie antwortet also $dx^1 \wedge \ldots \wedge dx^n$ auf $(v_0, \ldots, v_{n-1})$, und was hat das mit $v \lrcorner \, \omega$ zu tun?

9 Der Satz von Stokes

9.1 Der Satz

Endlich kommen wir nun zu dem Satz, von dem schon so viel die Rede war:

Satz von Stokes: *Sei M eine orientierte n-dimensionale berandete Mannigfaltigkeit und $\omega \in \Omega^{n-1}M$ eine $(n-1)$-Form mit kompaktem Träger. Dann gilt*

$$\int_M d\omega = \int_{\partial M} \omega.$$

$\square$

Bevor wir mit dem Beweis beginnen, sei an zwei Konventionen erinnert, die in der Formulierung stillschweigend benutzt wurden. Erstens ist ∂M gemäß der in (6.8) vereinbarten Orientierungskonvention orientiert: die Außennormale gefolgt von der Randorientierung ergibt die Orientierung von M, und zweitens bedeutet $\int_{\partial M} \omega := \int_{\partial M} \iota^* \omega$, wobei $\iota : \partial M \hookrightarrow M$ die Inklusion ist (Notation in 7.2). — Wir führen den Beweis in drei Schritten zunehmender Allgemeinheit:

1. Fall: $M = \mathbb{R}^n_-$
2. Fall: Es gibt eine Karte (U, h) mit $\operatorname{Tr}\omega \subset U$
3. Allgemeiner Fall.

Einige Rechenarbeit ist nur im ersten Schritt zu leisten, wobei aber keine Ideen gebraucht werden, sondern ein ganz geradliniges Anwenden der Definitionen zum Ziel führt. Die beiden anderen Schritte sind eher begrifflicher Natur. Im dritten und letzten werden wir ein Hilfsmittel kennenlernen, das auch sonst beim

Übergang von lokalen zu globalen Situationen oft nützlich ist, nämlich die sogenannten *Zerlegungen der Eins*.

9.2 Beweis für den Halbraum

Sei also $M = \mathbb{R}^n_-$. In den kanonischen Koordinaten ist

$$\omega = \sum_{\mu=1}^n \omega_{1..\widehat{\mu}..n} dx^1 \wedge \ldots \widehat{\mu} \ldots \wedge dx^n$$

oder, wenn wir kurz $f_\mu := \omega_{1..\widehat{\mu}..n}$ für die Komponentenfunktionen schreiben,

$$\omega = \sum_{\mu=1}^n f_\mu dx^1 \wedge \ldots \widehat{\mu} \ldots \wedge dx^n,$$

wobei die Notation $\widehat{\mu}$ wieder bedeutet, daß der Index μ bzw. der zum Index μ gehörige Faktor dx^μ ausgelassen werden soll.

Daraus berechnen sich die beiden Integranden $d\omega \in \Omega^n \mathbb{R}^n_-$ und $\iota^*\omega \in \Omega^{n-1} \mathbb{R}^{n-1}$ definitionsgemäß wie folgt:

$$\begin{aligned}
d\omega &= \sum_{\mu=1}^n df_\mu \wedge dx^1 \wedge \ldots \widehat{\mu} \ldots \wedge dx^n \\
&= \sum_{\mu=1}^n \left(\sum_{\nu=1}^n \partial_\nu f_\mu dx^\nu \right) \wedge dx^1 \wedge \ldots \widehat{\mu} \ldots \wedge dx^n \\
&= \sum_{\mu=1}^n (-1)^{\mu-1} \partial_\mu f_\mu \cdot dx^1 \wedge \ldots \wedge dx^n,
\end{aligned}$$

und wenn wir die kanonischen Koordinaten des $0 \times \mathbb{R}^{n-1} \subset \mathbb{R}^n$ auch mit $x^2, \ldots, x^n$ bezeichnen, so gilt

$$\begin{aligned}
\iota^*\omega &= \sum_{\mu=1}^n \iota^* f_\mu \cdot \iota^* dx^1 \wedge \ldots \widehat{\mu} \ldots \wedge dx^n \\
&= \iota^* f_1 \cdot dx^2 \wedge \ldots \wedge dx^n \in \Omega^{n-1} \mathbb{R}^{n-1},
\end{aligned}$$

denn die Inklusion $\iota : 0 \times \mathbb{R}^{n-1} \hookrightarrow \mathbb{R}^n$ induziert aus den Koordinatenfunktionen $x^1, \ldots, x^n$ auf $\mathbb{R}^n$ offenbar die Funktionen $0, x^2, \ldots, x^n$ auf $0 \times \mathbb{R}^{n-1}$ und daher ist

$$\iota^* dx^1 = 0 \quad \text{und}$$
$$\iota^* dx^\mu = dx^\mu \quad \text{für } \mu \geq 2.$$

Soviel über die Integranden $d\omega$ auf $\mathbb{R}^n_-$ und $\iota^*\omega$ auf $\partial\mathbb{R}^n_-$, und nun zur Integration selbst. Die kanonischen Koordinaten auf $\mathbb{R}^n_-$ definieren natürlich eine orientierungserhaltende Karte, und nach der Orientierungskonvention gilt das auch für die Koordinaten $x^2, \ldots, x^n$ von $\partial\mathbb{R}^n_-$. Daher gilt nach Definition der Integrale (Integration über die "heruntergeholte Komponentenfunktion"):

$$\int\limits_{\mathbb{R}^n_-} d\omega = \sum_{\mu=1}^n \int\limits_{\mathbb{R}^n_-} (-1)^{\mu-1}\partial_\mu f_\mu dx^1 \ldots dx^n \quad \text{und}$$

$$\int\limits_{\partial\mathbb{R}^n_-} \omega = \int\limits_{\mathbb{R}^{n-1}} f_1(0, x^2, \ldots, x^n) dx^2 \ldots dx^n$$

als gewöhnliche Mehrfachintegrale über differenzierbare Integranden mit kompaktem Träger. Da es bei der Integration über die einzelnen Variablen nach dem Satz von Fubini auf die Reihenfolge nicht ankommt, dürfen wir auch im μ-ten Summanden von $\int_M d\omega$ mit der Integration über die μ-te Variable beginnen und erhalten dabei, weil der Träger $\overline{\{x \in \mathbb{R}^n_- \mid \omega_x \neq 0\}}$ von ω und daher auch der von f_μ beschränkt sind, für $\mu = 1$

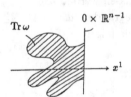

Fig. 88. Zum Stokesschen Satz im Falle $M = \mathbb{R}^n_-$.

$$\int\limits_{-\infty}^0 \partial_1 f_1 dx^1 = \Big[f_1 \Big]_{x^1=-\infty}^{x^1=0} = f_1(0, x^2, \ldots, x^n),$$

für die anderen μ jedoch

$$\int\limits_{-\infty}^\infty \partial_\mu f_\mu dx^\mu = \Big[f_\mu \Big]_{x^\mu=-\infty}^{x^\mu=+\infty} \equiv 0$$

und daher

$$\int_M d\omega = \int_{\mathbb{R}^{n-1}} f_1(0, x^2, \ldots, x^n) dx^2 \ldots dx^n = \int_{\partial M} \omega$$

für unseren 1. Fall $M := \mathbb{R}^n_-$.

9.3 Beweis für ein Kartengebiet

Sei also (U, h) eine Karte von M mit $\mathrm{Tr}\,\omega \subset U$. Unsere Definition des Begriffes berandete Mannigfaltigkeit läßt die beiden Möglichkeiten zu, daß $h(U)$ offen in $\mathbb{R}^n_-$ oder in $\mathbb{R}^n$ ist. Hier dürfen wir aber oBdA das erstere annehmen, denn da $\mathrm{Tr}\,\omega$ kompakt ist, wäre das erforderlichenfalls durch Translation und Verkleinerung des Kartengebietes zu erreichen. Außerdem dürfen wir $h : U \to U'$ und damit nach der Orientierungskonvention auch $h|\partial U : \partial U \to \partial U'$ als orientierungserhaltend voraussetzen. Dann gilt aber nach der "Transformationsformel" (vergl. 5.5) für die Integration auf Mannigfaltigkeiten und weil die Cartansche Ableitung natürlich ist:

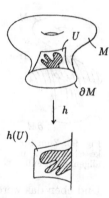

Fig. 89. Zum Stokesschen Satz im Falle $\mathrm{Tr}\,\omega \subset U$.

$$\int_M d\omega = \int_U d\omega = \int_{h(U)} h^{-1*} d\omega = \int_{h(U)} d(h^{-1*}\omega).$$

Setzen wir nun $h^{-1*}\omega$ durch Null außerhalb $h(U)$ zu einer Form $\omega' \in \Omega^{n-1}\mathbb{R}^n_-$ fort, was wegen der Kompaktheit des Trägers $\mathrm{Tr}\,h^{-1*}\omega = h(\mathrm{Tr}\,\omega)$ möglich ist, dann ist also

$$\int_{h(U)} d(h^{-1*}\omega) = \int_{\mathbb{R}^n_-} d\omega' \underset{\text{1. Fall}}{=} \int_{\partial \mathbb{R}^n_-} \omega' = \int_{h(\partial U)} h^{-1*}\omega,$$

wegen der Transformationsformel für $h|\partial U : \partial U \to \partial U'$ gilt aber

$$\int_{h(\partial U)} h^{-1*}\omega = \int_{\partial U} \omega = \int_{\partial M} \omega,$$

womit also der 2. Schritt abgeschlossen ist.

9.4 Allgemeiner Fall

Konnten wir bisher ganz routinemäßig vorgehen, so brauchen wir nun einen Trick, denn der Träger paßt jetzt vielleicht nicht mehr

Fig. 90. Zum Sto-kesschen Satz im allgemeinen Fall.

in eine Karte, und die gewaltsame Zerle-gung von M oder $\mathrm{Tr}\,\omega$ in kleine meßbare Stücke führte zu unstetigen Integranden in $\mathbb{R}^n_-$, auf die die Cartansche Ableitung gar nicht anwendbar wäre. Ja, wenn wir ω als eine Summe $\omega = \omega_1 + \cdots + \omega_r$ *differenzierbarer* $(n-1)$-Formen $\omega_i \in \Omega^{n-1} M$ schreiben könnten, deren jede einen kompakten, in ein Kartengebiet passenden Träger $\mathrm{Tr}\,\omega_i \subset U_i$ hätte! Dann wären wir nach (9.3) freilich mit dem Beweis fertig.

Und eben das werden wir jetzt bewerkstelligen. Zuerst wählen wir um jedes $p \in \mathrm{Tr}\,\omega$ eine orientierungserhaltende Karte (U_p, h_p) und eine C^∞-Funktion $\lambda_p : M \longrightarrow [0,1]$ so, daß $\lambda_p(p) > 0$ ist und der Träger von λ_p kompakt und in U_p enthalten ist. Das ist kein Problem: wir brauchen nur eine geeignete "Buckelfunktion" β_p mit kompaktem Träger in $h(U_p)$ nach U_p hochzuheben, das heißt $\lambda_p(q) := \beta_p(h(q))$ für $q \in U_p$ und 0 sonst zu setzen. Dann ist $\{\lambda_p^{-1}(0,1]\}_{p \in \mathrm{Tr}\,\omega}$ eine Familie offener Men-gen, in deren Vereinigung $\mathrm{Tr}\,\omega$ enthalten ist, und da $\mathrm{Tr}\,\omega$ kompakt ist, gibt es endlich viele $p_1, \dots, p_r$ so daß schon

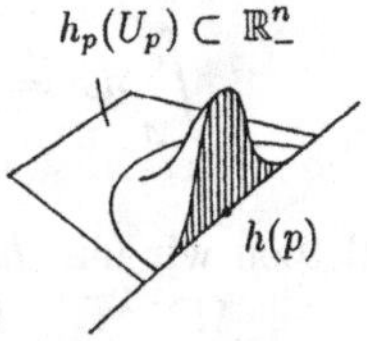

$h_p(U_p) \subset \mathbb{R}^n_-$

$h(p)$

Fig. 91. β_p für $p \in \partial M$.

$$\mathrm{Tr}\,\omega \subset \bigcup_{i=1}^r \lambda_{p_i}^{-1}(0,1] =: X$$

gilt. Auf der offenen Menge $X \subset M$ definieren wir jetzt r differenzierbare Funktionen $\tau_1, \ldots, \tau_r$ durch

$$\tau_i : X \longrightarrow [0,1]$$
$$x \longmapsto \frac{\lambda_{p_i}(x)}{\lambda_{p_1}(x) + \cdots + \lambda_{p_r}(x)}.$$

Dann ist offenbar

$$\sum_{i=1}^{r} \tau_i(x) = 1 \quad \text{für alle} \quad x \in X,$$

weshalb man $\{\tau_i\}_{i=1,\ldots,r}$ auch eine "Zerlegung der Eins" auf X nennt. Durch Multiplikation mit ω erhalten wir nun dementsprechend die "Zerlegung von ω", die wir suchen, genauer: Wir definieren $\omega_i \in \Omega^{n-1}M$ durch

$$\omega_{ip} := \begin{cases} \tau_i(p)\omega_p & \text{für } p \in X \\ 0 & \text{sonst.} \end{cases}$$

Mit $\text{Tr}\,\omega$ ist auch $\text{Tr}(\tau_i \cdot \omega | X) \subset \text{Tr}\,\omega$ kompakt, deshalb ist ω_i nicht nur auf X, sondern auf ganz M differenzierbar, aus $\text{Tr}\,\omega \subset X$ und $\sum \tau_i \equiv 1$ auf X folgt

$$\omega = \omega_1 + \cdots + \omega_r,$$

und die Träger der einzelnen Summanden passen schließlich wie gewünscht in ein Kartengebiet, da ja aus $\omega_{ip} \neq 0$ jedenfalls $\tau_i(p) \neq 0$ und daher $\lambda_{p_i}(p) \neq 0$, also $\text{Tr}\,\omega_i \subset \text{Tr}\,\lambda_{p_i} \subset U_{p_i}$ folgt. $\square$

9.5 Zerlegungen der Eins

Der Satz von Stokes ist nun bewiesen. So wie hierbei, sind Zerlegungen der Eins auch anderweitig ein sehr nützliches Werkzeug (siehe z.B. [J: *Top*], Kap. VIII, § 4.), und insbesondere ermöglichen sie den am Schluß des Abschnitts 5.3 schon versprochenen Zugang

zur Integration auf Mannigfaltigkeiten, bei dem die Mannigfaltigkeit zur Definition des Integrals nicht gewaltsam in kleine Stücke
zerlegt zu werden braucht.

Definition: Sei M eine Mannigfaltigkeit und $\mathfrak{U}$ eine offene
Überdeckung von M (z.B. durch die Kartengebiete eines Atlas).
Unter einer differenzierbaren, der Überdeckung $\mathfrak{U}$ untergeordne-
ten *Zerlegung der Eins* verstehen wir eine Familie $\{\tau_\alpha\}_{\alpha \in A}$
von C^∞-Funktionen $\tau_\alpha : M \to [0,1]$ mit den folgenden drei
Eigenschaften:

(1) Die Familie $\{\tau_\alpha\}_{\alpha \in A}$ ist lokal endlich in dem Sinne, daß
   es zu jedem $p \in M$ eine offene Umgebung V_p gibt, so daß
   $\tau_\alpha | V_p \equiv 0$ für alle bis auf endlich viele $\alpha \in A$,
(2) Es ist $\sum_{\alpha \in A} \tau_\alpha(p) = 1$ für alle $p \in M$ und
(3) Für jedes α ist der Träger $\mathrm{Tr}\,\tau_\alpha$ in einer der Überdeckungsmengen von $\mathfrak{U}$ enthalten.   □

Lemma: *Zu jeder offenen Überdeckung einer Mannigfaltigkeit M
gibt es eine untergeordnete Zerlegung der Eins.*

BEWEIS: Wäre M kompakt, so könnten wir wie beim Beweis
des Satzes von Stokes vorgehen: Wir wählten zunächst zu jedem
$p \in M$ eine "Buckelfunktion" $\lambda_p : M \to [0,1]$ mit Träger in einer
der Überdeckungsmengen und $\lambda_p(p) > 0$, könnten dann $p_1, \ldots, p_r$
mit $\bigcup_{i=1}^r \lambda_{p_i}^{-1}(0,1] = M$ finden und $\tau_k := \lambda_{p_k}/\sum_{i=1}^r \lambda_{p_i}$ setzen.
Probleme mit der lokalen Endlichkeit oder dem Aufsummieren der
Buckelfunktionen kann es dabei nicht geben, da es sich ja jeweils
nur um endlich viele Funktionen handelt.

Ist nun M nicht kompakt, so nehmen wir eine sogenannte
kompakte Ausschöpfung von M zu Hilfe. Darunter versteht
man eine Folge

$$K_1 \subset K_2 \subset \cdots \subset M$$

kompakter Teilmengen mit $K_i \subset \overset{\circ}{K}_{i+1}$ und $\bigcup_{i=1}^\infty K_i = M$. Im
konkreten Fall sind kompakte Ausschöpfungen meist ganz leicht
anzugeben, einen allgemeinen Existenzbeweis kann man zum Bei-
spiel so führen: Sei $\{\mathcal{O}_i\}_{i \in \mathbb{N}}$ eine abzählbare Basis der Topologie

von M, und oBdA seien die abgeschlossenen Hüllen $\overline{\mathcal{O}}_i$ alle kompakt (sind sie das nämlich nicht schon freiwillig, so lasse man alle $\mathcal{O}_i$ mit nichtkompakter Hülle aus der Basis einfach weg: die restlichen bilden immer noch eine Basis). Nun bestimmen wir induktiv eine Folge $1 = n_1 < n_2 < \dots$ so, daß jeweils

$$K_i := \bigcup_{k=1}^{n_i} \overline{\mathcal{O}}_k \subset \bigcup_{k=1}^{n_{i+1}} \mathcal{O}_k$$

und haben damit unsere kompakte Ausschöpfung schon gefunden.

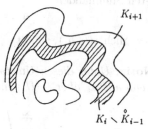

Um nun die Zerlegung der Eins zu erhalten, wählen wir in der nun schon geläufigen Manier zu jedem i endlich viele differenzierbare ("Buckel-")Funktionen $\lambda_1^i, \dots, \lambda_{r_i}^i : M \to [0,1]$, so daß zwar $\lambda_1^i + \dots + \lambda_{r_i}^i > 0$ für alle $x \in K_i \smallsetminus \overset{\circ}{K}_{i-1}$ (kompakt!) gilt, aber die einzelnen Träger klein genug sind, um jeweils in eine Überdeckungsmenge aus $\mathfrak{U}$ *und* in $\overset{\circ}{K}_{i+1} \smallsetminus K_{i-2}$ (offen!) zu passen. Dann ist die Gesamtfamilie $\{\lambda_j^i\}_{i\in\mathbb{N},1\leq j\leq r_i}$ offenbar lokal endlich,

Fig. 92. Der Streifen $K_i \smallsetminus \overset{\circ}{K}_{i-1}$ wird durch $\lambda_1^i, \dots, \lambda_{r_i}^i$ "versorgt".

$$\lambda := \sum_{i=1}^{\infty} \sum_{j=1}^{r_i} \lambda_j^i$$

eine überall positive C^∞-Funktion auf M, und wir erhalten durch $\tau_j^i := \lambda_j^i / \lambda$ die gewünschte Zerlegung $\{\tau_j^i\}_{i\in\mathbb{N},1\leq j\leq r_i}$ der Eins. $\square$

Übrigens gilt nicht nur für die soeben konstruierte, sondern für *jede* Zerlegung $\{\tau_\alpha\}_{\alpha\in A}$ der Eins auf einer Mannigfaltigkeit, daß für höchstens abzählbar viele α die Funktion τ_α nicht die Nullfunktion ist, das folgt aus der lokalen Endlichkeit, weil Mannigfaltigkeiten das zweite Abzählbarkeitsaxiom erfüllen. Deshalb kann eine Zerlegung der Eins oBdA immer auch als $\{\tau_i\}_{i\in\mathbb{N}}$ indiziert gedacht werden, auf kompakten Mannigfaltigkeiten sogar als $\{\tau_i\}_{i=1,\dots,r}$.

9.6   Integration mittels Zerlegungen der Eins

Sei M eine orientierte n-dimensionale Mannigfaltigkeit und $\{\tau_i\}_{i\in\mathbb{N}}$ eine Zerlegung der Eins und der Träger $\operatorname{Tr}\tau_i$ jeweils im Kartengebiet U_i einer orientierungserhaltenden Karte (U_i, h_i) enthalten. Jede n-Form ω ist dann durch

$$\omega_i := \tau_i \cdot \omega$$

in die lokal endliche Summe $\omega = \sum_{i=1}^{\infty} \omega_i$ zerlegt, und bezeichnet $a_i : h_i(U_i) \to \mathbb{R}$ die heruntergeholte Komponentenfunktion des i-ten Summanden

$$a_i := (\omega_i)_{1\dots n} \circ h_i^{-1}$$

bezüglich (U_i, h_i), so gilt

Notiz: *Unter diesen Umständen ist ω genau dann integrierbar, wenn alle a_i über $h_i(U_i)$ integrierbar sind und*

$$\sum_{i=1}^{\infty} \int_{h_i(U_i)} |a_i|\, dx < \infty$$

gilt, und es ist dann

$$\int_M \omega = \sum_{i=1}^{\infty} \int_{h_i(U_i)} a_i\, dx.$$

Eine "Notiz" ist das natürlich nur, wenn die Integration auf Mannigfaltigkeiten schon anderweitig eingeführt ist. Geht man aber davon nicht aus, so benutze man diese Formel als die *Definition* von $\int_M \omega$, wobei man nur die Unabhängigkeit von der Wahl der Karten und der Zerlegung der Eins als ein Lemma zu beweisen hat.

Wie weit dieser Integralbegriff auf Mannigfaltigkeiten dann reicht, hängt davon ab, welchen Integralbegriff im $\mathbb{R}^n$ man hierfür investieren will. Ist es das Lebesgue-Integral, so erhält man wieder den von uns in 5.4 definierten Begriff. Für viele Zwecke kommt man aber auch mit wesentlich weniger aus: die Träger $\operatorname{Tr}\tau_i$ der

Zerlegung der Eins kann man stets oBdA als kompakt voraussetzen, und dann ist z.B. für *stetige* ω , also erst recht für die
$\omega \in \Omega^n M$, die wir beim Umgang mit dem Cartanschen Kalkül
und dem Satz von Stokes ohnehin immer betrachten, jeder Summand $\int_{h(U_i)} a_i\, dx$ einfach ein ganz gewöhnliches Mehrfachintegral

$$\int\limits_{\alpha_n}^{\beta_n} \cdots \int\limits_{\alpha_1}^{\beta_1} f(x^1, \ldots, x^n)\, dx^1 \ldots dx^n$$

eines stetigen, für $\omega \in \Omega^n M$
sogar differenzierbaren Integranden über einen *Quader* im
$\mathbb{R}^n$ (auch wenn $h(U_i)$ selbst
unbeschränkt sein sollte), eine
Situation, die auch der ele-
mentarste Integralbegriff mei-
stert. Ist zudem, wie meist,
der Träger von ω als kompakt
vorausgesetzt, so hat man es
nur mit endlich vielen solcher
Summanden zu tun, und die
Integration auf Mannigfaltig-

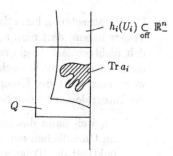

Fig. 93. $\int_{h_i(U_i)} a_i\, dx$ ist ein Integral eines stetigen Integranden
über einen Quader Q in $\mathbb{R}^n$.

keiten ist — darf man sagen: ganz einfach? Man darf.

9.7 Test

(1) Die Komponentenfunktion der n-Form

$$dx^\mu \wedge dx^1 \wedge \ldots \widehat{\mu} \ldots \wedge dx^n$$

auf dem $\mathbb{R}^n$ bezüglich der Koordinaten $x^1, \ldots, x^n$ ist die
konstante Funktion

$\square$ 1 $\qquad\qquad$ $\square$ $(-1)^\mu$ $\qquad\qquad$ $\square$ $(-1)^{\mu-1}$

(2) Sei $\mu_1 < \ldots < \mu_r$ und $\omega := dx^{\mu_1} \wedge \ldots \wedge dx^{\mu_r} \in \Omega^r(\mathbb{R}^n)$.
Unter welchen Voraussetzungen gilt dann $\iota^*\omega = 0$ für die
Inklusion $\iota : 0 \times \mathbb{R}^{n-1} \hookrightarrow \mathbb{R}^n$?

☐ Wenn eines der $\mu_i = 1$ ist.

☐ Wenn keines der $\mu_i = 1$ ist.

☐ In keinem Falle.

(3) Für den Spezialfall $M = \mathbb{R}^1_-$ reduziert sich der Satz von Stokes auf die Aussage: Ist $f : \mathbb{R}_- \to \mathbb{R}$ eine C^∞-Funktion mit kompaktem Träger, so ist $\int_{-\infty}^{0} f'(x)\, dx =$

☐ 0   ☐ $f(0)$ ☐ $-f(0)$

(4) Die Voraussetzung beim Satz von Stokes, ω solle kompakten Träger haben, darf man auch im Falle $M = \mathbb{R}^n_-$ offensichtlich nicht einfach weglassen, weil sonst die Integrale nicht mehr zu existieren brauchen. Bleibt der Satz aber richtig, wenn man statt der Kompaktheit des Trägers die Existenz der Integrale auf beiden Seiten fordert?

☐ Ja, weil dann das harmlose Verhalten von ω und $d\omega$ im Unendlichen ein ausreichender Ersatz für die Kompaktheit des Trägers ist.

☐ Ja, weil diese Voraussetzung mit der Kompaktheit des Trägers in der Tat gleichbedeutend ist.

☐ Nein, wie schon ein Blick auf den Fall $n = 1$ zeigt.

(5) Zur Frage der Einschließbarkeit kompakter Teilmengen in Kartengebiete: Betrachte $X := S^1 \times 1 \cup 1 \times S^1 \subset S^1 \times S^1$. Ist X in einer Karte des Torus enthalten?

☐ Nein, weil schon $S^1 \times 1$ nicht in ein Kartengebiet paßt.

☐ Nein, obwohl $S^1 \times 1$ und $1 \times S^1$ einzeln in Kartengebiete passen. Bedenke das Schnittverhalten ihrer Bilder in $\mathbb{R}^2$ unter einer einzigen ganz X enthaltenden Karte!

☐ Ja, weil bereits der punktierte Torus $S^1 \times S^1 \smallsetminus p$ diffeomorph zu einer offenen Teilmenge im $\mathbb{R}^2$ ist.

(6) Ausgehend von der durch $f(x) := e^{-1/x^2}$ für $x > 0$ und $f(x) := 0$ für $x \leq 0$ gegebenen C^∞-Funktion $f : \mathbb{R} \to \mathbb{R}$ soll eine kleine "Buckelfunktion" um den Nullpunkt im $\mathbb{R}^n$ angegeben werden, nämlich eine C^∞-Funktion $\beta : \mathbb{R}^n \to \mathbb{R}_+$, deren Träger die abgeschlossene Kugel um 0 vom Radius

$\varepsilon > 0$ sein soll. Welche der folgenden Definitionen leistet das Gewünschte?

☐ $\beta(x) := f(\varepsilon - \|x\|)$
☐ $\beta(x) := f(\varepsilon^2 - \|x\|^2)$
☐ $\beta(x) := f(\|x\|^2 - \varepsilon^2)$

(7) Es sei $U \subset M$ eine offene Teilmenge einer Mannigfaltigkeit, z.B. ein Kartengebiet. Die Funktionen $\tau : M \to \mathbb{R}$ und $f : U \to \mathbb{R}$ seien differenzierbar (d.h. C^∞), und τ verschwinde außerhalb von U. Ist dann die durch

$$F(x) := \begin{cases} \tau(x)f(x) & \text{für } x \in U \\ 0 & \text{für } x \in M \smallsetminus U \end{cases}$$

definierte Funktion F differenzierbar auf ganz M ?

☐ Ja, in jedem Falle.
☐ Ja, wenn f beschränkt ist. Sonst im allgemeinen nicht.
☐ Die Beschränktheit genügt zwar für die Stetigkeit von F, aber nicht für die Differenzierbarkeit.

(8) Weshalb gibt es für eine Zerlegung $\{\tau_\alpha\}_{\alpha \in A}$ der Eins auf einer kompakten Mannigfaltigkeit M stets nur endlich viele α mit $\tau_\alpha \not\equiv 0$?

☐ Weil bereits endlich viele der offenen Teilmengen
$$\{x \in M \mid \tau_\alpha(x) \neq 0\}$$
genügen, um M zu überdecken.
☐ Weil bereits endlich viele der nach der Forderung der lokalen Endlichkeit vorhandenen Mengen V_p genügen, um M zu überdecken.
☐ Weil — es gar nicht wahr ist: Auch auf kompakten Mannigfaltigkeiten können die Träger $\mathrm{Tr}\tau_\alpha$ "immer kleiner werden" und daher unendlich viele in lokal endlicher Weise Platz finden.

(9) Auf einer unberandeten n-dimensionalen Mannigfaltigkeit M sei ω eine $(n-1)$-Form mit kompaktem Träger und f eine beliebige differenzierbare Funktion. Dann gilt nach dem Satz von Stokes:

☐ $\int_M f d\omega = 0$

☐ $\int_M f d\omega = \int_M df \wedge \omega$

☐ $\int_M f d\omega = - \int_M df \wedge \omega$

(10) Es seien $\{\tau_\alpha\}_{\alpha \in A}$ und $\{\sigma_\lambda\}_{\lambda \in \Lambda}$ zwei Zerlegungen der Eins auf M. Ist dann auch $\{\tau_\alpha \sigma_\lambda\}_{(\alpha,\lambda) \in A \times \Lambda}$ eine Zerlegung der Eins?

☐ Ja, stets.

☐ Nur wenn eine der beiden endlich ist (d.h. ihre Funktionen nur für endlich viele der Indices nicht identisch verschwinden).

☐ Nur wenn beide endlich sind.

9.8　Übungsaufgaben

AUFGABE 33: Es sei M eine orientierte kompakte n-dimensionale Mannigfaltigkeit und (U, h) eine "quaderförmige" Karte, d.h. eine mit

$$h(U) = (a_1, b_1) \times \ldots \times (a_n, b_n) \subset \mathbb{R}^n,$$

und schließlich sei $\omega \in \Omega^n M$ eine n-Form, deren kompakter Träger in U enthalten ist. Man zeige direkt, ohne Benutzung des Satzes von Stokes, daß $\int_M d\omega = 0$ gilt.

AUFGABE 34: Es sei M eine orientierte kompakte n-dimensionale Mannigfaltigkeit und $f : M \to N$ eine differenzierbare Abbildung in eine $(n-1)$-dimensionale Mannigfaltigkeit N. Sei ferner $\eta \in \Omega^{n-1} N$ und $\omega := f^* \eta$. Man zeige: $\int_{\partial M} \omega = 0$.

AUFGABE 35: Man beweise: Auf jeder n-dimensionalen orientierbaren Mannigfaltigkeit M gibt es eine n-Form $\omega \in \Omega^n M$ mit $\omega_p \neq 0$ für alle $p \in M$.

AUFGABE 36: Es sei M eine berandete n-dimensionale Mannigfaltigkeit und $\eta \in \Omega^{n-1} \partial M$. Man zeige, daß es eine $(n-1)$-Form $\omega \in \Omega^{n-1} M$ mit $\iota^* \omega = \eta$ gibt, wobei $\iota : \partial M \hookrightarrow M$ die Inklusion bezeichnet.

9.9 Hinweise zu den Übungsaufgaben

ZU AUFGABE 33: Diese Aufgabe ist ganz nahe am ersten Beweisschritt für den Satz von Stokes und hat auch nur den Zweck, Ihnen
diesen Beweisschritt näherzubringen.

ZU AUFGABE 34: Manche Aufgaben sind so fragil, die darf man
nur *anrühren*, und schon zerfallen sie zu Staub. Ich lasse also die
Finger davon und erzähle Ihnen stattdessen eine schöne Anwendung dieser Aufgabe.

Kann man eine orientierte Mannigfaltigkeit M differenzierbar
auf ihren Rand retrahieren, d.h.
eine differenzierbare Abbildung
$\rho : M \to \partial M$ finden, so daß die
Zusammensetzung

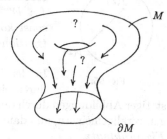

$$\partial M \overset{\iota}{\hookrightarrow} M \overset{\rho}{\to} \partial M$$

Fig. 94.

die Identität ist? Immer? Manch-
mal? Nie? Sicher nicht immer: eine Retraktion $\rho : [0,1] \to \{0,1\}$
wäre eine stetige Funktion mit $\rho(0) = 0$ und $\rho(1) = 1$, die keinen
Zwischenwert annimmt. Aber in höheren Dimensionen?

Sieht nicht so aus: die Mannigfaltigkeit wird wohl zerreißen,
wenn man sie mit Gewalt auf den Rand retrahiert. Oder gibt es
doch einen Twist, mit dem das gelingen kann? Vielleicht in noch
höheren Dimensionen?

Es geht gar nie, wie aus Aufgabe 34 folgt. Wählen Sie dazu ir-
gend ein $\eta \in \Omega^{n-1}(\partial M)$ mit $\int_{\partial M} \eta \neq 0$. Das ist stets möglich, wir
brauchen ja nur eine kleine Buckelfunktion $\lambda \geq 0$ mit nichtleerem
Träger in einem Kartengebiet U von ∂M zu wählen und

$$\eta_p := \begin{cases} \lambda(p)dx^1 \wedge \cdots \wedge dx^{n-1} & \text{in } U \\ 0 & \text{sonst} \end{cases}$$

zu setzen. Wäre nun $\rho : M \to \partial M$ eine differenzierbare Retraktion, also $\rho \circ \iota = \mathrm{Id}_{\partial M}$, so wäre nach Aufgabe 34

$$\int_{\partial M} \rho^* \eta := \int_{\partial M} \iota^* \rho^* \eta = \int_{\partial M} \eta = 0.$$

Ein Widerspruch. Wir haben also gezeigt:

Satz: *Man kann keine kompakte orientierbare Mannigfaltigkeit differenzierbar auf ihren Rand retrahieren.*   □

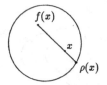

Fig. 95.

Korollar: *Jede differenzierbare Abbildung* $f : D^n \to D^n$ *hat einen Fixpunkt, denn sonst könnte man eine differenzierbare Retraktion* $\rho : D^n \to \partial D^n$ *konstruieren.*   □

In der Tat kann man Satz und Korollar durch ein Zusatzargument (Approximation stetiger Abbildungen durch differenzierbare) auf stetige Abbildungen verallgemeinern, und dann heißt das Korollar ***Brouwerscher Fixpunktsatz***.

ZU AUFGABE 35: Wir haben bisher die Zerlegungen der Eins nur dazu benutzt, eine Differentialform zu "zerlegen". Noch öfter aber gebraucht man sie, um lokal gegebene, aber nicht zusammenpassende Einzelteile zu einem glatten globalen Objekt zu verschweißen. Der Vorgang ist in § 4 in [J: *Top*] Kap.

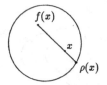

vorher   nachher

Fig. 96.

VIII ausführlich beschrieben, und auch ohne dort die Einzelheiten studieren zu müssen, werden Sie bei flüchtigem Durchgehen die Idee für das Vorgehen in unserer Aufgabe 35 finden.

ZU AUFGABE 36: Die Zerlegungen der Eins sind doch ein überaus bequemes Konstruktionsmittel. Auch hier brauchen Sie die Aufgabe nur lokal zu lösen und sich dann in ein, zwei geschickt formulierten Zeilen auf die Zerlegungen der Eins zu berufen.

10 Klassische Vektoranalysis

10.1 Einführung

Die klassische Vektoranalysis des 19. Jahrhunderts handelt, wie man im Nachhinein leicht sagen kann, von der Cartanschen Ableitung und dem Satz von Stokes, allerdings in einer Notation, in der diese Gegenstände nicht auf den ersten Blick gleich wiederzuerkennen sind.

Wenn wir, von der Analysis auf Mannigfaltigkeiten kommend, auf die klassische Vektoranalysis zugehen, so sehen wir schon von weitem, daß wir es dort nur mit Untermannigfaltigkeiten des $\mathbb{R}^3$ oder allenfalls des $\mathbb{R}^n$ zu tun haben werden. Nun, unsere Begriffe lassen sich ja sogar auf beliebige Mannigfaltigkeiten anwenden.

Beim Näherkommen sehen wir außerdem, daß die Integranden meist nicht nur auf M, sondern auf einer ganzen in $\mathbb{R}^3$ offenen Umgebung X von M definiert sind, zum Beispiel auf $X = \mathbb{R}^3$ oder $X = \mathbb{R}^3 \smallsetminus 0$ oder dergleichen. Wenn schon! Jedes $\eta \in \Omega^k X$ wird ja durch $\iota : M \hookrightarrow X$ als die Einschränkung $\iota^*\eta \in \Omega^k M$ unserer Analysis auf M zugänglich.

Das ist zwar im Prinzip richtig, aber trotzdem sollten wir uns *nicht* auf diese Weise von den Formen auf offenen Mengen $X \subset \mathbb{R}^3$ gleich wieder verabschieden. Zum einen müssen wir, wenn wir nun in die klassische Vektoranalysis eintreten, die Formen η auf X als die eigentlichen Gegenstände des Interesses anerkennen. Sie beschreiben physikalische "Felder" verschiedener Art, während die Untermannigfaltigkeiten $M \subset X$ nur hilfsweise herangezogen werden, gleichsam um ein $\eta \in \Omega^k X$ zu "testen", zu untersuchen. Denken sie etwa an eine Strömungsdichte $\eta \in \Omega^2 X$ auf einem räumlichen Bereich X, deren Strömungsbilanz $\int_M \eta$ über diese und jene Fläche $M \subset X$ man zu betrachten wünscht.

Zum anderen hat es aber auch technische Vorteile, mit den Formen η auf X zu rechnen, wenn sie nun schon einmal dort gegeben sind, auch wenn man eigentlich mit der Teilinformation $\iota^*\eta$ auskommen würde. Auf X haben wir die kanonischen Koordinaten x^1, x^2, x^3 des $\mathbb{R}^3$ und können die Differentialformen global mit Hilfe der dx^μ darstellen, und da Dachprodukt und Cartansche Ableitung mit Abbildungen, insbesondere mit der Inklusion verträglich sind, ($\iota^*\omega \wedge \iota^*\eta = \iota^*(\omega \wedge \eta)$ und $d\iota^*\eta = \iota^*d\eta$), so ist es einerlei, ob wir vor oder nach der Anwendung von ι^* rechnen, und vorher ist's oft bequemer.

Der Grund, weshalb man die klassische Vektoranalysis beim ersten Anblick durchaus nicht als Anwendungsbereich des Cartanschen Kalküls erkennt, ist die völlige Abwesenheit der Differentialformen. Der Begriff wird gar nicht erwähnt! Stattdessen handelt die Theorie von Vektorfeldern — wie der Name sagt — auf X und von den Operatoren Gradient, Rotation und Divergenz, und nur daß über Volumina, Flächen und Linien integriert wird zeigt uns an, daß doch eine Verbindung zur Analysis auf Mannigfaltigkeiten besteht.

Diese Verbindung wird durch die Basisfelder und -formen der Koordinaten x^1, x^2, x^3 hergestellt. Bezüglich der Basen werden nämlich 1- und 2-Formen, *wie Vektorfelder*, durch drei Komponentenfunktionen beschrieben, 3-Formen durch eine. Von den Einzelheiten dieser Übersetzung der Formen in die Sprache der klassischen Vektoranalysis handelt der nächste Abschnitt.

10.2 Die Übersetzungsisomorphismen

Für eine offene Teilmenge $X \subset \mathbb{R}^3$ bezeichne $\mathcal{V}(X)$ den Vektorraum der differenzierbaren Vektorfelder und $C^\infty(X)$ den der differenzierbaren Funktionen auf X.

Die Komponentenfunktionen eines Vektorfeldes $\vec{a} \in \mathcal{V}(X)$ bezeichnen wir mit a_1, a_2, a_3, bewußt entgegen dem Ricci-Kalkül mit *unteren* Indices. Andernfalls würde eine Kollision mit den Konventionen des Ricci-Kalküls eben an anderer Stelle entstehen! Darin drückt sich der Umstand aus, daß die Beschreibung von 1- und

2-Formen durch Vektorfelder in der Tat *nicht* mit allen Koordinatentransformationen verträglich ist. Wir halten hier aber an den kanonischen Koordinaten des $\mathbb{R}^3$ fest, und solange wir das tun, ist es auch erlaubt, ein Vektorfeld $\vec{a}$ einfach als ein Tripel $\vec{a} = (a_1, a_2, a_3)$ von Funktionen anzusehen.

Um die Formeln für die Übersetzungsisomorphismen übersichtlich schreiben zu können, führen wir folgende Notation ein.

Definition: Sei $X \subset \mathbb{R}^3$ offen. Die $\mathbb{R}^3$-wertigen ("vektorwertigen") 1- bzw. 2-Formen

$$d\vec{s} := \begin{pmatrix} dx^1 \\ dx^2 \\ dx^3 \end{pmatrix} \text{ und } d\vec{F} := \begin{pmatrix} dx^2 \wedge dx^3 \\ dx^3 \wedge dx^1 \\ dx^1 \wedge dx^2 \end{pmatrix}$$

sollen das *vektorielle Linienelement* $d\vec{s} \in \Omega^1(X, \mathbb{R}^3)$ und das *vektorielle Flächenelement* $d\vec{F} \in \Omega^2(X, \mathbb{R}^3)$, und die gewöhnliche reellwertige 3-Form

$$dV := dx^1 \wedge dx^2 \wedge dx^3 \in \Omega^3 X$$

soll das *Volumenelement* von X heißen. □

Konvention: Die üblichen Übersetzungsisomorphismen sind durch

$$\mathcal{V}(X) \xrightarrow{\cong} \Omega^1 X, \quad \vec{a} \mapsto \vec{a} \cdot d\vec{s},$$
$$\mathcal{V}(X) \xrightarrow{\cong} \Omega^2 X, \quad \vec{b} \mapsto \vec{b} \cdot d\vec{F} \text{ und}$$
$$C^\infty(X) \xrightarrow{\cong} \Omega^3 X, \quad c \mapsto c \, dV$$

gegeben. □

Dabei bedeutet der Punkt das Standard-Skalarprodukt des $\mathbb{R}^3$. Wenn wir aber $\vec{a}, \vec{b}$ als Zeilen und $d\vec{s}, d\vec{F}$ als Spalten schreiben, kann man ihn auch als das Zeichen für das Matrizenprodukt lesen.

Diese Konvention ist der Anfang des Wörterbuchs für die Übersetzung von klassischer Vektoranalysis in den Cartanschen Kalkül und umgekehrt. Wie Sie sehen, ist die Übersetzung zwar von rechts nach links eindeutig, aber ob ein Vektorfeld als 1- oder als 2-Form interpretiert werden muß, kann man nicht aus dem Wörterbuch allein entnehmen, sondern da kommt es, wie auch sonst bei fremden Sprachen, auf den Kontext an.

Die Benennungen *Linien-, Flächen- und Volumenelement* werden übrigens plausibel, wenn man sich die geometrische Bedeutung dieser Formen klar macht:

Notiz: *An jeder Stelle* $x \in X$ *ist*

$$d\vec{s}_x \colon \mathbb{R}^3 \longrightarrow \mathbb{R}^3 \quad \textit{die Identität},$$
$$d\vec{F}_x \colon \mathbb{R}^3 \times \mathbb{R}^3 \longrightarrow \mathbb{R}^3 \quad \textit{das Kreuzprodukt und}$$
$$dV_x \colon \mathbb{R}^3 \times \mathbb{R}^3 \times \mathbb{R}^3 \longrightarrow \mathbb{R} \quad \textit{die Determinante}.$$

$\square$

Beweisen braucht man diese Behauptungen, wegen der jeweiligen Linearitätseigenschaften, nur für die kanonischen Basisvektoren, für die sie aber evident sind (beachte $d\vec{F}_x(\vec{e}_1, \vec{e}_2) = \vec{e}_3$, und entsprechend nach zyklischen Permutationen, wie beim Kreuzprodukt). Wenden wir uns deshalb gleich der Interpretation zu: Die Determinante gibt das elementargeometrische Volumen eines positiv orientierten 3-Spates an, das Kreuzprodukt antwortet auf ein orientiertes 2-Spat bekanntlich mit demjenigen der beiden Normalenvektoren von der Länge des elementargeometrischen Flächeninhalts, der gefolgt von der Spatorientierung die Raumorientierung beschreibt, und die Identität schließlich braucht keine Erläuterung. Denkt man sich nun, daß die Formen auf kleine ("infinitesimale") Maschen antworten, so werden die Namen verständlich.

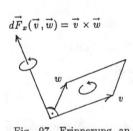

$$d\vec{F}_x(\vec{v}, \vec{w}) = \vec{v} \times \vec{w}$$

Fig. 97. Erinnerung an das Kreuzprodukt

$$\vec{v} \times \vec{w} := \begin{pmatrix} v^2 w^3 - v^3 w^2 \\ v^3 w^1 - v^1 w^3 \\ v^1 w^2 - v^2 w^1 \end{pmatrix}$$

10.3 Gradient, Rotation und Divergenz

Benutzen wir nun dieses Wörterbuch, um die Cartansche Ableitung in die Sprache der Vektoranalysis zu übersetzen. Nach wie vor bezeichnet $X \subset \mathbb{R}^3$ eine offene Teilmenge. Für $f \in C^\infty(X)$ haben wir

$$df = \frac{\partial f}{\partial x^1}dx^1 + \frac{\partial f}{\partial x^2}dx^2 + \frac{\partial f}{\partial x^3}dx^3$$
$$= (\frac{\partial f}{\partial x^1}, \frac{\partial f}{\partial x^2}, \frac{\partial f}{\partial x^3}) \cdot d\vec{s},$$

und für Vektorfelder $\vec{a}, \vec{b} \in \mathcal{V}(X)$ ergeben sich die Cartanschen Ableitungen der 1-Form $\vec{a} \cdot d\vec{s}$ und der 2-Form $\vec{b} \cdot d\vec{F}$ als

$$d(\vec{a} \cdot d\vec{s}) = d\sum_{\mu} a_\mu dx^\mu = \sum_{\mu,\nu} \partial_\nu a_\mu dx^\nu \wedge dx^\mu$$
$$= (\partial_2 a_3 - \partial_3 a_2)dx^2 \wedge dx^3 + \text{zykl. Perm.}$$
$$= (\partial_2 a_3 - \partial_3 a_2, \partial_3 a_1 - \partial_1 a_3, \partial_1 a_2 - \partial_2 a_1) \cdot d\vec{F}$$

und

$$d(\vec{b} \cdot d\vec{F}) = db_1 \wedge dx^2 \wedge dx^3 + \text{zykl. Perm.}$$
$$= \frac{\partial b_1}{\partial x^1}dx^1 \wedge dx^2 \wedge dx^3 + \text{zykl. Perm.}$$
$$= (\frac{\partial b_1}{\partial x^1} + \frac{\partial b_2}{\partial x^2} + \frac{\partial b_3}{\partial x^3})dV.$$

Hier begegnen uns also die drei klassischen Operatoren der Vektoranalysis, für die wir unsere Notation festlegen wollen.

Definition: Für $X \subset \mathbb{R}^3$ offen erklären wir den *Gradienten*, die *Rotation* und die *Divergenz*,

$$\text{grad} : C^\infty(X) \longrightarrow \mathcal{V}(X)$$
$$\text{rot} : \mathcal{V}(X) \longrightarrow \mathcal{V}(X)$$
$$\text{div} : \mathcal{V}(X) \longrightarrow C^\infty(X),$$

durch

$$\operatorname{grad} f := (\frac{\partial f}{\partial x^1}, \frac{\partial f}{\partial x^2}, \frac{\partial f}{\partial x^3})$$

$$\operatorname{rot} \vec{a} := (\frac{\partial a_3}{\partial x^2} - \frac{\partial a_2}{\partial x^3}, \frac{\partial a_1}{\partial x^3} - \frac{\partial a_3}{\partial x^1}, \frac{\partial a_2}{\partial x^1} - \frac{\partial a_1}{\partial x^2})$$

$$\operatorname{div} \vec{b} := \frac{\partial b_1}{\partial x^1} + \frac{\partial b_2}{\partial x^2} + \frac{\partial b_3}{\partial x^3}.$$

$\square$

Die obige Rechnung zur Übersetzung der Cartan-Ableitung hat also ergeben:

Notiz: Es gilt $df = \operatorname{grad} f \cdot d\vec{s}$ und $d(\vec{a} \cdot d\vec{s}) = \operatorname{rot} \vec{a} \cdot d\vec{F}$ und $d(\vec{b} \cdot d\vec{F}) = \operatorname{div} \vec{b} \cdot dV$, also ist für offenes $X \subset \mathbb{R}^3$ das Diagramm

$$
\begin{array}{ccccccccc}
0 & \longrightarrow & \Omega^0 X & \xrightarrow{d} & \Omega^1 X & \xrightarrow{d} & \Omega^2 X & \xrightarrow{d} & \Omega^3 X & \longrightarrow & 0 \\
& & {\scriptstyle =}\uparrow & & {\scriptstyle \cong}\uparrow & & {\scriptstyle \cong}\uparrow & & {\scriptstyle \cong}\uparrow & & \\
0 & \longrightarrow & C^\infty(X) & \underset{\operatorname{grad}}{\longrightarrow} & \mathcal{V}(X) & \underset{\operatorname{rot}}{\longrightarrow} & \mathcal{V}(X) & \underset{\operatorname{div}}{\longrightarrow} & C^\infty(X) & \longrightarrow & 0
\end{array}
$$

kommutativ. $\square$

Korollar: *Für alle Funktionen f und alle Vektorfelder $\vec{a}$ gilt* $\operatorname{rot} \operatorname{grad} f = 0$ *und* $\operatorname{div} \operatorname{rot} \vec{a} = 0$. $\square$

Wir halten auf dieser Stufe der Übersetzung einmal inne, um zu notieren, wie sich der Satz von Stokes inzwischen als ein Satz über Vektorfelder bzw. Funktionen auf X ausnimmt. Das sich für $\dim M = 3$ ergebende Korollar aus dem Satz von Stokes nennt man den Gaußschen Integralsatz oder Divergenzsatz:

Gaußscher Integralsatz: *Sei $X \subset \mathbb{R}^3$ offen und $\vec{b}$ ein differenzierbares Vektorfeld auf X. Dann gilt*

$$\int_{M^3} \operatorname{div} \vec{b} \, dV = \int_{\partial M^3} \vec{b} \cdot d\vec{F}$$

für alle kompakten beranderten 3-dimensionalen Untermannigfaltigkeiten $M^3 \subset X$. $\square$

Beachte, daß 3-dimensionale Untermannigfaltigkeiten kanonisch durch den $\mathbb{R}^3$ orientiert sind. — Im 2-dimensionalen Falle ergibt sich der klassische Satz von Stokes, von dem der allgemeinere den Namen erhalten hat:

Stokes'scher Integralsatz: *Sei* $X \subset \mathbb{R}^3$ *offen und* $\vec{a}$ *ein differenzierbares Vektorfeld auf* X. *Dann gilt*

$$\int_{M^2} \text{rot } \vec{a} \cdot d\vec{F} = \int_{\partial M^2} \vec{a} \cdot d\vec{s}$$

für alle orientierten kompakten berandeten 2-dimensionalen Untermannigfaltigkeiten ("Flächen") $M^2 \subset X$. $\square$

Der Vollständigkeit halber wollen wir auch den 1-dimensionalen Fall erwähnen, wenn er auch keinen eigenen Namen führt:

Ist $X \subset \mathbb{R}^3$ *offen und* $f : X \to \mathbb{R}$
eine differenzierbare Funktion, so gilt

$$\int_{M^1} \text{grad } f \cdot d\vec{s} = f(q) - f(p)$$

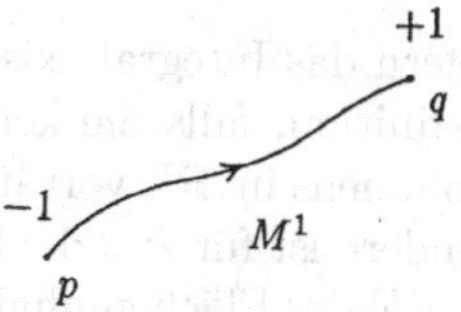

Fig. 98.

für jede orientierte kompakte 1-dimensionale Untermannigfaltigkeit $M^1 \subset X$ *von* p *nach* q. $\square$

10.4 Linien- und Flächenelemente

In der Integralnotation der klassischen Vektoranalysis spielen das *nichtvektorielle* Linienelement ds und das *nichtvektorielle* Flächenelement dF eine zentrale Rolle. Diese beiden "Elemente" sollen deshalb als nächstes eingeführt werden, und zwar — *unserer* begrifflichen Bequemlichkeit halber — zunächst in einer nicht ganz authentischen, nämlich dem Differentialkalkül zu nahe stehenden Interpretation.

Definition: Ist $M \subset \mathbb{R}^n$ eine k-dimensionale orientierte Untermannigfaltigkeit, so heißt die k-Form

$$\omega_M \in \Omega^k M,$$

welche auf jede positiv orientierte Orthonormalbasis eines Tangentialraumes $T_p M \subset \mathbb{R}^n$ mit $+1$ antwortet, die **kanonische
Volumenform** von M. Im Falle $k = 1$ nennen wir die kanonische Volumenform das **Linienelement**, im Falle $k = 2$ das
Flächenelement von M und bezeichnen sie mit ds bzw. dF. $\square$

Es ist anschaulich klar, was die kanonische Volumenform, der
wir auch in den Übungen schon begegnet sind (vergl. Aufgaben 14 und 32), bedeutet: sie antwortet auf ein positiv orientiertes tangentiales k-Spat mit dessen elementargeometrischem
k-dimensionalen Volumen, und bezeichnen wir mit $\mathrm{Vol}_k(A)$ das
k-dimensionale Volumen einer Teilmenge $A \subset M$, so gilt

$$\mathrm{Vol}_k(A) = \int_A \omega_M,$$

sofern das Integral existiert — betrachten Sie diese Gleichung als
Definition, falls Sie keine andere Erklärung des k-dimensionalen
Volumens in $\mathbb{R}^n$ vorrätig haben, sonst aber als ein Lemma. Insbesondere ist für $k = 1$ also $\int_A ds$ die Bogenlänge und für $k = 2$ ist
$\int_A dF$ der Flächeninhalt von A. — Im Falle $k = 3$ kann man auch
dV für das kanonische Volumenelement schreiben, für $M^3 \subset \mathbb{R}^3$
stimmt das mit unserer früheren Definition $dV = dx^1 \wedge dx^2 \wedge dx^3$
überein.

Wie aber hängen die in unserem Wörterbuch (10.2) und in den
Integralsätzen figurierenden *vektoriellen* Linien- und Flächenele-
mente $d\vec{s} \in \Omega^1(X, \mathbb{R}^3)$ und $d\vec{F} \in \Omega^2(X, \mathbb{R}^3)$ mit ds und dF
zusammen? Aus der geometrischen Bedeutung von $d\vec{s}$ und $d\vec{F}$
(vergl. Notiz in 10.2) ist ersichtlich, daß im 2-dimensionalen Falle
die Antworten von $\iota^* d\vec{F}$ und dF auf ein orientiertes tangentiales
2-Spat denselben *Betrag* haben, analog für $\iota^* d\vec{s}$ und ds im 1-
dimensionalen Fall. Aber während ds und dF mit reellen Zahlen
antworten, geben $d\vec{s}$ und $d\vec{F}$ *Vektoren* zurück, und zwar, als Identität bzw. Kreuzprodukt einen tangentialen bzw. normalen Vek-
tor. Um das genau und vorzeichenrichtig ausdrücken zu können,
führen wir folgende Schreibweise ein:

Notation: Sei $M \subset \mathbb{R}^n$ eine orientierte k-dimensionale Unter-mannigfaltigkeit, $k = 1$ oder $k = n - 1$.

(a) Im Falle $k = 1$ bezeichne $\vec{T} : M \to \mathbb{R}^n$ das positiv orientierte Einheitstangentialfeld.

(b) Im Falle $k = n - 1$ bezeichne $\vec{N} : M \to \mathbb{R}^n$ das Orientierungs-Einheitsnormalenfeld, d.h. $\vec{N}(x) \perp T_x M$, $\|\vec{N}(x)\| = 1$, und $\vec{N}(x)$, gefolgt von einer positiv orientierten Basis von $T_x M$, ergibt eine positiv orientierte Basis des $\mathbb{R}^n$. $\qquad\square$

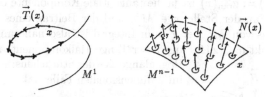

Fig. 99. Tangenteneinheitsvektor und Normaleneinheitsvektor im 1-dimensionalen bzw. 1-kodimensionalen Fall.

Lemma: *Sei $X \subset \mathbb{R}^3$ offen und $\iota : M^k \hookrightarrow \mathbb{R}^3$ für $k = 1, 2$ die Inklusion einer orientierten k-dimensionalen Untermannigfaltigkeit. Dann gilt*

$$\iota^* d\vec{s} = \vec{T} ds \in \Omega^1(M^1, \mathbb{R}^3)$$
$$\text{bzw. } \iota^* d\vec{F} = \vec{N} dF \in \Omega^2(M^2, \mathbb{R}^3).$$

BEWEIS: Für $k = 1$ ist an jeder Stelle $d\vec{s}(\vec{T}) = \vec{T}$ und $ds(\vec{T}) = 1$, also gilt die erste Gleichung. Ist für $k = 2$ eine positiv orientierte Orthonormalbasis $(\vec{v}, \vec{w})$ von $T_x M^2$ gegeben, so ergänzt $\vec{N}(x)$ diese Basis zu einer positiv orientierten Orthonormalbasis $(\vec{N}, \vec{v}, \vec{w})$ von $\mathbb{R}^3$. Ferner ist $dF(\vec{v}, \vec{w}) = 1$, also $\vec{N} dF(\vec{v}, \vec{w}) = \vec{N} = \vec{v} \times \vec{w} = d\vec{F}(\vec{v}, \vec{w})$. $\qquad\square$

10.5 Die klassischen Integralsätze

Mit den nichtvektoriellen Linien- und Flächenelementen ist uns nun auch die klassische Notation der Integralsätze zugänglich. Das Integral einer 1-Form $\vec{a} \cdot d\vec{s}$ über eine orientierte 1-dimensionale

Untermannigfaltigkeit können wir nun als

$$\int_{M^1} \vec{a} \cdot d\vec{s} = \int_{M^1} \vec{a} \cdot \vec{T} \, ds$$

schreiben, wobei mit $\vec{a} \cdot \vec{T} : M^1 \to \mathbb{R}$ natürlich die durch $x \mapsto \vec{a}(x) \cdot \vec{T}(x)$ gegebene Funktion auf M^1 gemeint ist, also eigentlich $(\vec{a}|M^1) \cdot \vec{T}$. Diese Schreibweise gibt anschaulicher wieder, was mit dem Vektorfeld bei der Integration geschieht, denn $\vec{a}(x) \cdot \vec{T}(x) =: a_{\tan}(x)$ ist ja die tangentiale Komponente des Vektors $\vec{a}(x)$ an der Stelle $x \in M^1$, und der Beitrag eines kleinen Stückchens von M^1 bei x zum Integral ist also näherungsweise das Produkt $a_{\tan}(x)\Delta s$ aus dieser Tangentialkomponente und der Bogenlänge Δs des Stückchens. – Analog im 2-dimensionalen Falle:

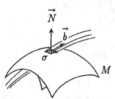

$$\int_{M^2} \vec{b} \cdot d\vec{F} = \int_{M^2} \vec{b} \cdot \vec{N} \, dF,$$

wobei jetzt $\vec{b}(x)\cdot\vec{N}(x) =: b_{\mathrm{nor}}(x)$ die Normalkomponente von $\vec{b}$ am Punkte x der Fläche M^2 ist. Wenn z.B. $\vec{b}$ Stärke und Richtung einer Strömung angibt, so antwortet $b_{\mathrm{nor}}dF$ auf eine Masche in M^2 mit der Durchtrittsrate. – Insbesondere erhalten wir die beiden Integralsätze von Gauß und Stokes (vergl. 10.3) jetzt in der vielleicht gebräuchlichsten Fassung:

Fig. 100. Anteil der Strömung durch die Masche σ

Gaußscher Integralsatz: *Ist* $X \subset \mathbb{R}^3$ *offen und* $\vec{b}$ *ein differenzierbares Vektorfeld auf* X, *so gilt*

$$\int_{M^3} \mathrm{div}\,\vec{b}\ dV = \int_{\partial M^3} \vec{b} \cdot \vec{N}\ dF$$

für alle kompakten berandeten 3-dimensionalen Untermannigfaltigkeiten $M^3 \subset X$.   □

Da M^3 hier als durch den $\mathbb{R}^3$ kanonisch orientiert gedacht ist, bedeutet $\vec{N}$ nach der Orientierungskonvention das nach *außen* gerichtete Einheitsnormalenfeld auf ∂M.

Stokes'scher Integralsatz: *Ist $X \subset \mathbb{R}^3$ offen und $\vec{a}$ ein differenzierbares Vektorfeld auf X, so gilt*

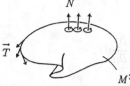

$$\int_{M^2} \operatorname{rot} \vec{a} \cdot \vec{N} \; dF = \int_{\partial M^2} \vec{a} \cdot \vec{T} \; ds$$

Fig. 101. $\vec{T}$ und $\vec{N}$ für den Stokesschen Satz

für alle orientierten kompakten berandeten Flächen $M^2 \subset X$. $\square$

Als Beispiel für die Anwendung des Gaußschen Integralsatzes betrachten wir einmal den Fall $\vec{b} = \operatorname{grad} f$. Dann haben wir das Volumenintegral über $\operatorname{div} \operatorname{grad} f$ zu bilden, geschrieben in den Koordinaten x, y, z des $\mathbb{R}^3$ ist $\operatorname{div} \operatorname{grad}$ der wohlbekannte *Laplace-Operator* Δ,

$$\Delta f := \frac{\partial^2 f}{\partial x^2} + \frac{\partial^2 f}{\partial y^2} + \frac{\partial^2 f}{\partial z^2},$$

und in diesem Zusammenhang wird für den Gradienten auch gern die Notation ∇ (*"Nabla"*) verwendet:

$$\nabla f := (\frac{\partial f}{\partial x}, \frac{\partial f}{\partial y}, \frac{\partial f}{\partial z}).$$

Im folgenden seien f und g immer differenzierbare Funktionen auf einer offenen Teilmenge $X \subset \mathbb{R}^3$, und $M^3 \subset X$ sei eine kompakte berandete 3-dimensionale Untermannigfaltigkeit, wie im Gaußschen Integralsatz. Setzen wir $\vec{b} = \nabla f$, so erhalten wir also zunächst

Korollar 1:

$$\int_{M^3} \Delta f dV = \int_{\partial M^3} \nabla f \cdot \vec{N} dF.$$

$\square$

Weil übrigens $\nabla f \cdot \vec{N}$ die Richtungsableitung von f in Richtung der Außen-Normalen ist (d.h. $\vec{N} f$ in der Auffassung von Vektoren als Derivationen), so wird auch

$$\nabla f \cdot \vec{N} =: \frac{\partial f}{\partial n}$$

("Normalableitung von f") geschrieben, und der Gaußsche Satz für grad f nimmt die Gestalt an

Korollar 2:
$$\int_{M^3} \Delta f \, dV = \int_{\partial M^3} \frac{\partial f}{\partial n} \, dF.$$

$\square$

Etwas allgemeiner setzen wir nun $\vec{b} = g \cdot \nabla f$. Nach der gewöhnlichen Produktregel ergibt sich

$$\operatorname{div}(g\nabla f) = \nabla g \cdot \nabla f + g\Delta f,$$

und daher

Korollar 3 (Greensche Formel):
$$\int_{M^3} (\nabla g \cdot \nabla f + g\Delta f) \, dV = \int_{\partial M^3} g\nabla f \cdot \vec{N} \, dF.$$

$\square$

Da das Skalarprodukt $\nabla g \cdot \nabla f$ symmetrisch in f und g ist, ergibt sich daraus die ebenfalls **Greensche Formel** genannte Gleichung

Korollar 4:
$$\int_{M^3} (f\Delta g - g\Delta f) \, dV = \int_{\partial M^3} (f\nabla g - g\nabla f) \cdot \vec{N} \, dF$$
$$= \int_{\partial M^3} (f\frac{\partial g}{\partial n} - g\frac{\partial f}{\partial n}) \, dF.$$

$\square$

10.6 Die Mittelwerteigenschaft der harmonischen Funktionen

Eine solche Aufzählung von Spezialfällen bleibt natürlich eine etwas trockene Sache, solange weiter nichts damit unternommen wird. In der Physik erfüllen sich diese Formeln mit Leben! Darauf können wir nicht eingehen, aber wir wollen jetzt noch aus dem Gaußschen Satz (bzw. aus dessen Korollar 1 in 10.5) ein schönes *mathematisches* Resultat herleiten.

Definition: Sei $X \subset \mathbb{R}^3$ offen. Eine differenzierbare Funktion $f : X \to \mathbb{R}$ heißt *harmonisch*, wenn $\Delta f \equiv 0$ ist. $\square$

Satz (Mittelwerteigenschaft der harmonischen Funktionen): *Sei $f : X \to \mathbb{R}$ harmonisch. Dann gilt für jede ganz in X gelegene abgeschlossene Vollkugel K mit Radius r, Mittelpunkt p und Rand S:*

$$f(p) = \frac{\int_S f dF}{\int_S dF} = \frac{1}{4\pi r^2} \int\limits_S f dF$$

d.h. der Funktionswert am Mittelpunkt ist der Mittelwert der Funktion auf der Oberfläche der Kugel.

BEWEIS: OBdA sei $p = 0$. Wir schreiben $\vec{x} := (x^1, x^2, x^3)$, um uns den vektoranalytischen Formeln anzupassen, wenn (x^1, x^2, x^3) als Tangentialvektor vorkommt. Eigentlich sollten wir $x = (x^1, x^2, x^3)$ als Punkt in $M = \mathbb{R}^3$ und $\vec{x} = (x^1, x^2, x^3)$ als Vektor in $T_q \mathbb{R}^3 \cong \mathbb{R}^3$ unterscheiden. Aber den Unterschied zwischen dem $\mathbb{R}^n$ und seinen Tangentialräumen haben wir ja auch sonst nicht in die Notation einfließen lassen.

Für jedes $t \in [0, 1]$ ist die durch $f_t(\vec{x}) := f(t\vec{x})$ definierte Funktion f_t ebenfalls auf einem K umfassenden Gebiet harmonisch und hat bei p denselben Wert wie f. Da die konstante Funktion f_0 offenbar die Eigenschaft $4\pi r^2 f(p) = \int_S f_0 dF$ hat, so genügte es zu zeigen, daß das Integral

$$I_t := \int\limits_S f_t \, dF$$

von t nicht abhängt, daß also $\frac{d}{dt}I_t \equiv 0$ gilt. Wegen $\frac{d}{dt}f(t\vec{x}) = \nabla f(t\vec{x}) \cdot \vec{x}$ und $\nabla f_t(\vec{x}) = t\nabla f(t\vec{x})$ ist für $t > 0$:

$$\frac{d}{dt}I_t = \frac{1}{t}\int_S \nabla f_t \cdot \vec{x}\ dF.$$

Auf dem Rand S der Kugel vom Radius r ist aber $\vec{N} = \frac{1}{r}\vec{x}$ die Außennormale, und daher ist nach der Gaußschen oder Greenschen Formel (Korollar 1 in 10.5):

$$\frac{d}{dt}I_t = \frac{r}{t}\int_S \nabla f_t \cdot \vec{N}\ dF = \frac{r}{t}\int_K \Delta f_t\ dV,$$

also Null, weil f_t eine harmonische Funktion ist. $\qquad\square$

Korollar (Maximumprinzip für harmonische Funktionen): *Ist $X \subset \mathbb{R}^3$ offen und zusammenhängend und hat die harmonische Funktion $f : X \to \mathbb{R}$ ein Extremum, so ist sie konstant.*

BEWEIS: OBdA sei $f(x) \leq f(x_0) =: y_0$ für alle $x \in X$. Wegen der Stetigkeit von f ist $f^{-1}(y_0)$ abgeschlossen in X, nach der Mittelwerteigenschaft aber auch offen, denn auf dem Rand S einer *jeden* ganz in X liegenden Kugel um ein $p \in f^{-1}(y_0)$ muß f konstant gleich y_0 sein, sonst wäre aus Stetigkeitsgründen $\int_S f dF < f(p)\int_S dF$. Also ist die nichtleere Menge $f^{-1}(y_0)$ offen und abgeschlossen in dem zusammenhängenden Teilraum $X \subset \mathbb{R}^3$, also $f^{-1}(y_0) = X$. $\qquad\square$

Korollar (Eindeutigkeitsaussage für das Dirichletsche Randwertproblem): *Es sei $M \subset \mathbb{R}^3$ eine kompakte berandete 3-dimensionale Untermannigfaltigkeit und $f, g : M \to \mathbb{R}$ zwei stetige, auf $M \smallsetminus \partial M$ harmonische Funktionen. Stimmen dann f und g am Rande überein, d.h. ist $f|\partial M = g|\partial M$, so gilt $f = g$ auf ganz M.*

BEWEIS: OBdA sei $M \neq \varnothing$ und zusammenhängend. Als stetige Funktion auf einem Kompaktum muß $f - g$ Extrema annehmen, d.h. es gibt x_0 und $x_1 \in M$ mit

$$f(x_0) - g(x_0) \leq f(x) - g(x) \leq f(x_1) - g(x_1)$$

für alle $x \in M$. Aber entweder ist $f - g$ schon freiwillig konstant (und zwar Null wegen $f|\partial M = g|\partial M$ und $\partial M \neq \varnothing$) oder x_0 und x_1 müssen nach dem Maximumprinzip, angewandt auf die harmonische Funktion $f - g$, im Rande ∂M liegen, so daß aus $f|\partial M = g|\partial M$ wiederum $0 \leq f(x) - g(x) \leq 0$ für alle $x \in M$ folgt. $\square$

10.7 Das Flächenelement in den Koordinaten der Fläche

Nach diesen Anwendungsbeispielen wenden wir uns noch einmal dem praktischen Umgang mit der Vektoranalysis zu: Wie rechnet man mit Linien- und Flächenelementen in lokalen Koordinaten der Fläche oder Linie?

Das Integral einer k-Form über das Gebiet einer orientierungs-erhaltenden Karte einer k-dimensionalen orientierten Mannigfaltigkeit ist einfach das gewöhnliche Mehrfachintegral über die heruntergeholte Komponentenfunktion, wie wir aus Kapitel 5 wissen. Wie sieht das für die Formen $\vec{a} \cdot d\vec{s}$ und $\vec{b} \cdot d\vec{F}$ der Vektoranalysis konkret aus? — Zunächst ist als eine Besonderheit der vektoranalytischen Situation zu beachten, daß die Bezeichnungen x^1, x^2, x^3 für die Koordinaten des $\mathbb{R}^3$ verbraucht

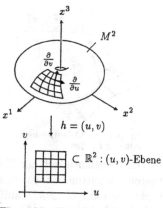

Fig. 102. Koordinatenbenennung

sind und wir deshalb für die lokalen Koordinaten einer Fläche $M^2 \subset \mathbb{R}^3$ andere wählen müssen, etwa (u^1, u^2) oder (u, v). Ferner ist es in der Vektoranalysis günstiger, die Koordinaten auf der Fläche durch eine Abbildung "von unten nach oben" einzuführen, das heißt $\varphi := h^{-1}$ statt h zu betrachten. Wegen $M^2 \subset \mathbb{R}^3$

ist φ durch seine drei Komponentenfunktionen $x^i = x^i(u,v)$, für $i = 1, 2, 3$ oder kurz $\vec{x} = \vec{x}(u,v)$

auf einem oft mit $G \subset \mathbb{R}^2$ bezeichneten offenen Bereich der (u,v)-Ebene oder -Halbebene gegeben. Die von uns mit $\frac{\partial}{\partial u}, \frac{\partial}{\partial v}$ als Elemente von $T_pM \subset \mathbb{R}^3$ bezeichneten kanonischen Basisvektoren der Karte sind als Vektoren im $\mathbb{R}^3$ dann $\frac{\partial \vec{x}}{\partial u}$ und $\frac{\partial \vec{x}}{\partial v}$. Aus Definition

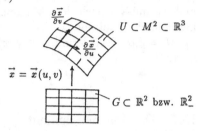

Fig. 103. Lokale Koordinaten auf einer Fläche $M^2 \subset \mathbb{R}^3$.

und Beschreibung der Flächenelemente $d\vec{F}$ und dF (vergl. 10.2 und 10.4) ergibt sich daher:

Korollar 1: *Sei $M^2 \subset \mathbb{R}^3$ eine orientierte Fläche im Raum, und auf dem in $\mathbb{R}^2$ oder $\mathbb{R}^2_-$ offenen Bereich G sei durch $\vec{x} = \vec{x}(u,v)$*

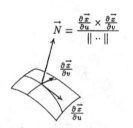

$$\vec{N} = \frac{\frac{\partial \vec{x}}{\partial u} \times \frac{\partial \vec{x}}{\partial v}}{\| \cdots \|}$$

Fig. 104. Die Orientierungsnormale der Fläche

das Inverse einer orientierungserhaltenden Karte (U,h) gegeben. Dann gilt an jeder Stelle $p = \vec{x}(u,v) \in U$:

$$d\vec{F}\left(\frac{\partial}{\partial u}, \frac{\partial}{\partial v}\right) = \frac{\partial \vec{x}}{\partial u} \times \frac{\partial \vec{x}}{\partial v},$$

$$\vec{N} = \frac{\frac{\partial \vec{x}}{\partial u} \times \frac{\partial \vec{x}}{\partial v}}{\left\| \frac{\partial \vec{x}}{\partial u} \times \frac{\partial \vec{x}}{\partial v} \right\|},$$

$$dF\left(\frac{\partial}{\partial u}, \frac{\partial}{\partial v}\right) = \left\| \frac{\partial \vec{x}}{\partial u} \times \frac{\partial \vec{x}}{\partial v} \right\|. \qquad \Box$$

Die Zweideutigkeit der Notation u, v kommt uns hier wieder bestens zustatten. Einerseits können wir u, v als die Koordinatenfunktionen auf $U \subset M^2$ auffassen, $\frac{\partial}{\partial u}$ und $\frac{\partial}{\partial v}$ als Vektorfelder auf U und du, $dv \in \Omega^1 U$. In diesem Sinne ist dann also

$$d\vec{F}|U = \left(\frac{\partial \vec{x}}{\partial u} \times \frac{\partial \vec{x}}{\partial v}\right) du \wedge dv \in \Omega^2(U, \mathbb{R}^3)$$

bzw.

$$dF|U = \left\| \frac{\partial \vec{x}}{\partial u} \times \frac{\partial \vec{x}}{\partial v} \right\| du \wedge dv \in \Omega^2 U$$

das Flächenelement als 2-Form auf U. Andererseits aber können wir u, v als die Koordinaten in G lesen, dann ist

$$\left\| \frac{\partial \vec{x}}{\partial u} \times \frac{\partial \vec{x}}{\partial v} \right\|$$

auf G bereits die fix und fertig heruntergeholte Komponentenfunktion von dF, woraus insbesondere folgt

Korollar 2: *Ist ferner* $\psi : M^2 \to \mathbb{R}$ *eine Funktion, so gilt*

$$\int\limits_U \psi dF = \iint\limits_G \psi(\vec{x}(u,v)) \left\| \frac{\partial \vec{x}}{\partial u} \times \frac{\partial \vec{x}}{\partial v} \right\| dudv,$$

sofern dieses Doppelintegral existiert. □

Diese Koordinatenformel für das "Oberflächenintegral" wird in der Vektoranalysis meist der Definition zugrunde gelegt, und es ist deshalb wichtig zu bemerken, daß dieselbe Formel *auch für eine orientierungsumkehrende Karte richtig ist* bzw. auch bei Neuorientierung von U richtig bleibt. Zwar ändert ein Orientierungswechsel bei *gleichbleibendem* Integranden das Vorzeichen des Integrals, aber unser Integrand bleibt ja gar nicht gleich, sondern das Volumenelement dF ändert bei Orientierungswechsel ebenfalls das Vorzeichen.

Wenden wir uns nun den Linienelementen $d\vec{s}$ und ds zu, so finden wir analog:

Notiz: *Sei* $M^1 \subset \mathbb{R}^3$ *eine orientierte Linie (eindimensionale Untermannigfaltigkeit) im Raum, und auf einem Intervall* $I \subset \mathbb{R}$ *sei durch* $t \mapsto \vec{x}(t)$ *das Inverse einer orientierungserhaltenden Karte* (U, h) *gegeben. Dann gilt an jeder Stelle* $p = \vec{x}(t) \in U$: $d\vec{s}(\frac{\partial}{\partial t}) = \dot{\vec{x}}(t)$, $\vec{T} = \dot{\vec{x}}(t)/\|\dot{\vec{x}}(t)\|$ *und* $ds(\frac{\partial}{\partial t}) = \|\dot{\vec{x}}(t)\|$. □

Wiederum ist also

$$ds|U = \|\dot{\vec{x}}\|dt \in \Omega^1 U \quad \text{bzw.}$$
$$d\vec{s}|U = \dot{\vec{x}}dt \in \Omega^1(U, \mathbb{R}^3),$$

insbesondere ist an jeder Stelle $\vec{x}(t)$:

$$ds = \sqrt{\dot{x}^1(t)^2 + \dot{x}^2(t)^2 + \dot{x}^3(t)^2}\, dt,$$

und für das Linienintegral gilt

Korollar 3: *Für jede Orientierung von U bleibt*

$$\int\limits_U \psi\, ds = \int\limits_I \psi(\vec{x}(t))\|\dot{\vec{x}}(t)\|\, dt$$

richtig, da bei einem Orientierungswechsel von U auch die Volumenform ds das Vorzeichen wechselt. $\square$

———

Lassen Sie es sich nicht verdrießen, vom klassischen Stokes'schen Satz nach den Erwähnungen in 10.3 und 10.5 nun eine dritte Fassung zu vernehmen, es hat eine besondere Bewandtnis damit. Es bezeichne dafür jetzt G einen glatt berandeten beschränkten Bereich der (u, v)-Ebene, in unserer Sprache also eine kompakte berandete 2-dimensionale Untermannigfaltigkeit des $\mathbb{R}^2$. Der Rand von G besteht aus einer oder mehreren, sagen wir r geschlossenen Linien, die gemäß der Orientierungskonvention orientiert sind, sie mögen durch einfach geschlossene Kurven

$$\gamma_i : [\alpha_i, \beta_i] \longrightarrow \partial G, \quad t \mapsto (u_i(t), v_i(t)), \quad i = 1, \dots, r$$

orientierungsgerecht parametrisiert sein.

Korollar 4: *Ist $X \subset \mathbb{R}^3$ offen und $\vec{a}$ ein differenzierbares Vektorfeld auf X, so gilt für jede differenzierbare Abbildung $\vec{x} = \vec{x}(u, v)$ von G in X:*

$$\iint\limits_G (\operatorname{rot} \vec{a}(\vec{x}(u, v))) \cdot \left(\frac{\partial \vec{x}}{\partial u} \times \frac{\partial \vec{x}}{\partial v}\right) du\, dv$$

$$= \sum_{i=1}^r \int\limits_{\alpha_i}^{\beta_i} \vec{a}(\vec{x}(u_i(t), v_i(t))) \cdot \frac{d}{dt}\vec{x}(u_i(t), v_i(t))\, dt.$$

Die versprochene besondere Bewandtnis mit dieser Fassung des Satzes besteht aber darin, daß die Abbildung $G \to X$ keineswegs eine Einbettung, also ein Diffeomorphismus auf eine Untermannigfaltigkeit $M \subset X$ sein muß, sondern *irgend eine* differenzierbare Abbildung $\varphi : G \to X$ sein darf, auch eine solche, bei der G ganz zerknittert, singulär und selbstdurchdrungen in X ankommt! Ein neuer, beweisbedürftiger Satz steckt aber nicht dahinter, sondern nur die Anwendung des allgemeinen Satzes von Stokes auf G statt auf ein $M \subset X$. Setzen wir nämlich $\omega := \vec{a} \cdot d\vec{s} \in \Omega^1 X$, so besagt die Formel des Korollars 4 einfach $\int_G d(\varphi^*\omega) = \int_{\partial G} \varphi^*\omega$.

10.8 Das Flächenelement des Graphen einer Funktion von zwei Variablen

Von besonderem Interesse ist der Spezialfall, daß U der Graph einer differenzierbaren Funktion $z = z(x, y)$ ist. Dann sind $u := x|U$ und $v := y|U$ die Koordinaten der kanonischen Karte h. Die inverse Karte oder "Parameterdarstellung" $G \xrightarrow{\varphi} U$ ist dann durch $x = x, y = y$ und $z = z(x, y)$ gegeben, und deshalb sind die tangentialen Basisvektoren

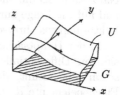

Fig. 105. Tangentialbasis am Graphen

$$\frac{\partial \varphi}{\partial x} = \begin{pmatrix} 1 \\ 0 \\ \frac{\partial z}{\partial x} \end{pmatrix} \quad \text{und} \quad \frac{\partial \varphi}{\partial y} = \begin{pmatrix} 0 \\ 1 \\ \frac{\partial z}{\partial y} \end{pmatrix},$$

der Betrag ihres Kreuzproduktes daher

$$\left\| \frac{\partial \varphi}{\partial x} \times \frac{\partial \varphi}{\partial y} \right\| = \sqrt{1 + \left(\frac{\partial z}{\partial x}\right)^2 + \left(\frac{\partial z}{\partial y}\right)^2}.$$

Korollar: *Unabhängig von der Orientierung gilt für eine Funktion* $\psi : U \to \mathbb{R}$ *auf einem Graphen*

$$U := \{ (x, y, z(x, y)) \mid (x, y) \in G \}$$

einer differenzierbaren Funktion $z = z(x, y)$ *auf einer in* $\mathbb{R}^2$ *oder*

$\mathbb{R}^2_-$ *offenen Menge* G:

$$\int\limits_U \psi dF = \iint\limits_G \psi(x, y, z(x,y)) \sqrt{1 + \left(\frac{\partial z}{\partial x}\right)^2 + \left(\frac{\partial z}{\partial y}\right)^2}\ dxdy,$$

sofern dieses Doppelintegral existiert. Insbesondere ist der Flächeninhalt von U

$$\mathrm{Vol}_2(U) = \iint\limits_G \sqrt{1 + \left(\frac{\partial z}{\partial x}\right)^2 + \left(\frac{\partial z}{\partial y}\right)^2}\ dxdy.$$

$\square$

10.9   Der Integralbegriff der klassischen Vektoranalysis

Ganz zum Schluß dieses Kapitels kommen wir jetzt noch einmal auf die Frage zurück, wie denn nun eigentlich die klassische Vektoranalysis ihrerseits die Integration auf Mannigfaltigkeiten — in der Hauptsache also das Flächenintegral — auffaßt, wenn sie von Differentialformen keinen Gebrauch macht? Ich hatte schon eingeräumt, daß unsere Interpretation der Linien- und Flächenelemente ds und dF als die kanonischen Volumenformen orientierter Linien und Flächen nicht ganz authentisch ist. Was wäre denn die authentische Auslegung?

Das echte, unverfälschte Flächenelement dF der klassischen Vektoranalysis ist für jede Fläche im Raum (analog für jede k-dimensionale Untermannigfaltigkeit $M^k \subset \mathbb{R}^n$) erklärt, mit Orientierung oder Orientierbarkeit hat es gar nichts zu tun. Es ordnet aber jedem $p \in M$ nicht eine alternierende 2-Form, sondern eine *Dichte*

$$dF_p : T_pM \times T_pM \longrightarrow \mathbb{R}_+$$

zu (vergl. 5.1), dF_p antwortet auf ein Paar $(\vec{v}, \vec{w})$ von Tangentialvektoren am Punkte p nämlich einfach mit dem elementargeometrischen Flächeninhalt des Parallelogramms, für $M^2 \subset \mathbb{R}^3$ also

$$dF_p(\vec{v}, \vec{w}) = \|\vec{v} \times \vec{w}\|.$$

Ist M tatsächlich orientiert, so hängt die Volumenform ω_M mit dem Flächenelement dF durch

$$dF(\vec{v}, \vec{w}) = |\omega_M(v, w)|$$

zusammen.

Stellen wir uns wieder wie in 5.2 vor, daß dF näherungsweise so auch auf kleine Maschen antwortet, so ist intuitiv klar, was das Integral

$$\int_M f\,dF$$

einer Funktion $f : M \to \mathbb{R}$ über eine beliebige, nicht notwendig orientierte oder auch nur orientierbare Fläche bedeutet. Einer formalen Definition legt man die lokale Formel

$$\int_U f\,dF = \iint_G f(\vec{x}(u, v)) \cdot \left\| \frac{\partial \vec{x}}{\partial u} \times \frac{\partial \vec{x}}{\partial v} \right\| du\,dv$$

zugrunde (vergl. Korollar 2 in 10.7). Steht das Lebesgue-Integral für $\mathbb{R}^2$ zur Verfügung, so ist die allgemeine Definition von Integrierbarkeit und Integral $\int_M f\,dF$ wie in 5.4 mittels Zerlegung von M in kleine meßbare Mengen anwendbar, mit der zusätzlichen Bequemlichkeit, daß man sich um das Orientierungsverhalten der verwendeten Karten nicht zu kümmern braucht. Durch

$$A \longmapsto \int_A dF \in [0, \infty]$$

ist dann übrigens ein Maß μ_M auf der σ-Algebra der meßbaren Teilmengen von M gegeben (vergl. 5.5), und $\int_M .. dF$ ist eben das Lebesgue-Integral dieses Maßraums.

Will man das Lebesgue-Integral nicht heranziehen, so bietet die Zerlegung der Eins eine Möglichkeit, das Integral wie in 9.6 auf der Grundlage eines jeden noch so bescheidenen Begriffs vom Mehrfachintegral (hier Doppelintegral) elegant einzuführen. Ist M orientiert, so stimmen $\int_M f\,dF$ nach dieser und $\int_M f\omega_M$ nach der alten Definition überein.

Diese Vorstellung des Flächenelements als durch den gewöhnlichen, nichtorientierten Flächeninhalt gegeben ist sicher die naheliegendere und ursprünglichere. Sie hat den Vorteil, auch im nichtorientierbaren Fall ohne zusätzliche Betrachtungen direkt anwendbar zu sein. Sie hat aber den Nachteil der Dichten, daß die Integranden $f dF$ eben keine Differentialformen sind und sich deshalb nicht ohne weiteres in den Cartanschen Kalkül einfügen. Die in den Integralsätzen unentbehrliche Orientierung erscheint dann in Gestalt des Orientierungsnormalenfelds $\vec{N}$, was natürlich im Hinblick auf die Verallgemeinerung auf beliebige Mannigfaltigkeiten, ja schon auf Flächen $M^2 \subset \mathbb{R}^4$ zum Beispiel, nicht gerade eine zukunftsweisende Codierung der Orientierung ist. Aber wie immer Sie die Unterschiede zwischen dem alten Flächenelement dF und der Volumenform $\omega_M \in \Omega^2 M$ beurteilen, ich hoffe diese Abweichungen jedenfalls ganz durchsichtig gemacht zu haben.

Allerdings ist auch diese Beschreibung des Flächenintegral-Begriffes der klassischen Vektoranalysis geschönt. Die zum Teil heute noch verwendeten Lehrbücher, welche die klassische Vektoranalysis klassisch darbieten, benutzen weder das Lebesgue-Integral noch Zerlegungen der Eins. Zur Definition des Oberflächenintegrals erhält der Leser zweierlei: erstens eine Plausibilitätsbetrachtung, welche zeigt, daß lokal

$$\int\limits_U f dF = \iint\limits_G f(\vec{x}(u,v)) \left\| \frac{\partial \vec{x}}{\partial u} \times \frac{\partial \vec{x}}{\partial v} \right\| du dv$$

die richtige Formel sei und zweitens die Anweisung, er möge seine Fläche geeignet in "Flächenstücke" zerschneiden, auf welche die Formel jeweils anwendbar ist, was mit Rücksicht auf den zur Verfügung stehenden Doppelintegral-Begriff gewisse ad hoc-Bedingungen über stückweise Glattheit der Ränder dieser Flächenstücke mit einschließt. Nach sauberen Definitionen und Beweisen darf man nicht fragen. Schon was überhaupt eine Fläche sei, wird gewöhnlich nicht ordentlich beantwortet. Das Flächenelement wird in der jeweiligen Notation als

$$dF = \left\| \frac{\partial \vec{x}}{\partial u} \times \frac{\partial \vec{x}}{\partial v} \right\| du dv$$

angegeben, und über dessen Status als mathematisches Objekt erfährt der Leser, das sei ein "Ausdruck", ein "Symbol". Diese allenfalls noch akzeptable, wenn auch etwas kahle Auskunft erweist sich aber gleich darauf als überholt, denn nun wird dieses Symbol in andere Koordinaten umgerechnet, in eine andere Form gebracht — ein Gleichheitszeichen zwischen ganz verschieden aussehenden "Symbolen"? Die angeblichen Beweise für die Zerschneidbarkeit der Fläche und die Wohldefiniertheit des Integrals sind bloße Beweisskizzen, und zwar Skizzen, deren wirkliche Ausführung Monster hervorbringen würde.

Begrifflich und beweistechnisch ist die klassische Vektoranalysis eben nicht nur viel enger, sondern auch in diesem engeren Bereich viel unbeholfener als die Analysis auf Mannigfaltigkeiten. Ein Anwender, der sowieso nur über eine Kugeloberfläche oder einen Zylindermantel integrieren will und dessen wissenschaftliches Interesse auf etwas ganz anderes, nämlich auf den physikalischen *Inhalt* der Gleichungen gerichtet ist, kann natürlich mit einer plausiblen, rechenbaren Formel ganz gut bedient sein. Wenn Sie aber als Mathematiker die *Struktur* der Vektoranalysis durchschauen möchten, dann haben Sie von jenen im 19. Jahrhundert beheimateten, noch heute gravitätisch einherschreitenden Lehrbüchern wenig zu erwarten.

10.10 Test

(1) Welchem Vektorfeld $\vec{v} = (v_1, v_2, v_3)$ im $\mathbb{R}^3$ entspricht die 2-Form $x\,dz \wedge dy$?

     □ $\vec{v} = (-x, 0, 0)$ □ $\vec{v} = (0, x, -x)$ □ $\vec{v} = (0, -x, x)$

(2) Es bezeichne wie üblich $r : \mathbb{R}^3 \smallsetminus 0 \to \mathbb{R}$ den Abstand vom Nullpunkt. Welcher 1-Form $\omega \in \Omega^1(\mathbb{R}^3 \smallsetminus 0)$ entspricht das radial nach außen gerichtete Einheitsvektorfeld ?

     □ $\omega = dr$ □ $\omega = \frac{dr}{r}$ □ $\omega = \frac{dr}{r^2}$

(3) Es gilt stets

     □ grad rot $= 0$ □ rot grad $= 0$ □ div grad $= 0$.

(4) Als Integrand beim Stokes'schen Integralsatz für ein Vektor-
feld $\vec{v}$ ist anstelle der Punkte in $\int_{M^2} \ldots dF = \int_{\partial M^2} \vec{v} \cdot \vec{T} ds$

☐ $\operatorname{rot} \vec{v} \times \vec{N}$ ☐ $\operatorname{rot} \vec{v} \cdot \vec{N}$ ☐ $\|\operatorname{rot} \vec{v}\|$

einzusetzen.

(5) Die Notation $\nabla \times \vec{v}$ der klassischen Vektoranalysis kann,
gutwillig gelesen, wohl nur

☐ $\operatorname{rot} \operatorname{div} \vec{v}$ ☐ $\operatorname{grad} \operatorname{div} \vec{v}$ ☐ $\operatorname{rot} \vec{v}$

bedeuten.

(6) Nach dem Gaußschen Integralsatz gilt für jede differenzierbare Funktion $f : D^3 \to \mathbb{R}$:

☐ $\int_{D^3} \Delta f \, dV = \int_{S^2} f \, dF$

☐ $\int_{D^3} \Delta f \, dV = \int_{S^2} \frac{\partial f}{\partial r} \, dF$

☐ $\int_{D^3} \Delta f \, dV = \int_{S^2} \nabla f \, dF$

(7) Sei $f : X \to \mathbb{R}$ auf dem Rande ∂M der dreidimensionalen
Untermannigfaltigkeit $M \subset X$ konstant. Was bedeutet das
für die Normalableitung?

☐ $\frac{\partial f}{\partial n} \equiv 0$ ☐ $\frac{\partial f}{\partial n} = \nabla f$ ☐ $\frac{\partial f}{\partial n} = \pm \|\nabla f\|$

(8) Sei $X \subset \mathbb{R}^3$ offen und $f : X \to \mathbb{R}$ differenzierbar. Daß
für jede Kurve $\gamma : [t_0, t_1] \to X$ von p nach q die Formel
$\int_{t_0}^{t_1} f'(\gamma(t)) \dot{\gamma}(t) \, dt = f(q) - f(p)$ gilt, ist ja sowieso klar. Inwiefern ist sie aber ein Spezialfall des Satzes $\int_M d\omega = \int_{\partial M} \omega$
von Stokes? Setze

☐ $M := X$ und   ☐ $M := [t_0, t_1]$ ☐ $M := [t_0, t_1]$
    $\omega := f$ und $\omega := \gamma^* f$ und $\omega := f$

(9) Das Linienelement ds des Graphen $\{ (x, \sqrt{x}) \mid x > 0 \}$,
ausgedrückt durch die Koordinate x, heißt

☐ $\sqrt{1 + \frac{1}{4x}} \, dx$ ☐ $\sqrt{1 + \frac{1}{2\sqrt{x}}} \, dx$ ☐ $\sqrt{x^2 + x} \, dx$

(10) Wie heißt das Flächenelement $dF \in \Omega^2 S^2$ der wie üblich orientierten 2-Sphäre, ausgedrückt in den geographischen Winkelkoordinaten (östliche) Länge λ und (nördliche) Breite β ?

☐ $\sin\beta \, d\beta \wedge d\lambda$ ☐ $\cos\beta \, d\lambda \wedge d\beta$ ☐ $\sin\beta \, d\lambda \wedge d\beta$

10.11   Übungsaufgaben

AUFGABE 37: Sei $X \subset \mathbb{R}^3$ offen. Es seien $\mathcal{V}(X) \cong \Omega^1 X \cong \Omega^2 X$ und $\Omega^0 X \cong \Omega^3 X$ die durch die Basisfelder bzw. -formen

$$\partial_1, \, \partial_2, \, \partial_3 \quad \text{für} \quad \mathcal{V}(X)$$
$$dx^1, \, dx^2, \, dx^3 \quad \text{für} \quad \Omega^1 X$$
$$dx^2 \wedge dx^3, \, dx^3 \wedge dx^1, \, dx^1 \wedge dx^2 \quad \text{für} \quad \Omega^2 X$$
$$\text{und} \quad dx^1 \wedge dx^2 \wedge dx^3 \quad \text{für} \quad \Omega^3 X$$

hergestellten Isomorphismen. Wenn man 1- und 2-Formen auf diese Weise durch Vektorfelder und 3-Formen durch Funktionen beschreibt, was wird dann aus dem äußeren Produkt?

AUFGABE 38: Sei $X \subset \mathbb{R}^3$ offen. Für differenzierbare Funktionen f und Vektorfelder $\vec{v}$ and $\vec{w}$ auf X finde man vektoranalytische Produktformeln

(a) $\mathrm{rot}(f\vec{v}) =?$
(b) $\mathrm{div}(f\vec{v}) =?$
(c) $\mathrm{div}(\vec{v} \times \vec{w}) =?$

durch Übersetzung in den Differentialformenkalkül.

AUFGABE 39: Es sei $M \subset \mathbb{R}^2$ eine kompakte berandete 2-dimensionale Untermannigfaltigkeit.

(a) Man beweise die Greensche Formel

$$\int_{\partial M} f \, dx + g \, dy = \int_M \left(\frac{\partial g}{\partial x} - \frac{\partial f}{\partial y} \right) dx \, dy$$

(b) Was ist die geometrische Bedeutung der Integrale $\int_{\partial M} x \, dy$ und $\int_{\partial M} y \, dx$?

AUFGABE 40: Bekanntlich gilt $\int_{D^3} dV = \frac{1}{3} \int_{S^2} dF$. Man finde und beweise eine Verallgemeinerung dieser Formel für D^n und S^{n-1}, $n \geq 1$.

AUFGABE 41: Es sei $M \subset \mathbb{R}^3$ eine 3-dimensionale kompakte berandete Untermannigfaltigkeit und $\vec{p}_1, \ldots, \vec{p}_n \in M \setminus \partial M$. Man bestimme

$$\sum_{k=1}^{n} \int_{\partial M} \frac{\vec{x} - \vec{p}_k}{|\vec{x} - \vec{p}_k|^3} \cdot d\vec{F}.$$

10.12   Hinweise zu den Übungsaufgaben

ZU AUFGABE 37: In 10.3 haben wir die Cartansche Ableitung in die klassische Vektoranalysis "übersetzt", hier sollen Sie es mit dem Dachprodukt machen, also die drei durch das Dachprodukt gegebenen Abbildungen

$$\Omega^1 X \times \Omega^1 X \longrightarrow \Omega^2 X$$
$$\Omega^1 X \times \Omega^2 X \longrightarrow \Omega^3 X$$
$$\Omega^1 X \times \Omega^1 X \times \Omega^1 X \longrightarrow \Omega^3 X$$

in entsprechende Verknüpfungen der Vektorfelder umrechnen, z.B. für die erste Zeile das Diagramm

$$
\begin{CD}
\Omega^1 X \times \Omega^1 X @>\wedge>> \Omega^2 X \\
@AA\cong A @AA\cong A \\
\mathcal{V}(X) \times \mathcal{V}(X) @>>> \mathcal{V}(X)
\end{CD}
$$

kommutativ ergänzen. — Man kann das natürlich ganz formal *ausrechnen*, soll aber möglichst auch *erkennen*, was dabei herausgekommen ist.

ZU AUFGABE 38: Dies ist eine Fortsetzung von Aufgabe 37, deren Ergebnisse man benutzt. In (a) haben wir zum Beispiel das

Diagramm

$$
\begin{array}{ccccc}
\Omega^0 X \times \Omega^1 X & \xrightarrow{\ \wedge\ } & \Omega^1 X & \xrightarrow{\ d\ } & \Omega^2 X \\
\Big\uparrow{\cong} & & \Big\uparrow{\cong} & & \Big\uparrow{\cong} \\
C^\infty(X) \times \mathcal{V}(X) & \longrightarrow & \mathcal{V}(X) & \xrightarrow{\ \text{rot}\ } & \mathcal{V}(X)
\end{array}
$$

mit den üblichen Übersetzungsisomorphismen nach oben zu betrachten. Oben kennen wir uns aus, denn im Differentialformenkalkül genügt *eine* Produktformel, sie heißt für $\omega \in \Omega^r X$ stets $d(\omega \wedge \eta) = d\omega \wedge \eta + (-1)^r \omega \wedge d\eta$.

ZU AUFGABE 39: Hier sind f und g etwa auf einer offenen Umgebung $X \subset \mathbb{R}^2$ von M als differenzierbar gegeben zu denken. Natürlich ist die Aufgabe irgendwie eine Anwendung des Satzes von Stokes, und links in (a) steht ja auch ein Integral der Form $\int_{\partial M} \omega$. Beachte aber, daß rechts *nicht* $\int_M d\omega$ steht: $dx\,dy$ ist *kein* Druckfehler für $dx \wedge dy$! Die Aufgabe verlangt gleichzeitig, daß man auf die Definition des Integrals über eine 2-Form in dieser speziellen Situation Bezug nimmt. In beiden Teilaufgaben muß man auch auf das Vorzeichen achten!

ZU AUFGABE 40: Welches Vektorfeld $\vec{b}$ auf einer Umgebung von D^3 soll man wohl wählen, damit die Formel in der Aufgabe gerade die Aussage des Gaußschen Integralsatzes $\int_{D^3} \operatorname{div} \vec{b} = \int_{\partial D^3} \vec{b} \cdot \vec{N} dF$ wird? Hat man dieses $\vec{b}$ erst einmal gefunden, dann ist auch die Verallgemeinerung ganz naheliegend.

ZU AUFGABE 41: Die Physiker unter Ihnen werden den Integranden kennen: $\frac{\vec{x}}{r^3}$ ist der negative Gradient der harmonischen Funktion $\frac{1}{r}$. Wer das hier zum ersten Mal erfährt, sollte es einmal nachrechnen. — So wird die Aufgabe also zu einer Anwendung der Gauß- oder Greenschen Formel

$$
\int_{M^3} \Delta f dV = \int_{\partial M^3} \nabla f \cdot d\vec{F}
$$

(Korollar 1 in 10.5). Aber nicht so direkt, denn unser Integrand hat isolierte Singularitäten! Am besten legt man kleine Kugeln darum, ähnlich dem Vorgehen beim Residuensatz in der Funktionentheorie.

11 Die de Rham-Cohomologie

11.1 Definition des de Rham-Funktors

Von der klassischen Vektoranalysis wenden wir uns jetzt einem ganz anderen Aspekt des Differentialformenkalküls zu. Betrachten wir den de Rham-Komplex

$$0 \to \Omega^0 M \xrightarrow{d} \Omega^1 M \xrightarrow{d} \cdots$$

einer Mannigfaltigkeit M. Die Komplexeigenschaft $d \circ d = 0$ bedeutet, daß für jedes k

$$\text{Bild}\,(d : \Omega^{k-1}M \to \Omega^k M) \subset \text{Kern}\,(d : \Omega^k M \to \Omega^{k+1}M)$$

gilt, und wir können deshalb den Quotienten dieser beiden Vektorräume bilden.

Definition: Ist M eine Mannigfaltigkeit, so heiße der Quotientenvektorraum

$$H^k M := \frac{\text{Kern}\,(d : \Omega^k M \to \Omega^{k+1}M)}{\text{Bild}\,(d : \Omega^{k-1}M \to \Omega^k M)}$$

die **k-te de Rham-Cohomologiegruppe** von M. Die Cartansche Ableitung d wird auch der **Corand-Operator** genannt, die Differentialformen im Bild eines d heißen **Coränder**, die im Kern **Cozykeln**. Ist $\eta \in \Omega^k M$ ein k-dimensionaler Cozykel, so heißt seine Nebenklasse

$$[\eta] := \eta + d\Omega^{k-1}M \in H^k M$$

die **Cohomologieklasse** von η. $\qquad\qquad\qquad\qquad\qquad\square$

Die Ausdrücke *Ränder*, *Zykeln* und *Homologieklasse*, auf die hier angespielt wird, stammen aus der *Homologietheorie*. Dort sind es gewisse "Ketten" c, welche einen "Rand" ∂c haben und "Zyklen" genannt werden, wenn dieser Rand verschwindet. Zwei Zyklen heißen homolog, wenn sie sich nur um einen Rand unterscheiden. Wir können hier nicht näher darauf eingehen, aber dem geometrischen Inhalte nach entspricht die Randbildung in der Homologietheorie der Randbildung bei den kompakten berandeten Mannigfaltigkeiten, was auch die vom eindimensionalen Fall übernommene Bezeichnung "Zykel" für die unberandeten Ketten erklärt. Da nun die Cartansche Ableitung in dem Sinne dual zur Randbildung ist, daß die Wirkung von $d\alpha$ gerade die Randwirkung von α ist, wie in Kapitel 7 ausführlich beschrieben, wird die Bezeichnung "Co-Rand-Operator" für d verständlich.

Lemma und Definition: *Das Dachprodukt und die funktoriellen Eigenschaften des de Rham-Komplexes machen*

$$H^* := \bigoplus_{k=0}^{\infty} H^k$$

in kanonischer Weise zu einem kontravarianten Funktor von der differenzierbaren Kategorie in die Kategorie der antikommutativen graduierten Algebren und ihrer Homomorphismen. Dieser Funktor H^* *heiße die* **de Rham-Cohomologie** *schlechthin.*

BEWEIS: Wir zeigen zuerst, daß durch

$$[\omega] \wedge [\eta] := [\omega \wedge \eta]$$

das Dachprodukt $H^r M \times H^s M \xrightarrow{\wedge} H^{r+s} M$ wohldefiniert ist. Ersichtlich ist mit ω und η auch $\omega \wedge \eta$ ein Cozykel, denn aus $d\omega = 0$ und $d\eta = 0$ folgt $d(\omega \wedge \eta) = d\omega \wedge \eta + (-1)^r \omega \wedge d\eta = 0$. Bleibt oBdA zu prüfen, daß stets

$$[(\omega + d\alpha) \wedge \eta] = [\omega \wedge \eta],$$

also $d\alpha \wedge \eta$ ein Corand ist. Wegen $d\eta = 0$ ist aber

$$d(\alpha \wedge \eta) = d\alpha \wedge \eta + (-1)^{r-1} \alpha \wedge d\eta = d\alpha \wedge \eta,$$

das Dachprodukt eines Corandes mit einem Cozykel ist daher stets
ein Corand, also ist das Dachprodukt auch für die Cohomologie-
klassen wohldefiniert. — Ist ferner $f : M \to N$ eine differenzierbare Abbildung, so ist

$$f^* : H^k N \longrightarrow H^k M \quad \text{durch}$$
$$[\eta] \longmapsto [f^*\eta]$$

wohldefiniert, wie aus der Natürlichkeit von d (vergl. 8.6) sofort
folgt. — Die algebraischen und Funktoreigenschaften übertragen
sich nun von Ω^* (vgl. 8.7) auf H^*. □

11.2   Einige Eigenschaften

Was können wir aus dem Stegreif zur Berechnung der de Rham-
Cohomologie beisteuern? Zunächst die ganz triviale Bemerkung

Notiz: *Ist M eine n-dimensionale Mannigfaltigkeit und $k > n$,
so ist $H^k M = 0$, denn dann ist ja sogar $\Omega^k M = 0$.* □

Außerdem kennen wir natürlich die 0-Cozykeln, also die Funktionen $f \in \Omega^0 M$ mit $df = 0$: das sind die lokal konstanten reellen
Funktionen, Corand ist nur die Null, also:

Notiz: *$H^0 M$ ist der Vektorraum der lokal konstanten Funktionen, insbesondere ist für zusammenhängendes M kanonisch
$H^0 M = \mathbb{R}$.* □

Ferner erhalten wir aus dem Satz von Stokes noch eine Aussage
über das andere Ende der de Rham-Sequenz, nämlich

Korollar aus dem Satz von Stokes: *Ist M eine orientierbare, geschlossene (d.h. kompakte und unberandete) n-dimensio-
nale Mannigfaltigkeit, so ist $H^n M \neq 0$.*

BEWEIS: Orientiere M und wähle $\eta \in \Omega^n M$ mit $\int_M \eta \neq 0$, etwa
mittels Karte und Buckelfunktion. Wie jede n-Form ist η wegen

$\Omega^{n+1} M = 0$ ein Cozykel, aber η ist kein Corand $d\omega$, denn sonst wäre nach dem Satz von Stokes $\int_M \eta = \int_M d\omega = \int_{\partial M} \omega = 0$, da nach Voraussetzung $\partial M = \varnothing$ ist. Also gilt $[\eta] \neq 0 \in H^n M$. $\square$

Sehen wir schließlich nach den Morphismen, so können wir außer den Funktoreigenschaften über $f^* = H^k f : H^k N \to H^k M$ noch notieren

Notiz: *Für konstantes $f : M \to N$ ist $H^k f = 0$ für alle $k > 0$, und für zusammenhängendes M und N ist $H^0 f : \mathbb{R} \to \mathbb{R}$ die Identität für jedes f.* $\square$

Soweit die karge Ausbeute direkter Inspektion. In den folgenden beiden Abschnitten werden wir aber einen wichtigen nichttrivialen Sachverhalt beweisen: die Homotopie-Invarianz der de Rham-Cohomologie.

Definition: Es seien M und N differenzierbare Mannigfaltigkeiten. Zwei differenzierbare Abbildungen $f, g : M \to N$ heißen **differenzierbar homotop**, wenn es eine **differenzierbare Homotopie** h zwischen ihnen gibt, d.h. eine differenzierbare Abbildung

$$h : [0,1] \times M \longrightarrow N$$

mit $h(0,x) = f(x)$ und $h(1,x) = g(x)$ für alle $x \in M$. $\square$

Da M und N wie immer auch berandet sein dürfen, sei ausdrücklich angemerkt, daß wir eine auf einer in $[0,1] \times \mathbb{R}^n_-$ offenen Teilmenge U definierte Abbildung $\varphi : U \to \mathbb{R}^n$ *differenzierbar* nennen wollen, wenn es um jedes $u \in U$ eine in $\mathbb{R}^{n+1}$ offene Umgebung V_u gibt, auf die sich $\varphi | U \cap V_u$ differenzierbar ausdehnen läßt.

Satz (Homotopie-Invarianz der de Rham-Cohomologie): *Sind M, N Mannigfaltigkeiten und $f, g : M \to N$ zwei differenzierbar homotope Abbildungen, so gilt*

$$f^* = g^* : H^k N \longrightarrow H^k M$$

für alle k.

Was ich zum Homotopiebegriff im allgemeinen und der Bedeutung der Homotopie-Invarianz für Funktoren aus geometrischen in algebraische Kategorien im besonderen eigentlich jetzt noch sagen möchte, steht in [J: *Top*], Kap. V.

11.3   Homotopieinvarianz: Aufsuchen der Beweisidee

Ich möchte Ihnen nicht nur zeigen, wie der Beweis aussieht, sondern auch, wie man ihn *finden* kann. Sei also ω ein k-dimensionaler Cozykel auf N. Wir sollen beweisen, daß

$$[f^*\omega] = [g^*\omega] \in H^k M$$

gilt, d.h. daß sich die beiden Cozykeln $f^*\omega$ und $g^*\omega$ nur um einen Corand $d\alpha$ unterscheiden. *Gesucht* ist daher ein $\alpha \in \Omega^{k-1} M$ mit

$$g^*\omega - f^*\omega = d\alpha.$$

Soweit die Aufgabe. Nun mustern wir unsere Mittel. Die einzige Voraussetzung ist die Existenz einer differenzierbaren Homotopie zwischen f und g, d.h. einer differenzierbaren Abbildung h von dem Zylinder $[0,1] \times M$ über M nach N, die auf dem Boden $0 \times M$ mit f und auf dem Deckel $1 \times M$ mit g übereinstimmt, oder etwas förmlicher gesagt:

$$h \circ \iota_0 = f$$
$$h \circ \iota_1 = g,$$

wenn $\iota_t : M \hookrightarrow [0,1] \times M$ die durch $\iota_t(x) := (t,x)$ definierte Inklusion in die Höhe t des Zylinders bezeichnet. Dementsprechend stimmt dann auch der induzierte Cozykel $h^*\omega$ auf dem Boden mit $f^*\omega$ und auf dem Deckel mit $g^*\omega$ überein, oder genauer:

$$\iota_0^* h^*\omega = f^*\omega$$
$$\iota_1^* h^*\omega = g^*\omega.$$

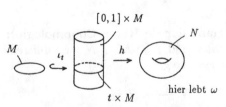

Fig. 106. Die Homotopie h zwischen $h \circ \iota_0 = f$ und $h \circ \iota_1 = g$.

Nachdem wir nun alles aufgeführt haben, was sich von selbst versteht, müssen wir unser zuversichtliches Niederschreiben des Beweises vorerst unterbrechen, um nach einer *Idee* für die Konstruktion von α zu suchen.

Der Cozykel $h^*\omega$ auf $[0,1] \times M$ stellt ja doch wenigstens eine Art von Verbindung zwischen $f^*\omega$ und $g^*\omega$ her. Die vage Vorstellung, $h^*\omega$ irgendwie zur Definition des gesuchten $\alpha \in \Omega^{k-1}M$ benutzen zu wollen, ist wohl naheliegend genug. Wovon sonst könnten wir ausgehen? Also müssen wir die Beziehung von $h^*\omega$ zu $f^*\omega$ und $g^*\omega$ genauer ansehen. Sei τ eine orientierte k-Masche in M, also $[0,1] \times \tau \subset [0,1] \times M$ der Zylinder oder *das Prisma* über τ. Wie jeder Cozykel muß $h^*\omega$ auf den orientierten Rand von $[0,1] \times \tau$ mit Null antworten:

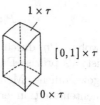

$$\int_{\partial([0,1]\times\tau)} h^*\omega = \int_{[0,1]\times\tau} dh^*\omega = 0,$$

weil $dh^*\omega = 0$ ist. Der Rand besteht aber aus Deckel, Boden und Seitenteilen.

Fig. 107. Das Prisma über der k-Masche τ

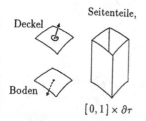

Fig. 108. $\partial([0,1]\times\tau) =$ $1\times\tau \cup 0\times\tau \cup [0,1]\times\partial\tau$.

Dabei sind Deckel und Boden entgegengesetzt orientiert. Weil nun h auf dem Deckel durch g, auf dem Boden durch f gegeben ist, gilt also

$$\int_\tau g^*\omega - \int_\tau f^*\omega = \pm \int_{[0,1]\times\partial\tau} h^*\omega.$$

Auch das Vorzeichen könnten wir bei genauerem Betrachten der Orientierungen natürlich herausfinden (es ist das positive), aber das wäre jetzt pedantisch. Es kommt doch nur darauf an, eine $(k-1)$-Form $\alpha \in \Omega^{k-1}M$ zu finden, deren Corand $d\alpha$ auf τ so antwortet, wie

$h^*\omega$ auf $[0,1] \times \partial\tau$. Da aber $d\alpha$ auf τ jedenfalls so antwortet wie α auf $\partial\tau$, wünschen wir uns

$$\int_\sigma \alpha = \int_{[0,1]\times\sigma} h^*\omega$$

für jede orientierte $(k-1)$-Masche σ in M. In Worten: α *soll auf* σ *so antworten, wie* $h^*\omega$ *auf das Prisma über* σ. Wir brauchen also nur diese Forderung an α zur *Definition* von α zu erheben und sind mit dem Beweis intuitiv fertig.

———

Wie aber verwirklicht man die intuitive Vorstellung eines "Prismenoperators"

$$P : \Omega^k([0,1] \times M) \longrightarrow \Omega^{k-1}M,$$

wobei $P\eta$ durch die Prismenwirkung von η gegeben gedacht ist, als präzise Definition? Nun, das Integral $\int_{[0,1]\times\sigma} \eta$ ist ja als gewöhnliches Mehrfachintegral über die heruntergeholte Komponentenfunktion erklärt, und durch Ausführung der Integration über die Variable t ergibt sich nach Fubini:

$$\int_{[0,1]\times\sigma} \eta = \int_\sigma \left(\int_0^1 \eta(\partial_t, \cdot\cdot) dt \right),$$

wir brauchen also nur

$$P\eta(v_1, \ldots, v_{k-1}) := \int_0^1 \eta(\partial_t, v_1, \ldots, v_{k-1}) dt$$

zu setzen und dürfen aufgrund unserer Herleitung überzeugt sein, daß eine der beiden $(k-1)$-Formen

$$\alpha := \pm P h^*\omega$$

unser Problem löst.

11.4 Durchführung des Beweises

Nachdem wir so die Beweisidee gefunden haben, ist es für die Durchführung des Beweises natürlich am bequemsten, die gewünschte Eigenschaft $d\alpha = g^*\omega - f^*\omega$, also

$$dPh^*\omega = \iota_1^*h^*\omega - \iota_0^*h^*\omega,$$

einfach nachzurechnen. Betrachten wir statt des speziellen $h^*\omega$ ein beliebiges η, so wissen wir ja aus der geometrischen Bedeutung der Operatoren d und P, daß $Pd\eta$ auf eine orientierte k-Masche τ in M wie η auf den Rand des Prismas über τ antworten wird, da dieser Rand aus Boden und Deckel und den Seitenteilen besteht, haben wir also (vielleicht bis auf's Vorzeichen)

$$Pd\eta = (\iota_1^*\eta - \iota_0^*\eta) - dP\eta$$

zu erwarten.

Schreibweise: Die durch Einsetzen eines Vektors v auf den ersten Variablenplatz einer k-Form η entstehende $(k-1)$-Form $\eta(v, \dots)$ bezeichnen wir mit $v \lrcorner \eta$. $\qquad\Box$

Behauptung: *Für den sogenannten* **Prismenoperator**

$$P : \Omega^k([0,1] \times M) \longrightarrow \Omega^{k-1}M,$$

$$\eta \longmapsto \int_0^1 (\partial_t \lrcorner \eta)dt$$

gilt $Pd\eta = \iota_1^*\eta - \iota_0^*\eta - dP\eta.$

BEWEIS DIESER BEHAUPTUNG: Die Behauptung ist linear in η und lokal bezüglich M, also genügt es, in lokalen Koordinaten $x^1, \dots, x^n$ für M die beiden Fälle

(1) $\qquad \eta = a\, dx^{\mu_1} \wedge \dots \wedge dx^{\mu_k}$ und

(2) $\qquad \eta = b\, dt \wedge dx^{\mu_1} \wedge \dots \wedge dx^{\mu_{k-1}}$

zu betrachten.

FALL (1): Hier ist $P\eta = 0$, weil $\partial_t \lrcorner \ \eta = 0$, erst recht also $dP\eta = 0$. Ferner gilt

$$d\eta = \dot{a}\, dt \wedge dx^{\mu_1} \wedge \ldots \wedge dx^{\mu_k} + \sum_{i=1}^{n} \frac{\partial a}{\partial x^i} dx^i \wedge dx^{\mu_1} \wedge \ldots \wedge dx^{\mu_k}$$

und daher

$$\begin{aligned}
Pd\eta &= \left(\int_0^1 \dot{a}\, dt\right)\, dx^{\mu_1} \wedge \ldots \wedge dx^{\mu_k} \\
&= \big(a(1,\cdot) - a(0,\cdot)\big)\, dx^{\mu_1} \wedge \ldots \wedge dx^{\mu_k} \\
&= \iota_1^* \eta - \iota_0^* \eta.
\end{aligned}$$

$$(1) \ \square$$

FALL (2): Jetzt ist $\iota_0^* \eta = \iota_1^* \eta = 0$, weil $\iota_{t_0}^* dt = 0$ für jedes feste t_0. Also haben wir $Pd\eta = -dP\eta$ zu zeigen. Es ist

$$d\eta = \sum_{i=1}^{n} \frac{\partial b}{\partial x^i} dx^i \wedge dt \wedge dx^{\mu_1} \wedge \ldots \wedge dx^{\mu_{k-1}},$$

also

$$Pd\eta = -\sum_{i=1}^{n} \left(\int_0^1 \frac{\partial b}{\partial x^i} dt\right) dx^i \wedge dx^{\mu_1} \wedge \ldots \wedge dx^{\mu_{k-1}}.$$

Andererseits gilt

$$P\eta = \left(\int_0^1 b\, dt\right) dx^{\mu_1} \wedge \ldots \wedge dx^{\mu_{k-1}},$$

und daher

$$dP\eta = \sum_{i=1}^{n} \left(\int_0^1 \frac{\partial b}{\partial x^i} dt\right) dx^i \wedge dx^{\mu_1} \wedge \ldots \wedge dx^{\mu_{k-1}}.$$

$$(2) \ \square$$

Damit ist die Behauptung bewiesen, und ist nun ω ein k-Cozykel auf N und $\eta := h^*\omega$ der induzierte Cozykel auf $[0,1] \times M$, so ist $d\eta = 0$, also auch $Pd\eta = 0$ und wir erhalten

$$\begin{aligned}
g^*\omega - f^*\omega &= \iota_1^* h^*\omega - \iota_0^* h^*\omega \\
&= \iota_1^* \eta - \iota_0^* \eta = dP\eta,
\end{aligned}$$

und haben also gezeigt:

Lemma: *Ist ω ein Cozykel und h eine Homotopie zwischen f und g, so unterscheiden sich die Cozykeln $g^*\omega$ und $f^*\omega$ nur um den Corand $d(Ph^*\omega)$.*

Der Satz von der Homotopieinvarianz der de Rham-Cohomologie ist damit bewiesen. □

11.5 Das Poincaré-Lemma

Nun wollen wir eine Serie von Korollaren der Homotopieinvarianz einernten. Die Homotopien sind immer differenzierbar gemeint. In der Tat sind *stetig* homotope differenzierbare Abbildungen immer auch differenzierbar homotop, wie ein geeigneter Approximationssatz zeigt, und in der Homotopieklasse einer stetigen Abbildung $f : M \to N$ sind stets auch differenzierbare Repräsentanten zu finden. Deshalb ist die de Rham-Cohomologie sogar auf der Kategorie der differenzierbaren Mannigfaltigkeiten und *stetigen* Abbildungen wohldefiniert und homotopieinvariant, worauf wir aber hier nicht näher eingehen wollen.

Weil eine von einer konstanten Abbildung induzierte k-Form für $k > 0$ nur Null sein kann (vergl. 8.3) folgt zunächst

Korollar 1: *Ist $f : M \to N$ **nullhomotop**, d.h. homotop zu einer konstanten Abbildung, so ist $f^* : H^k N \to H^k M$ für alle $k \geq 1$ die Nullabbildung.* □

Korollar 2: *Ist M **zusammenziehbar**, d.h. ist $\mathrm{Id}_M : M \to M$ nullhomotop, so ist $H^k M = 0$ für alle $k \geq 1$.*

BEWEIS: $\mathrm{Id}_M^* : H^k M \to H^k M$ ist wegen der Funktoreigenschaft die Identität, nach Korollar 1 aber auch Null. □

Korollar 3: *Auf einer zusammenziehbaren Mannigfaltigkeit ist jeder positivdimensionale Cozykel ein Corand, d.h. aus $\omega \in \Omega^k M$, $k > 0$ und $d\omega = 0$ folgt, daß es ein $\alpha \in \Omega^{k-1} M$ mit $d\alpha = \omega$ gibt.* □

Korollar 4 (Poincaré-Lemma): *Für beliebige Mannigfaltigkeiten M gilt: Lokal ist jeder positiv-dimensionale Cozykel ein Corand, d.h. um jeden Punkt gibt es eine offene Umgebung U, in der zu jedem $\omega \in \Omega^k M$ mit $k > 0$ und $d\omega = 0$ ein $\alpha \in \Omega^{k-1}U$ mit $d\alpha = \omega|U$ existiert.* ☐

Jede zusammenziehbare offene Umgebung U von p, z.B. jede offene "Kartenkugel" leistet ersichtlich das Gewünschte. —

Auch ein anderer Spezialfall von Korollar 3 wird oft Poincaré-Lemma genannt und soll deshalb eigens mit aufgeführt werden:

Korollar 5: *Ist $X \subset \mathbb{R}^n$ offen und sternförmig, so ist jeder positiv-dimensionale Cozykel auf X ein Corand.* ☐

Dieser Fall verdient auch ein besonderes Interesse, und zwar aus folgendem Grund. Wenn eine "Zusammenziehung" einer Mannigfaltigkeit M, also eine differenzierbare Abbildung

$$h : [0,1] \times M \longrightarrow M \quad \text{mit}$$
$$h_0 = \text{const} \quad \text{und}$$
$$h_1 = \text{Id}_M$$

explizit gegeben ist, dann haben wir aus dem am Schluß des Beweises der Homotopieinvarianz formulierten Lemma auch eine explizite Integralformel dafür, *wie* man zu jedem Cozykel ω auf M eine Form α mit $d\alpha = \omega$ finden kann, eine "Stamm-Form" α, wie man in Anlehnung an den Ausdruck "Stammfunktion" sagen könnte:

$$d\omega = 0 \Longrightarrow d(Ph^*\omega) = \omega,$$

also ist $\alpha = Ph^*\omega$ eine Stammform von ω. Ein bezüglich $x_0 \in X$ sternförmiges Gebiet $X \subset \mathbb{R}^n$ besitzt nun die allereinfachste Zusammenziehung, nämlich das gradlinige

$$h(t,x) := x_0 + t(x - x_0).$$

Deshalb kann man die Stammform eines Cozykels $\omega \in \Omega^k X$ auch ganz explizit hinschreiben. Sei oBdA $x_0 = 0$, also $h(t, x) = tx$, und

$$\omega = \sum_{\mu_1 < \cdots < \mu_k} \omega_{\mu_1 .. \mu_k} dx^{\mu_1} \wedge \ldots \wedge dx^{\mu_k}.$$

An jeder Stelle $(t, x) \in [0, 1] \times X$ ist dann

$$h^* \omega_{\mu_1 .. \mu_k}(t, x) = \omega_{\mu_1 .. \mu_k}(tx)$$
$$h^* x^\mu = tx^\mu$$
$$h^* dx^\mu = dh^* x^\mu = x^\mu dt + t dx^\mu.$$

Da außerdem $dt(\partial_t) = 1$ und $dx^\mu(\partial_t) = 0$ auf $[0, 1] \times X$ gilt, erhalten wir daraus

$$\partial_t \lrcorner\, h^* \omega = \sum_{\mu_1 < \cdots < \mu_k} \sum_{i=1}^{k} (-1)^{i-1} t^{k-1} \omega_{\mu_1 .. \mu_k}(tx) x^{\mu_i} dx^{\mu_1} \wedge \ldots \widehat{i} \ldots \wedge dx^{\mu_k},$$

und da $Ph^* \omega$ als $\int\limits_0^1 (\partial_t \lrcorner\, h^* \omega)\, dt$ definiert war (vergl. 11.4), so ergibt sich:

Korollar 6 ("Stammformformel"): *Sei* $X \subset \mathbb{R}^n$ *eine bezüglich* $x_0 = 0$ *sternförmige offene Teilmenge und* $\omega \in \Omega^k X$ *ein Cozykel, d.h.* $d\omega = 0$. *Setzt man dann*

$$\alpha := \sum_{\mu_1 < \cdots < \mu_k} \sum_{i=1}^{k} (-1)^{i-1} (\int_0^1 t^{k-1} \omega_{\mu_1 .. \mu_k}(tx) dt) x^{\mu_i} dx^{\mu_1} \wedge \ldots \widehat{i} \ldots \wedge dx^{\mu_k},$$

so gilt $d\alpha = \omega$. $\square$

Man könnte $d\alpha = \omega$ natürlich direkt und mechanisch nachrechnen und erhielte so einen einfachen, eleganten und völlig unverständlichen Beweis des Poincaré-Lemmas für sternförmige Gebiete. —

Im Abschnitt 10.3 hatten wir gesehen, wie die drei Cartan-Ableitungen des de Rham-Komplexes einer offenen Teilmenge des $\mathbb{R}^3$ der Reihe nach den Operatoren Gradient, Rotation und Divergenz entsprechen. Übersetzen wir daher das Poincaré-Lemma in die klassische Vektoranalysis, so erhalten wir

Korollar 7: *Ist die offene Teilmenge $X \subset \mathbb{R}^3$ zusammenziehbar (zum Beispiel sternförmig) so gibt es auf X*

(1) *zu jedem Vektorfeld $\vec{a}$ mit $\operatorname{rot} \vec{a} = 0$ eine Funktion f mit $\operatorname{grad} f = \vec{a}$,*

(2) *zu jedem Vektorfeld $\vec{b}$ mit $\operatorname{div} \vec{b} = 0$ ein Vektorfeld $\vec{a}$ mit $\operatorname{rot} \vec{a} = \vec{b}$ und*

(3) *zu jeder Funktion c ein Vektorfeld $\vec{b}$ mit $\operatorname{div} \vec{b} = c$.* □

11.6　Der Satz vom stetig gekämmten Igel

"Ein stetig gekämmter Igel hat mindestens einen Glatzpunkt". Diese bildhafte Merkfassung hat sich für den Satz eingebürgert, daß es auf einer geradedimensionalen Sphäre kein nullstellenfreies Vektorfeld geben kann.

Es ist zunächst nicht zu sehen, was die Fragestellung mit dem Differentialformenkalkül zu tun haben soll. Muß man vielleicht das Vektorfeld als $(n-1)$-Form interpretieren oder so etwas? Keineswegs, auf die Differentialformen kommt es eigentlich dabei gar nicht an: der Beweis ist eine Kostprobe für *homologisches Schließen* und kann ähnlich auch mit anderen Homologie- oder Cohomologietheorien durchgeführt werden.

Sei M eine orientierte *geschlossene* n-dimensionale Mannigfaltigkeit. Nach dem Satz von Stokes ist

$$H^n M \longrightarrow \mathbb{R}, \quad [\omega] \mapsto \int_M \omega$$

eine wohldefinierte lineare Abbildung, da ja $\int_M d\alpha = \int_\varnothing \alpha = 0$ gilt. Wegen der Homotopie-Invarianz von $f^* : H^n N \to H^n M$ ist natürlich erst recht die Zusammensetzung von f^* mit $\int_M$ homotopie-invariant:

Korollar: *Ist M eine n-dimensionale geschlossene orientierte Mannigfaltigkeit, so ist die für alle $f : M \to N$ erklärte Zusammensetzung*

$$H^n N \xrightarrow{\ f^*\ } H^n M \xrightarrow{\ \int_M\ } \mathbb{R}$$

homotopie-invariant. □

Aus diesem Korollar, angewandt auf $M = N = S^{2k}$, werden wir den Igelsatz gleich ableiten, wir wollen deshalb bemerken, daß es leicht direkt aus dem Stokesschen Satz zu bekommen ist: Für eine Homotopie h zwischen f und g haben wir

$$\int_M g^*\omega - \int_M f^*\omega = \int_{\partial([0,1]\times M)} h^*\omega = \int_{[0,1]\times M} dh^*\omega = 0,$$

da $dh^*\omega = h^* d\omega = 0$ wegen $d\omega = 0$ gilt. Trotzdem ist die Aussage als Korollar der Homotopie-Invarianz der de Rham-Cohomologie schon am systematisch richtigen Platz. — Doch nun zur Anwendung:

Satz: *Jedes differenzierbare Vektorfeld auf einer gerade-dimensionalen Sphäre hat mindestens eine Nullstelle.*

BEWEIS: Sei v ein nirgends verschwindendes Vektorfeld auf S^n, zunächst für beliebiges n. Für jedes $x \in S^n$ können wir $v(x)$ als einen Wegweiser zum antipodischen Punkt $-x \in S^n$ ansehen und erkennen anschaulich sofort, daß die Identität und die antipodische Involution $\tau : S^n \to S^n$, $x \mapsto -x$, homotop sind. Zur förmlichen Bestätigung setze

$$h(t,x) := \cos \pi t \, x + \sin \pi t \, \frac{v(x)}{\|v(x)\|}.$$

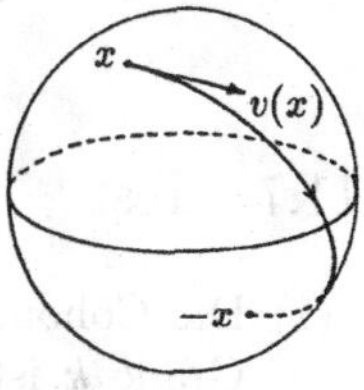

Wegen der Homotopie-Invarianz des Integrals (aus dem Satz von Stokes, s.o.) folgt daraus

$$\int_{S^n} \tau^*\omega = \int_{S^n} \omega$$

Fig. 109. Vektor $v(x)$ als Wegweiser

für alle $\omega \in \Omega^n S^n$ (die Homotopieinvarianz der de Rham-Cohomologie liefert sogar $\tau^*[\omega] = [\omega]$). Andererseits wissen wir, daß für jeden Diffeomorphismus $f : S^n \cong S^n$

$$\int_{S^n} f^*\omega = \pm \int_{S^n} \omega$$

gilt, wobei das Vorzeichen vom Orientierungsverhalten von f abhängt (vergl. 5.5), so einfach lautete die Transformationsformel für das Integral von Differentialformen. Die antipodische Abbildung $\tau : S^n \to S^n$ kehrt die Orientierung aber genau dann um, wenn n *gerade* ist. Das sieht man z.B. so: Der Diffeomorphismus $-\mathrm{Id} : D^{n+1} \to D^{n+1}$ führt (durch sein Differential, das überall $-\mathrm{Id}_{\mathbb{R}^{n+1}}$ ist) für jedes $x \in S^n$ die Außennormale $\vec{N}(x)$ in $\vec{N}(-x)$ bei $-x$ über, er kehrt die Randorientierung also genau zugleich mit der Gesamtorientierung in D^{n+1} um, und letzteres tut er ersichtlich genau dann, wenn n *gerade* ist. Für gerades n gilt also

$$\int_{S^n} \tau^* \omega = - \int_{S^n} \omega$$

für alle ω, und da es n-Formen ω mit $\int_{S^n} \omega \neq 0$ gibt, wäre das ein Widerspruch zur Homotopie-Invarianz, also kann es für gerades n kein solches Vektorfeld v geben. □

Dieser schöne, auf mancherlei Arten beweisbare geometrische Satz ist nicht nur für sich genommen interessant, sondern auch Ausgangspunkt und gemeinsamer Spezialfall für verschiedene weitere Entwicklungen (globale Eigenschaften von Vektorfeldern auf Mannigfaltigkeiten, allgemeiner von Schnitten in Vektorraumbündeln, Eulerzahl, charakteristische Klassen, ...).

11.7 Test

(1) Die Cohomologieklasse $[\eta] \subset \Omega^k M$ eines Cozykels η vom Grade k ist

□ $\{ \eta + \omega \mid \omega \in \Omega^k M, \ d\omega = 0 \}$
□ $\{ \eta + d\omega \mid \omega \in \Omega^{k-1} M \}$
□ $\{ \eta + \omega \mid d\omega = d\eta \}$

(2) Mit der *Antikommutativität* der graduierten Algebra $H^* M$ ist die Eigenschaft des Dachproduktes gemeint, daß für alle $[\omega] \in H^r M$ und $[\eta] \in H^s M$ gilt:

□ $[\omega] \wedge [\eta] = -[\eta] \wedge [\omega]$
□ $[\omega] \wedge [\eta] = (-1)^{r+s} [\eta] \wedge [\omega]$
□ $[\omega] \wedge [\eta] = (-1)^{rs} [\eta] \wedge [\omega]$

(3) Genau dann ist $H^k M = 0$, wenn

☐ für jedes $\omega \in \Omega^k M$ ein $\eta \in \Omega^{k-1} M$ existiert, so daß $d\eta = \omega$ ist.

☐ für jedes $\omega \in \Omega^k M$ mit $d\omega = 0$ ein $\eta \in \Omega^{k-1} M$ existiert, so daß $d\eta = \omega$ ist.

☐ für jedes $\omega \in \Omega^k M$ von der Form $\omega = d\eta$ gilt: $d\omega = 0$.

(4) Durch die Polarkoordinaten (r, φ) ist auf $M := \mathbb{R}^2 \setminus 0$ eine 1-Form $d\varphi$ wohldefiniert. Diese 1-Form ist

☐ Ein Cozykel, weil $dd = 0$ ein lokaler Sachverhalt ist.

☐ Ein Corand, weil $\varphi \in \Omega^0 M$

☐ Kein Cozykel und erst recht kein Corand, weil φ nicht ohne "Sprung" auf ganz $\mathbb{R}^2 \setminus 0$ definiert werden kann.

(5) Im Zusammenhang mit dem Prismenoperator hatten wir $\partial_t \lrcorner \omega$ zu betrachten gehabt. Jetzt sollen x, y und z die Koordinaten in $\mathbb{R}^3$ bezeichnen. Dann ist

☐ $\partial_x \lrcorner (dx \wedge dy + dy \wedge dz) = dy$

☐ $\partial_x \lrcorner (dx \wedge dy + dy \wedge dz) = -dy$

☐ $\partial_x \lrcorner (dx \wedge dy + dy \wedge dz) = dy \wedge dz$

(6) Für den Zylinder $M := S^1 \times \mathbb{R}$ gilt

☐ $H^2 M = 0$, weil M 2-dimensional und $d : \Omega^2 M \to \Omega^3 M$ daher Null ist.

☐ $H^2 M = 0$, weil M Produkt zweier 1-dimensionaler Mannigfaltigkeiten ist.

☐ $H^2 M = 0$, weil die Projektion

$$S^1 \times \mathbb{R} \longrightarrow S^1 \times \mathbb{R},$$
$$(z, x) \longmapsto (z, 0)$$

homotop zur Identität und $H^2 S^1 = 0$ ist.

(7) Die Abbildungen $f, g : M \to N$ seien homotop. Folgt daraus $f^* \omega = g^* \omega$ für alle Cozykeln $\omega \in \Omega^k N$?

☐ Ja, nach dem Satz von der Homotopieinvarianz ist $f^* = g^*$.

☐ Nein, denn aus $f^*\omega = g^*\omega$ für alle Cozykeln folgt schon $f = g$.

☐ Nein, auf einer zusammenziehbaren Mannigfaltigkeit ist zum Beispiel die Identität homotop zu einer konstanten Abbildung.

(8) Es bezeichnen p und q den Nord- und den Südpol der n-Sphäre S^n, $n > 1$. Dann gilt:

☐ $S^n \smallsetminus p$ ist zusammenziehbar, da diffeomorph zu $\mathbb{R}^n$.

☐ S^n ist nicht zusammenziehbar, da $H^n(S^n) \neq 0$.

☐ $S^n \smallsetminus \{p, q\}$ ist nicht zusammenziehbar, da die Identität auf S^{n-1} über $S^n \smallsetminus \{p, q\}$ faktorisiert:

$$S^{n-1} \longrightarrow S^n \smallsetminus \{p, q\} \longrightarrow S^{n-1},$$

also $H^{n-1}(S^n \smallsetminus \{p, q\}) \neq 0$ sein muß.

(9) Daß *jedes* divergenzfreie Vektorfeld auf der offenen Teilmenge $X \subset \mathbb{R}^3$ die Rotation eines Vektorfeldes auf X ist, ist gleichbedeutend mit

☐ X zusammenhängend (Poincaré-Lemma).

☐ $H^1 X = 0$ (Cozykeln sind Coränder).

☐ $H^2 X = 0$ (Cozykeln sind Coränder).

(10) Gilt der "Satz vom Igel" analog auch für die geradedimensionalen reellen projektiven Räume $\mathbb{RP}^{2k}$?

☐ Ja, denn $S^{2k} \to \mathbb{RP}^{2k}$ ist eine Überlagerung, und jedes Vektorfeld auf $\mathbb{RP}^{2k}$ läßt sich zu S^{2k} hochheben.

☐ Nein, z.B. ist in homogenen Koordinaten $[x_1 : x_2 : x_3]$ der projektiven Ebene $\mathbb{RP}^2$ durch

$$[x_1 : x_2 : x_3] \longmapsto (x_1, x_2, x_3)/\|x\|$$

ein nirgends verschwindendes Vektorfeld wohldefiniert.

☐ Nein, denn es gibt Vektorfelder auf S^{2k}, die zwar Nullstellen haben, aber für kein antipodisches Punktepaar $\{\pm x\}$ an beiden Punkten zugleich verschwinden.

11.8 Übungsaufgaben

AUFGABE 42: Man beweise $H^1(S^2) = 0$.

AUFGABE 43: Man beweise direkt aus den Definitionen, daß durch $[\omega] \to \int_{S^1} \omega$ ein Isomorphismus $H^1(S^1) \cong \mathbb{R}$ erklärt ist und schließe daraus weiter, daß $\dim H^1(S^1 \times S^1) \geq 2$ sein muß.

AUFGABE 44: Eine Abbildung $f : M \to N$ heißt eine **Homotopieäquivalenz**, wenn sie ein Homotopie-Inverses hat, d.h. eine Abbildung $g : N \to M$ so daß $f \circ g$ und $g \circ f$ homotop zur jeweiligen Identität sind. Die Mannigfaltigkeiten oder Räume M und N heißen dann **homotopieäquivalent**. Man zeige, daß $\mathbb{R}^3 \setminus 0$ und S^2 homotopieäquivalent sind, S^2 und $S^1 \times S^1$ aber nicht.

11.9 Hinweise zu den Übungsaufgaben

ZU AUFGABE 42: Sie müssen zu jeder geschlossenen 1-Form, also zu jedem $\omega \in \Omega^1(S^2)$ mit $d\omega = 0$ eine Funktion f mit $df = \omega$ finden. Zu diesem Zweck wählt man sich einen Punkt $q \in S^2$, z.B. den Südpol, und definiert

$$f(x) := \int_\gamma \omega =: \int_q^x \omega,$$

wobei γ einen Weg von q nach x bezeichnet.

Glauben Sie nicht, ich hätte damit die Lösung der Aufgabe schon angegeben: jetzt geht die Arbeit ja erst richtig los! Wieso ist f dadurch überhaupt wohldefiniert, weshalb gilt $df = \omega$? Die lokalen Lösungen der Gleichung $df = \omega$, die man aus dem Poincaré-Lemma hat, sind bei diesen Überlegungen eine gute Hilfe.

Genauso läßt sich für jede einfach zusammenhängende Mannigfaltigkeit $H^1(M) = 0$ beweisen. Für $M = S^2$ kann man sich das Leben aber etwas leichter machen, indem man zum Beispiel das Poincaré-Lemma auf die zusammenziehbaren Teilgebiete $S^2 \setminus q$ und $S^2 \setminus p$ von S^2 anwendet und die beiden Funktionen miteinander vergleicht.

ZU AUFGABE 43: Für den zweiten Teil der Aufgabe braucht man nur die funktoriellen Eigenschaften von H^1 auszunutzen, man betrachte zum Beispiel die durch die Projektionen auf und Inklusionen von den Faktoren gegebenen vier Abbildungen

$$S^1 \quad \rightleftarrows \quad S^1 \times S^1 \quad \rightleftarrows \quad S^1$$

und wende auf sie den Funktor H^1 an.

ZU AUFGABE 44: Anfangs, wenn man nur erst die Definitionen kennt, sind solche topologischen Existenzfragen leichter mit Ja als mit Nein zu beantworten, denn wenn die fragliche Sache existiert, dann hat man doch eine Chance, sie zu finden und anzugeben, aber wenn das nicht gelingt: wie kann man sicher sein, daß es gar nicht *geht*? Später wendet sich das Blatt, weil man Funktoren kennenlernt, die Nichtexistenzaussagen oft kostenlos liefern, während mit expliziten Konstruktionen meist ein gewisser Arbeitsaufwand verbunden bleibt.

Beim ersten Teil der vorliegenden Aufgabe hält sich dieser Arbeitsaufwand aber in Grenzen, und ein Funktor, den Sie für den zweiten Teil gebrauchen können, liegt von den anderen beiden Aufgaben her gleichsam noch auf dem Tisch.

12

Differentialformen auf Riemannschen Mannigfaltigkeiten

12.1 Semi-Riemannsche Mannigfaltigkeiten

Zur weiteren Entfaltung des Differentialformenkalküls begeben wir uns jetzt auf Riemannsche Mannigfaltigkeiten, wo uns Stern-Operator, Laplace-de Rham-Operator, Hodge-Zerlegung und Poincaré-Dualität begegnen werden. Anfangs betrachten wir, etwas allgemeiner, auch semi-Riemannsche Mannigfaltigkeiten.

Vor Einführung der Riemannschen und semi-Riemannschen Mannigfaltigkeiten sei an einige linear-algebraische Begriffe und Fakten erinnert: Eine symmetrische Bilinearform $\langle \cdot, \cdot \rangle$ auf einem n-dimensionalen reellen Vektorraum V heißt *nichtentartet*, wenn

$$V \longrightarrow V^*$$
$$v \longmapsto \langle v, \cdot \rangle$$

ein Isomorphismus ist, und das ist genau dann der Fall, wenn die durch

$$g_{\mu v} := \langle v_\mu, v_\nu \rangle$$

gegebene $n \times n$-Matrix G für eine (dann jede) Basis $(v_1, \ldots, v_n)$ von V vollen Rang hat. Man kann eine Basis so wählen, daß G die Gestalt

$$\left. \begin{pmatrix} +1 & & & & & \\ & \ddots & & & & \\ & & +1 & & & \\ & & & -1 & & \\ & & & & \ddots & \\ & & & & & -1 \end{pmatrix} \middle\} \begin{array}{l} r \\ \\ s \end{array} \right.$$

annimmt, die Anzahl s der Einträge -1 in der Diagonalen ist unabhängig von der Wahl einer solchen Basis (Sylvesterscher Trägheitssatz) und heißt der **Index** der symmetrischen Bilinearform. Durch

$$q(v) := \langle v, v \rangle$$

ist die zu $\langle \cdot , \cdot \rangle$ gehörige quadratische Form $q : V \to \mathbb{R}$ definiert, aus ihr kann man $\langle \cdot , \cdot \rangle$ rekonstruieren, da

$$\langle v, w \rangle = \frac{1}{2}(q(v+w) - q(v) - q(w))$$

gilt. Das Paar (V, q) oder $(V, \langle \cdot , \cdot \rangle)$ nennt man auch einen nichtentarteten **quadratischen Raum** vom Index s, und für $s = 0$, also im positiv definiten Falle, einen **euklidischen Raum**.

Definition: Eine **semi-Riemannsche Mannigfaltigkeit vom Index** s ist ein Paar $(M, \langle \cdot , \cdot \rangle)$, bestehend aus einer Mannigfaltigkeit M und einer Familie

$$\langle \cdot , \cdot \rangle = \{ \langle \cdot , \cdot \rangle_p \}_{p \in M}$$

von symmetrischen Bilinearformen $\langle \cdot , \cdot \rangle_p$ auf $T_p M$ vom Index s, welche in dem naheliegenden Sinne differenzierbar ist, daß für die Karten (U, h) eines (dann eines jeden) Atlas für M die Funktionen $g_{\mu\nu} : U \to \mathbb{R}$, definiert durch $p \mapsto \langle \partial_\mu, \partial_\nu \rangle_p$, differenzierbar sind. Im positiv definiten Falle $s = 0$ nennt man $(M, \langle \cdot , \cdot \rangle)$ eine **Riemannsche Mannigfaltigkeit**. $\square$

Man nennt $\langle \cdot , \cdot \rangle$ auch die Riemannsche oder semi-Riemannsche **Metrik** von $(M, \langle \cdot , \cdot \rangle)$. Das "p" in der Notation $\langle \cdot , \cdot \rangle_p$ wollen wir nur führen, wenn diese Klarstellung gefordert zu sein scheint, sonst schreiben wir $\langle v, w \rangle_p =: \langle v, w \rangle$ für $v, w \in T_p M$.

Untermannigfaltigkeiten im $\mathbb{R}^n$ sind in kanonischer Weise Riemannsche Mannigfaltigkeiten. Aber auch jede beliebige Mannigfaltigkeit kann man mit einer Riemannschen Metrik $\langle \cdot , \cdot \rangle$ versehen: Man wähle eine Zerlegung $\{ \tau_\lambda \}_{\lambda \in \Lambda}$ der Eins mit Trägern $\mathrm{Tr}\, \tau_\lambda \subset U_\lambda$ für Karten (U_λ, h_λ) und setze

$$\langle v, w \rangle_p := \sum_{\lambda \in \Lambda} \tau_\lambda(p) \langle v, w \rangle_\lambda,$$

wobei $\langle\,\cdot\,,\cdot\,\rangle_\lambda$ die durch dh_λ von $U'_\lambda \subset \mathbb{R}^n$ auf U_λ übertragene Riemannsche Metrik bezeichnet. Beachte jedoch, daß dasselbe Verfahren i.a. versagt, wenn wir es zur Konstruktion einer semi-Riemannschen Metrik von einem Index $0 < s < n$ anzuwenden versuchen. Zwar könnten wir von der semi-Riemannschen Metrik

$$\langle x,y\rangle_{n-s,s} := \sum_{\mu=1}^{n-s} x^\mu y^\mu - \sum_{\nu=n-s+1}^{n} x^\nu y^\nu$$

auf $\mathbb{R}^n$ ausgehen und die obige Formel für $\langle\,\cdot\,,\cdot\,\rangle$ auf M analog hinschreiben, aber im Gegensatz zur positiven Definitheit ist die Eigenschaft, nichtentartet und vom Index s zu sein, nicht konvex (vergl. z.B. [J:Top], S. 136) und überträgt sich deshalb im allgemeinen nicht von den $\langle\,\cdot\,,\cdot\,\rangle_\lambda$ auf die konvexe Kombination $\sum_\lambda \tau_\lambda(p)\langle\,\cdot\,,\cdot\,\rangle_\lambda$. In der Tat gibt es zum Beispiel auf den geradedimensionalen Sphären S^n keine semi-Riemannsche Metrik vom Index 1 (oder $n-1$), wie man mit Hilfe des "Satzes vom Igel" und eines Überlagerungsarguments ([J:Top] S. 171/172) zeigen kann.

Semi-Riemannsche n-dimensionale Mannigfaltigkeiten ($n \geq 2$) vom Index 1 oder $n - 1$ heißen *Lorentz-Mannigfaltigkeiten*. Vorzeichenänderung der Metrik vertauscht diese Indices, wir wollen uns der Konvention anschließen, Lorentz-Mannigfaltigkeiten als vom Index $n - 1$ anzunehmen. Die reale Raum-Zeit ist durch eine physikalisch gegebene Metrik $\langle\,\cdot\,,\cdot\,\rangle$ eine 4-dimensionale Lorentz-Mannigfaltigkeit. Dieser Umstand war historisch und bleibt auch heute noch ein Hauptmotiv dafür, die Riemannsche Geometrie auf die semi-Riemannschen Mannigfaltigkeiten auszudehnen. In der Allgemeinen Relativitätstheorie spielt die Differentialgeometrie der Lorentzmannigfaltigkeiten begrifflich und technisch eine wichtige Rolle, und in der Teilchenphysik ist die Lorentz-Metrik durch die spezielle Relativitätstheorie allgegenwärtig.

Unser erstes Ziel wird es sein, für eine orientierte n-dimensionale semi-Riemannsche Mannigfaltigkeit M den sogenannten Sternoperator

$$* : \Omega^k M \xrightarrow{\;\cong\;} \Omega^{n-k} M$$

zu definieren. Das geschieht für jedes $p \in M$ einzeln durch einen Sternoperator

$$* : \mathrm{Alt}^k T_p M \xrightarrow{\;\cong\;} \mathrm{Alt}^{n-k} T_p M,$$

und deshalb setzen wir die Mannigfaltigkeiten vorerst beiseite und kehren nochmals zur linearen Algebra zurück.

12.2 Skalarprodukt alternierender k-Formen

Wir beginnen mit einer linear-algebraischen Bemerkung über endlichdimensionale reelle Vektorräume, in die noch keine Zusatzstrukturen wie Orientierung oder Metrik eingehen: $(\mathrm{Alt}^k V)^*$ und $\mathrm{Alt}^k(V^*)$ sind kanonisch dasselbe, genauer:

Lemma: *Interpretiert man jede Linearform*

$$\varphi \in \mathrm{Hom}(\mathrm{Alt}^k V, \mathbb{R}) = (\mathrm{Alt}^k V)^*$$

auf $\mathrm{Alt}^k V$ auch als eine (mit $\widetilde{\varphi}$ bezeichnete) alternierende k-Form auf V^*, indem man für $\alpha^1, \ldots, \alpha^k \in V^*$ jeweils

$$\widetilde{\varphi}(\alpha^1, \ldots, \alpha^k) := \varphi(\alpha^1 \wedge \ldots \wedge \alpha^k)$$

setzt, so ist hierdurch eine Äquivalenz der beiden Funktoren $(\mathrm{Alt}^k-)^*$ und $\mathrm{Alt}^k(-^*)$ von der Kategorie der endlichdimensionalen reellen Vektorräume und linearen Abbildungen in sich gegeben, d.h. für jede lineare Abbildung $f : V \to W$ zwischen endlichdimensionalen reellen Vektorräumen erhalten wir ein kommutatives Diagramm

$$
\begin{array}{ccc}
(\mathrm{Alt}^k V)^* & \overset{\cong}{\longrightarrow} & \mathrm{Alt}^k(V^*) \\
{\scriptstyle (\mathrm{Alt}^k f)^*}\Big\downarrow & & \Big\downarrow{\scriptstyle \mathrm{Alt}^k(f^*)} \\
(\mathrm{Alt}^k W)^* & \overset{\cong}{\longrightarrow} & \mathrm{Alt}^k(W^*).
\end{array}
$$

BEWEIS: Die Räume $(\mathrm{Alt}^k V)^*$ und $\mathrm{Alt}^k V^*$ sind dimensionsgleich und die kanonische Abbildung injektiv, denn $\varphi(\alpha^1 \wedge \ldots \wedge \alpha^k) = 0$ für alle $\alpha^1, \ldots, \alpha^k \in V^*$ impliziert $\varphi = 0 \in (\mathrm{Alt}^k V)^*$, also ist die Abbildung ein Isomorphismus, und die Verträglichkeit mit f folgt aus der Natürlichkeit des Dachprodukts. $\square$

Nun sei auf V eine nichtentartete symmetrische Bilinearform $\langle\,\cdot\,,\,\cdot\,\rangle$ gegeben, ein nicht notwendig positiv definites *Skalarprodukt*, wie wir auch sagen. Aus [AM] übernehmen wir die folgende suggestive Notation

Notation: Ist $\langle\,\cdot\,,\,\cdot\,\rangle$ eine nichtentartete Bilinearform auf einem endlichdimensionalen reellen Vektorraum V, so bezeichnen wir den durch $v \mapsto \langle v,\cdot\,\rangle$ gegebenen Isomorphismus von V nach V^* und seinen Inversen durch

$$V \underset{\sharp}{\overset{\flat}{\rightleftharpoons}} V^*$$

und schreiben statt $\flat(v)$ je nach Bequemlichkeit auch $^{\flat}v$ oder $v^{\flat}$, analog für $\sharp$.   □

Den Sinn der Notation erkennt man aus den englischen Bezeichnungen für $\sharp$ und $\flat$ in der Musik, die bekanntlich "sharp" und "flat" heißen. Durch $\sharp$ wird die Linearform α zum Vektor $^{\sharp}\alpha$ "angespitzt".

Ein Isomorphismus $V \cong V^*$ bewirkt nach obigem Lemma aber auch einen Isomorphismus $\mathrm{Alt}^k V \cong (\mathrm{Alt}^k V)^*$ und mithin eine Bilinearform auf $\mathrm{Alt}^k V$, genauer

Definierendes Lemma (Skalarprodukt im Formenraum):
Ist $(V,\langle\,\cdot\,,\,\cdot\,\rangle)$ ein n-dimensionaler nichtentarteter quadratischer Raum, so ist auf kanonische Weise, nämlich durch

$$(\mathrm{Alt}^k V)^* \xrightarrow[\mathrm{kanon}]{\cong} \mathrm{Alt}^k V^* \xrightarrow[\mathrm{Alt}^k \flat]{\cong} \mathrm{Alt}^k V$$

eine ebenfalls symmetrische nichtentartete Bilinearform $\langle\,\cdot\,,\,\cdot\,\rangle$ auch auf $\mathrm{Alt}^k V$ gegeben.

BEWEIS: Es seien $\omega, \eta \in \mathrm{Alt}^k V$ und $\varphi, \psi \in (\mathrm{Alt}^k V)^*$ ihre Urbilder unter obiger Abbildung. Zu zeigen bleibt nur die Symmetriebedingung

$$\langle \omega, \eta \rangle := \varphi(\eta) = \psi(\omega) =: \langle \eta, \omega \rangle.$$

Verfolgen wir, wie sich ω über

$$\varphi \longmapsto \widetilde{\varphi} \longmapsto \omega$$

ergibt, so finden wir

$$\omega(v_1, \ldots, v_k) = \widetilde{\varphi}(\,^b v_1, \ldots, \,^b v_k) = \varphi(\,^b v_1 \wedge \ldots \wedge \,^b v_k),$$

analog für η und ψ. Es sei nun $(e_1, \ldots, e_n)$ eine orthonormale Basis oder kurz **ON-Basis** des quadratischen Raumes V, d.h. $\langle e_\mu, e_\nu \rangle = \pm \delta_{\mu\nu}$. Wir schreiben $\langle e_\mu, e_\mu \rangle =: \varepsilon_\mu = \pm 1$. Sei ferner $(\delta^1, \ldots, \delta^n)$ die dazu duale Basis von V^*. Beachte, daß

$$^b e_\mu = \varepsilon_\mu \delta^{\mu\cdot}$$

für jedes μ (keine Summation), denn

$$^b e_\mu(e_\nu) := \langle e_\mu, e_\nu \rangle = \varepsilon_\mu \delta_{\mu\nu} = \varepsilon_\mu \delta^\mu(e_\nu)$$

für jedes ν. — Wir setzen nun oBdA

$$\omega = \delta^{\mu_1} \wedge \ldots \wedge \delta^{\mu_k}$$
$$\eta = \delta^{\nu_1} \wedge \ldots \wedge \delta^{\nu_k}.$$

Dann gilt

$$\begin{aligned}
\langle \omega, \eta \rangle &= \varphi(\delta^{\nu_1} \wedge \ldots \wedge \delta^{\nu_k}) \\
&= \varepsilon_{\nu_1} \cdot \ldots \cdot \varepsilon_{\nu_k} \varphi(\,^b e_{\nu_1} \wedge \ldots \wedge \,^b e_{\nu_k}) \\
&= \varepsilon_{\nu_1} \cdot \ldots \cdot \varepsilon_{\nu_k} \omega(e_{\nu_1}, \ldots, e_{\nu_k}) \\
&= \varepsilon_{\nu_1} \cdot \ldots \cdot \varepsilon_{\nu_k} \delta^{\mu_1} \wedge \ldots \wedge \delta^{\mu_k}(e_{\nu_1}, \ldots, e_{\nu_k}).
\end{aligned}$$

Wenn also die $\mu_1, \ldots, \mu_k$ paarweise verschieden sind und durch eine Permutation τ der Indices $1, \ldots, k$ aus $\nu_1, \ldots, \nu_k$ hervorgehen, so ist $\langle \omega, \eta \rangle = \varepsilon_{\nu_1} \cdot \ldots \cdot \varepsilon_{\nu_k} \mathrm{sgn}\,\tau$, sonst Null. Insbesondere ist $\langle \omega, \eta \rangle = \langle \eta, \omega \rangle$. $\qquad\square$

Damit haben wir aber auch gleichzeitig eine Rechenformel für das Skalarprodukt in $\mathrm{Alt}^k V$ gewonnen, die wir festhalten wollen.

Lemma (ON-Basis im Formenraum): *Ist $(e_1, \ldots, e_n)$ eine ON-Basis des quadratischen Raumes V, mit $\varepsilon_\mu := \langle e_\mu, e_\mu \rangle$ und bezeichnet $(\delta^1, \ldots, \delta^n)$ die duale Basis, so ist auch*

$$(\delta^{\mu_1} \wedge \ldots \wedge \delta^{\mu_k})_{\mu_1 < \cdots < \mu_k}$$

eine ON-Basis von $\mathrm{Alt}^k V$ und

$$\langle \delta^{\mu_1} \wedge \ldots \wedge \delta^{\mu_k}, \delta^{\mu_1} \wedge \ldots \wedge \delta^{\mu_k} \rangle = \varepsilon_{\mu_1} \cdot \ldots \cdot \varepsilon_{\mu_k}. \qquad\square$$

12.3 Der Sternoperator

Nun fügen wir unseren Daten auch noch eine Orientierung hinzu. Dann haben wir zunächst eine kanonische "Volumenform" $\omega_V \in \text{Alt}^n V$:

Definierendes Lemma (Volumenform): *Es sei V ein n-dimensionaler orientierter nichtentarteter quadratischer Raum. Die alternierende n-Form $\omega_V \in \text{Alt}^n V$, welche einer (dann jeder) positiv orientierten ON-Basis den Wert $+1$ zuordnet, heiße die* **Volumenform** *von V.*

BEWEIS der dabei gemachten Behauptung ("dann jeder"): Sei $(e'_1, \ldots, e'_n)$ eine zweite positiv orientierte ON-Basis und $f : V \to V$ die Transformation mit $f(e_\mu) = e'_\mu$. Dann ist

$$\omega(e'_1, \ldots, e'_n) = f^* \omega(e_1, \ldots, e_n) = \det f$$

(Lemma in 3.3). Wir haben also $\det f = +1$ zu zeigen. Ist A die Matrix von f bezüglich $(e_1, \ldots, e_n)$, so gilt $e'_i = \sum a_{ji} e_j$ und deshalb $\langle e'_i, e'_k \rangle = \sum \sum a_{ji} a_{lk} \langle e_j, e_l \rangle$ oder in Matrizenschreibweise

$$G' = {}^t A \cdot G \cdot A,$$

woraus wegen $|\det G| = |\det G'| = 1$ (ON-Eigenschaft der Basen) zunächst $|\det A| = 1$ folgt, und daraus weiter, weil f orientierungserhaltend ist, $\det f = \det A = +1$. □

Ist übrigens die zweite Basis nicht notwendig orthonormal, sondern nur positiv orientiert, so zeigt dieselbe Rechnung

$$\det f = \sqrt{|\det G'|}$$

oder in einer häufig gebrauchten Notation:

Lemma (Volumenformformel): *Sei V ein orientierter n-dimensionaler nichtentarteter quadratischer Raum und $(v_1, \ldots, v_n)$ eine positiv orientierte Basis, $\delta^1, \ldots, \delta^n$ die duale Basis. Dann ist die Volumenform*

$$\omega_V = \sqrt{|g|}\, \delta^1 \wedge \ldots \wedge \delta^n,$$

wobei g die Determinante der durch

$$g_{\mu\nu} := \langle v_\mu, v_\nu \rangle$$

gegebenen $n \times n$-Matrix bezeichnet. $\qquad\square$

Nun aber zur Definition des Sternoperators.

Definierendes Lemma (Sternoperator): *Ist V ein orientierter, n-dimensionaler nichtentarteter quadratischer Raum und $\omega_V \in \mathrm{Alt}^n V$ seine kanonische Volumenform, so gibt es zu jedem k genau eine lineare Abbildung*

$$* : \mathrm{Alt}^k V \longrightarrow \mathrm{Alt}^{n-k} V$$

*(den **Sternoperator**), so daß*

$$\eta \wedge *\zeta = \langle \eta, \zeta \rangle \omega_V$$

für alle $\eta, \zeta \in \mathrm{Alt}^k V$ gilt.

BEWEIS: Zuerst zur Eindeutigkeit. Nach dem Lemma über ON-Basen im Formenraum (12.2) impliziert die Forderung auch, daß für die duale $(\delta^1, .., \delta^n)$ einer positiv orientierten ON-Basis und geordnete Indices $\lambda_1 < .. < \lambda_k$ und $\mu_1 < .. < \mu_k$ gelten muß:

$$\delta^{\lambda_1} \wedge .. \wedge \delta^{\lambda_k} \wedge *(\delta^{\mu_1} \wedge .. \wedge \delta^{\mu_k})$$
$$= \begin{cases} \varepsilon_{\mu_1} \cdots \varepsilon_{\mu_k} \omega_V, & \text{falls } \mu_i = \lambda_i \text{ für } i = 1, .., k \\ 0 & \text{sonst.} \end{cases}$$

Das bedeutet aber, daß

$$*(\delta^{\mu_1} \wedge .. \wedge \delta^{\mu_k}) = \sum_{\nu_1 < .. < \nu_{n-k}} a_{\nu_1 .. \nu_{n-k}} \delta^{\nu_1} \wedge .. \wedge \delta^{\nu_{n-k}}$$

nur eine einzige von Null verschiedene Komponente in dieser Summe haben kann, zum komplementären Multiindex

$$\nu_1 < .. < \nu_{n-k}$$

gehörig, und genauer daß gilt

$$*(\delta^{\mu_1} \wedge .. \wedge \delta^{\mu_k}) = \varepsilon_{\mu_1} \cdots \varepsilon_{\mu_k} \operatorname{sgn} \tau \cdot \delta^{\nu_1} \wedge .. \wedge \delta^{\nu_{n-k}},$$

wobei $\nu_1 < .. < \nu_{n-k}$ komplementär zu $\mu_1 < .. < \mu_k$ ist und τ die Permutation bedeutet, die $(1, .., n)$ in $(\mu_1, .., \mu_k, \nu_1, .., \nu_{n-k})$ überführt. Insbesondere ist $*$ durch diese notwendige Bedingung eindeutig festgelegt.

Umgekehrt benutzen wir diese Formel für eine feste positiv orientierte ON-Basis zur Definition von $*$, welches die bilineare Forderung der Definition dann auf den Basiselementen von $\operatorname{Alt}^k V$, also auch allgemein erfüllt. Damit ist auch die Existenz des Sternoperators gezeigt. □

Die obige Formel gilt auch ohne die Anordnungsbedingungen $\mu_1 < .. < \mu_k$ und $\nu_1 < .. < \nu_{n-k}$, weil die Vorzeichenänderungen bei Vertauschungen von $\operatorname{sgn} \tau$ aufgefangen werden. Wir haben deshalb

Notiz 1: *Für jede positiv orientierte Orthonormalbasis und jede Permutation τ gilt*

$$*(\delta^{\tau(1)} \wedge .. \wedge \delta^{\tau(k)}) = \varepsilon_{\tau(1)} \cdots \varepsilon_{\tau(k)} \operatorname{sgn} \tau \cdot \delta^{\tau(k+1)} \wedge .. \wedge \delta^{\tau(n)}$$

□

Daraus folgt weiter, daß $*\eta$ bis auf's Vorzeichen auf Vektoren einer Orthonormalbasis so antwortet, wie η auf die komplementären oder restlichen Vektoren:

Notiz 2: *Ist $(e_1, .., e_n)$ eine positiv orientierte Orthonormalbasis, so gilt*

$$*\eta(e_{\tau(k+1)}, .., e_{\tau(n)}) = \varepsilon_{\tau(1)} \cdots \varepsilon_{\tau(k)} \operatorname{sgn} \tau \cdot \eta(e_{\tau(1)}, .., e_{\tau(k)})$$

für jedes $\eta \in \operatorname{Alt}^k V$ und jede Permutation τ. Insbesondere ist $*1 = \omega_V$ und $*\omega_V = (-1)^{\operatorname{Index} V} 1$. □

Die Zusammensetzung

$$\operatorname{Alt}^k V \xrightarrow{\ *\ } \operatorname{Alt}^{n-k} V \xrightarrow{\ *\ } \operatorname{Alt}^k V$$

ist also bis auf's Vorzeichen die Identität, und weil der Index von V die Faktoren -1 in $\varepsilon_1 \cdots \varepsilon_n$ zählt, ergibt sich dieses Vorzeichen wie folgt:

Notiz 3: *Es gilt* $** = (-1)^{k(n-k)+\mathrm{Index}V}\,\mathrm{Id}_{\mathrm{Alt}^k V}$.   □

Wir hatten ursprünglich $\eta \wedge *\zeta = \langle \eta, \zeta\rangle \omega_V$ als die charakterisierende Eigenschaft des Sternoperators festgesetzt. Nachdem wir das Vorzeichen von $**$ kennen, lesen wir daraus ab:

Notiz 4: *Es gilt* $\eta \wedge \zeta = (-1)^{k(n-k)+\mathrm{Index}V}\langle\eta, *\zeta\rangle\omega_V$ *für alle* $\eta \in \mathrm{Alt}^k V$ *und* $\zeta \in \mathrm{Alt}^{n-k}V$.   □

Aus dieser Notiz 4 und der Definition von $*$ folgt auch

Notiz 5: *Es gilt* $\langle *\eta, *\zeta\rangle = (-1)^{\mathrm{Index}V}\langle\eta, \zeta\rangle$ *für alle* η *und* ζ *in* $\mathrm{Alt}^k V$.   □

Schließlich sei noch erwähnt, daß der Sternoperator, wie direkt aus seiner Definition hervorgeht, bei einem Orientierungswechsel das Vorzeichen ändert, weil das nämlich auch die kanonische Volumenform tut, das Skalarprodukt aber dasselbe bleibt.

Soviel über den Sternoperator für einen einzelnen Vektorraum. Nun wenden wir uns wieder den Mannigfaltigkeiten und ihren Tangentialräumen zu. Ist M eine n-dimensionale orientierte semi-Riemannsche Mannigfaltigkeit, so haben wir gemäß den drei definierenden Lemmas (in 12.2 und 12.3) für jeden einzelnen Tangentialraum T_pM und jedes k ein Skalarprodukt $\langle\cdot,\cdot\rangle_p$ für $\mathrm{Alt}^k T_pM$, eine kanonische Volumenform $\omega_{T_pM} \in \mathrm{Alt}^n T_pM$ und einen Sternoperator

$$* : \mathrm{Alt}^k T_pM \longrightarrow \mathrm{Alt}^{n-k} T_pM,$$

alles differenzierbar von p abhängig.

Definition: Sei M eine n-dimensionale orientierte semi-Riemannsche Mannigfaltigkeit. Dann sind die **kanonische Volumenform** $\omega_M \in \Omega^n M$, das **Skalarprodukt**

$$\langle\cdot,\cdot\rangle : \Omega^k M \times \Omega^k M \to C^\infty M$$

von k-Formen sowie der **Sternoperator**

$$* : \Omega^k M \longrightarrow \Omega^{n-k} M$$

in der naheliegenden Weise durch die entsprechenden Objekte für die Tangentialräume definiert. □

12.4 Die Coableitung

Der Sternoperator übersetzt den im Grad der Differentialformen "aufsteigenden" de Rham-Komplex in einen dazu äquivalenten absteigenden Komplex:

$$0 \to \Omega^0 M \xrightarrow{d} \Omega^1 M \xrightarrow{d} \cdots \xrightarrow{d} \Omega^{n-1} M \xrightarrow{d} \Omega^n M \to 0$$
$$\cong \Big\downarrow * \qquad \cong \Big\downarrow * \qquad \qquad \cong \Big\downarrow * \qquad \cong \Big\downarrow *$$
$$0 \to \Omega^n M \to \Omega^{n-1} M \to \cdots \longrightarrow \Omega^1 M \longrightarrow \Omega^0 M \to 0$$

Die Cartansche Ableitung d geht dabei also in $* d *^{-1}$ über, und das ist bis auf's Vorzeichen die sogenannte Coableitung δ. Das Vorzeichen ist aber uneinheitlichen Konventionen unterworfen; wir entscheiden uns so:

Definition: Die **Coableitung**

$$\delta : \Omega^{n-k} M \longrightarrow \Omega^{n-k-1} M$$

auf einer n-dimensionalen semi-Riemannschen Mannigfaltigkeit M werde durch

$$\delta := (-1)^k * d *^{-1}$$

festgesetzt. □

Die Coableitung ist offenbar unabhängig von der Orientierung von M. — Die Bedeutung des Vorzeichens ergibt sich, wenn man nach dem bezüglich des Skalarprodukts *formal adjungierten* oder *dualen* Operator d' von d fragt. Damit ist folgendes gemeint. Punktweise Bildung des Skalarprodukts von k-Formen η, ζ auf

M definiert eine Funktion $\langle \eta, \zeta \rangle \in C^\infty M$, und durch Integration über M mittels der Volumenform erhalten wir daraus eine Zahl, die wir zur Unterscheidung mit $\langle\!\langle \eta, \zeta \rangle\!\rangle \in \mathbb{R}$ bezeichnen wollen, genauer:

Notation: Für k-Formen $\eta, \zeta \in \Omega^k M$, deren Träger kompakten Durchschnitt haben, setzen wir

$$\langle\!\langle \eta, \zeta \rangle\!\rangle := \int_M \langle \eta, \zeta \rangle \omega_M = \int_M \eta \wedge *\zeta$$

$\square$

Der zu $d : \Omega^k M \to \Omega^{k+1} M$ duale Differentialoperator d' soll

$$\langle\!\langle d\eta, \zeta \rangle\!\rangle = \langle\!\langle \eta, d'\zeta \rangle\!\rangle$$

für alle $\eta \in \Omega^k M$, $\zeta \in \Omega^{k+1} M$ mit kompaktem Träger in $M \smallsetminus \partial M$ erfüllen und insbesondere ein Operator von $\Omega^{k+1} M$ nach $\Omega^k M$ sein. Nach der Produktregel ist

$$d(\eta \wedge *\zeta) = d\eta \wedge *\zeta + (-1)^k \eta \wedge d *\zeta.$$

Da wir aus Notiz 3 in 12.3 das Vorzeichen von $**$ wissen, können wir leicht $d *\zeta$ in $\pm *(* d *^{-1})\zeta$ umrechnen, und für $\zeta \in \Omega^{k+1} M$ ergibt sich dabei

$$\begin{aligned}
d *\zeta &= (-1)^{(n-k)k + \mathrm{Index} M} ** d *\zeta \\
&= (-1)^{(n-k)k + \mathrm{Index} M} ** d *** ^{-1} \zeta \\
&= (-1)^{(n-k)k + (n-k-1)(k+1)} ** d *^{-1} \zeta \\
&= (-1)^{n-1} *(* d *^{-1})\zeta = (-1)^k *\delta \zeta.
\end{aligned}$$

Die für δ getroffene Vorzeichenwahl bewirkt also gerade die folgende Produktregel:

Lemma: *Es gilt*

$$d(\eta \wedge *\zeta) = d\eta \wedge *\zeta + \eta \wedge *\delta \zeta$$

für alle $\eta \in \Omega^k M$ und $\zeta \in \Omega^{k+1} M$.

$\square$

Ist nun außerdem der Durchschnitt der Träger von η und ζ kompakt in $M \smallsetminus \partial M$, so ist $\int_M d(\eta \wedge *\zeta) = 0$ nach dem Satz von Stokes und wir erhalten

Korollar (Dualitätsformel für die Coableitung): *Es gilt*

$$\ll d\eta, \zeta \gg + \ll \eta, \delta\zeta \gg = 0$$

für $\eta \in \Omega^k M$, $\zeta \in \Omega^{k+1} M$ *mit kompakten Trägerdurchschnitt in* $M \smallsetminus \partial M$. $\square$

Bei unserer Vorzeichenregelung für die Coableitung ist also jeweils $-\delta$ dual zu d. Es ist auch die entgegengesetzte Konvention in Gebrauch, bei der dann δ und d dual zueinander sind (vergl. z.B. [W]).

Wir haben bisher die Operatoren im de Rham-Komplex einheitlich mit d bezeichnet. Jetzt wollen wir einmal den Index k in die Notation aufnehmen und schreiben:

Notation: Cartanableitung und Coableitung sollen bei Bedarf die genaueren Bezeichnungen d_k bzw. δ_k wie folgt führen:

$$\begin{array}{ccc}
\Omega^k M & \xrightarrow{\ d_k\ } & \Omega^{k+1} M \\
*\Big\downarrow\cong & & *\Big\downarrow\cong \\
\Omega^{n-k} M & \xrightarrow{(-1)^k \delta_k} & \Omega^{n-k-1} M.
\end{array}$$

$\square$

Es ist also $(-1)^k \delta_k$ vermöge $*$ zu d_k *konjugiert*, während nach der obigen Dualitätsformel $-\delta_k$ zu d_{n-k-1} dual oder *formal adjungiert* ist. Die doppelte Bedeutung der Coableitung als (bis auf's Vorzeichen) konjugiert und adjungiert zur Cartanableitung stellt also eine Beziehung zwischen d_k und d_{n-k-1} her, die wir nun näher betrachten wollen.

12.5   Harmonische Formen und Hodge-Theorem

Im folgenden sei M eine n-dimensionale orientierte *kompakte un-berandete Riemannsche* Mannigfaltigkeit. Wegen der Kompaktheit ist dann das Skalarprodukt $\langle\!\langle\,\cdot\,,\,\cdot\,\rangle\!\rangle$ auf ganz $\Omega^k M$ definiert, und wegen $\partial M = \varnothing$ gilt die Dualitätsformel für die Coableitung

$$\langle\!\langle d\eta, \zeta\rangle\!\rangle + \langle\!\langle \eta, \delta\zeta\rangle\!\rangle = 0$$

für *alle* $\eta \in \Omega^k M$ und $\zeta \in \Omega^{k+1} M$. Da schließlich das Skalarprodukt auf M jetzt als positiv definit vorausgesetzt ist, sind auch die Skalarprodukte $\langle\,\cdot\,,\,\cdot\,\rangle$ auf den einzelnen $\mathrm{Alt}^k T_p M$ und $\langle\!\langle\,\cdot\,,\,\cdot\,\rangle\!\rangle$ auf $\Omega^k M$ positiv definit, und die $\Omega^k M$ werden dadurch zu euklidischen Vektorräumen.

Betrachten wir nun einen Ausschnitt aus den Sequenzen der Cartanschen Ableitungen und der Coableitungen:

$$\Omega^{k-1} M \underset{\delta}{\overset{d}{\rightleftarrows}} \Omega^k M \underset{\delta}{\overset{d}{\rightleftarrows}} \Omega^{k+1} M$$

oder genauer

$$\Omega^{k-1} M \underset{\delta_{n-k}}{\overset{d_{k-1}}{\rightleftarrows}} \Omega^k M \underset{\delta_{n-k-1}}{\overset{d_k}{\rightleftarrows}} \Omega^{k+1} M.$$

Trivialerweise gilt dann in dem euklidischen Raum $(\Omega^k M, \langle\!\langle\,\cdot\,,\,\cdot\,\rangle\!\rangle)$ wegen der Adjungiertheit der jeweiligen Operatoren:

$$\mathrm{Kern}\, d_k = (\mathrm{Bild}\, \delta_{n-k-1})^\perp$$

und

$$\mathrm{Kern}\, \delta_{n-k} = (\mathrm{Bild}\, d_{k-1})^\perp,$$

denn $d\eta = 0 \iff \langle\!\langle d\eta, \zeta\rangle\!\rangle = 0$ für alle $\zeta \iff \langle\!\langle \eta, \delta\zeta\rangle\!\rangle = 0$ für alle $\zeta \iff \eta \in (\mathrm{Bild}\,\delta)^\perp$, analog für $\mathrm{Kern}\,\delta$.

Für Untervektorräume $V_0 \subset V$ *endlichdimensionaler* euklidischer Räume V gilt stets $V = V_0 \oplus V_0^\perp$. Dürften wir uns daher $\Omega^k M$ als endlichdimensional denken, so könnten wir

$$\Omega^k M = \mathrm{Kern}\, d \oplus \mathrm{Bild}\, \delta = \mathrm{Kern}\, \delta \oplus \mathrm{Bild}\, d$$

schließen. In der Tat ist das auch wahr, aber obwohl uns diese Zerlegung von $\Omega^k M$ zum Greifen nahe zu sein scheint, überschreitet doch der Beweis den Rahmen dieser Vorlesung, weil er Hilfsmittel aus der Theorie der elliptischen Differentialoperatoren erfordert. Siehe z.B. Kapitel 6 in [W].

Satz (hier ohne Beweis): *Ist M eine orientierte n-dimensionale geschlossene Riemannsche Mannigfaltigkeit, so gilt*

$$\Omega^k M = \text{Kern}\, d_k \oplus \text{Bild}\, \delta_{n-k-1}$$
$$= \text{Kern}\, \delta_{n-k} \oplus \text{Bild}\, d_{k-1} \quad.$$

als orthogonale direkte Summen bezüglich des durch

$$\langle\!\langle \eta, \zeta \rangle\!\rangle := \int_M \eta \wedge *\zeta$$

definierten Skalarprodukts in $\Omega^k M$. □

Dieser zunächst noch etwas technisch aussehende Satz ist das Kernstück der Hodge-Theorie für den de Rham-Komplex. Als ein erstes Korollar bemerken wir

Korollar: *Für M wie oben gilt*

$$\text{Kern}\, d_k = \text{Bild}\, d_{k-1} \oplus (\text{Kern}\, d_k \cap \text{Kern}\, \delta_{n-k})$$
$$\text{Kern}\, \delta_{n-k} = \text{Bild}\, \delta_{n-k-1} \oplus (\text{Kern}\, d_k \cap \text{Kern}\, \delta_{n-k})$$

□

Die hier ins Blickfeld tretenden k-Formen $\eta \in \Omega^k M$, für welche $d\eta = 0$ *und* $\delta\eta = 0$ gilt, bilden für orientierte geschlossene Riemannsche Mannigfaltigkeiten, mit denen wir uns ja beschäftigen, gerade den Kern des **Laplace-de Rham- (oder Laplace-Beltrami-) Operators**

$$\Delta := d\delta + \delta d : \Omega^k M \longrightarrow \Omega^k M,$$

denn offensichtlich folgt $\Delta\eta = 0$, wenn sowohl $d\eta$ als auch $\delta\eta$ verschwinden, und da nach der Dualitätsformel für die Coableitung (12.4)

$$\langle\!\langle \Delta\eta, \eta \rangle\!\rangle = -\langle\!\langle \delta\eta, \delta\eta \rangle\!\rangle - \langle\!\langle d\eta, d\eta \rangle\!\rangle$$

für alle $\eta \in \Omega^k M$ gilt, so folgt aus $\Delta\eta = 0$ auch umgekehrt $\delta\eta = 0$ und $d\eta = 0$ wegen der positiven Definitheit der Skalarprodukte $\ll \cdot, \cdot \gg$ in $\Omega^{k-1} M$ und $\Omega^{k+1} M$. Die Formen η mit $\Delta\eta = 0$ heißen *harmonisch:*

Notation: Für M wie oben bezeichne

$$\mathcal{H}^k M := \{ \eta \in \Omega^k M \mid \Delta\eta = 0 \}$$

den Vektorraum der harmonischen k-Formen auf M. $\square$

Die erste der beiden Formeln in unserem letzten Korollar heißt dann also Kern $d_k = $ Bild $d_{k-1} \oplus \mathcal{H}^k M$, und da die k-te de Rham-Cohomologie von M als $H^k M := $ Ker $d_k / $ Bild d_{k-1} definiert war, erhalten wir als Korollar:

Hodge-Theorem: *Jede de Rham-Cohomologieklasse einer orientierten geschlossenen Riemannschen Mannigfaltigkeit wird durch eine wohlbestimmte harmonische Form repräsentiert, genauer: die kanonische Abbildung*

$$\mathcal{H}^k M \longrightarrow H^k M$$
$$\eta \longmapsto [\eta]$$

ist ein Isomorphismus für jedes k. $\square$

Aus

$$\text{Kern } d_k = \text{Bild } d_{k-1} \oplus \mathcal{H}^k M \quad \text{und}$$
$$\Omega^k M = \text{Kern } d_k \oplus \text{Bild } \delta_{n-k-1}$$

folgt aber auch

$$\Omega^k M = \text{Bild } d_{k-1} \oplus \text{Bild } \delta_{n-k-1} \oplus \mathcal{H}^k M$$

oder:

Hodge-Zerlegungssatz: *Für eine orientierte geschlossene Riemannsche Mannigfaltigkeit M gilt*

$$\Omega^k M = d\Omega^{k-1} M \oplus \delta\Omega^{k+1} M \oplus \mathcal{H}^k M$$

als orthogonale direkte Summe bezüglich des durch

$$\langle\!\langle \eta, \zeta \rangle\!\rangle = \int_M \eta \wedge *\zeta$$

gegebenen Skalarproduktes. □

12.6 Die Poincaré-Dualität

Aus der Definition der Coableitung als bis auf's Vorzeichen "stern-konjugiert" zur Cartanableitung folgt $d*\eta = 0 \Longleftrightarrow \delta\eta = 0$ und $\delta*\eta = 0 \Longleftrightarrow d\eta = 0$, und deshalb ist durch den Sternoperator ein Isomorphismus

$$* : \mathcal{H}^k M \xrightarrow{\cong} \mathcal{H}^{n-k} M$$

gegeben, nach dem Hodge-Theorem also auch ein Isomorphismus $H^k M \cong H^{n-k} M$, die sogenannte Poincaré-Dualität:

Satz (Poincaré-Dualität für die de Rham-Cohomologie):
Ist M eine orientierte geschlossene n-dimensionale Riemannsche Mannigfaltigkeit, so ist durch den Sternoperator auf den harmonischen Formen ein Isomorphismus $H^k M \cong H^{n-k} M$ definiert:

$$
\begin{CD}
\mathcal{H}^k M @>\cong>> H^k M \\
@V*V\cong V @VV\cong \text{Poinc.} V \\
\mathcal{H}^{n-k} M @>\cong>> H^{n-k} M.
\end{CD}
$$

□

Die Poincaré-Dualität macht übrigens auch für $k = 0$ eine interessante Aussage. Für zusammenhängende Mannigfaltigkeiten gilt, wie wir uns erinnern (11.2), kanonisch $H^0 M = \mathbb{R}$, also gilt für orientierbare geschlossene zusammenhängende n-dimensionale Mannigfaltigkeiten auch $H^n M \cong \mathbb{R}$, und Wahl einer Orientierung legt sogar einen Isomorphismus fest:

Korollar (aus der Poincaré-Dualität): *Ist M eine orientierte, n-dimensionale geschlossene zusammenhängende Mannigfaltigkeit, so ist der durch Integration gegebene kanonische Homomorphismus*

$$H^n M \longrightarrow \mathbb{R}$$

$$[\omega] \longmapsto \int_M \omega$$

sogar ein Isomorphismus. □

Man könnte nun daraufhin meinen, die n-te de Rham-Cohomologie sei für diese Mannigfaltigkeiten ebenso uninteressant wie die nullte. Das ist aber nicht so, weil H^n, im Gegensatz zu H^0, in nichttrivialer Weise auf *Abbildungen* reagiert.

Definition: Ist $f : M \to N$ eine differenzierbare Abbildung zwischen orientierten n-dimensionalen geschlossenen zusammenhängenden Mannigfaltigkeiten, so heißt die durch

$$\int_M f^*\omega = \deg(f) \int_N \omega,$$

d.h. durch die Kommutativität von

$$
\begin{array}{ccc}
H^n M & \xrightarrow[\cong]{\int_M} & \mathbb{R} \\[1ex]
{\scriptstyle H^n f}\big\uparrow & & \big\uparrow {\scriptstyle \deg(f)} \\[1ex]
H^n N & \xrightarrow[\int_N]{\cong} & \mathbb{R}
\end{array}
$$

wohlbestimmte Zahl $\deg(f)$ der **Abbildungsgrad** von f. □

Der Grad einer konstanten Abbildung (falls $n > 0$) ist natürlich Null, und dasselbe gilt sogar für jede nicht surjektive Abbildung, denn wir finden dann ein ω mit $\int_N \omega \neq 0$ und $\mathrm{Tr}\,\omega \subset N \smallsetminus f(M)$, also $f^*\omega \equiv 0$. Der Grad eines orientierungs-erhaltenden (-umkehrenden) Diffeomorphismus ist $+1$ (-1), vergl. (5.5), und stets ist der Abbildungsgrad eine ganze Zahl

(Übungsaufgabe 24 in Kapitel 5), woraus wir auch erführen, daß er homotopieinvariant ist, wenn wir das wegen der Homotopieinvarianz der de Rham-Cohomologie (11.2) nicht sowieso schon wüßten. — Auch als "Umkehrung des Satzes von Stokes" für orientierte geschlossene zusammenhängende Mannigfaltigkeiten können wir das obige Korollar auffassen: Aus $\int_M \omega = 0$ folgt $[\omega] = 0 \in H^n M$, also $\omega = d\alpha$.

12.7 Test

(1) Sei V ein endlichdimensionaler reeller Vektorraum, und es bezeichne $\langle \cdot, \cdot \rangle$ eine auf V gegebene und auch kanonisch auf V^* übertragene nichtentartete symmetrische Bilinearform. Dann ist für $\varphi \in V^*$ und $v \in V$ stets

☐ $\langle {}^\sharp\varphi, v \rangle + \langle \varphi, {}^\flat v \rangle = 0$

☐ $\langle {}^\sharp\varphi, v \rangle = {}^\flat v({}^\sharp\varphi)$

☐ $\langle \varphi, {}^\flat v \rangle = \varphi(v)$

(2) Sei V ein 4-dimensionaler nichtentarteter quadratischer Raum vom Index 3. Dann ist $\mathrm{Alt}^2 V$ ein 6-dimensionaler nichtentarteter quadratischer Raum vom Index

☐ auch 3   ☐ 0   ☐ 6

(3) Es sei $(M, \langle \cdot, \cdot \rangle)$ eine orientierte semi-Riemannsche Mannigfaltigkeit und $\omega_M \in \Omega^n M$ ihre Volumenform. Wie wirkt die Multiplikation der Metrik mit einer positiven Funktion $\lambda : M \to \mathbb{R}^+$ auf die Volumenform?

☐ $\omega_{(M, \lambda\langle \cdot, \cdot \rangle)} = \omega_M$

☐ $\omega_{(M, \lambda\langle \cdot, \cdot \rangle)} = \lambda^{\frac{n}{2}} \omega_M$

☐ $\omega_{(M, \lambda\langle \cdot, \cdot \rangle)} = \lambda^n \omega_M$

(4) Es sei V ein $2k$-dimensionaler nichtentarteter quadratischer Raum, und es werde $k + \mathrm{Index}\, M$ als *gerade* vorausgesetzt, so daß der Sternoperator für die Formen mittleren Grades eine *Involution* $\mathrm{Alt}^k V \to \mathrm{Alt}^k V$ definiert, d.h. $** = Id$ erfüllt.

Der Vektorraum $\text{Alt}^k V$ ist dann also die direkte Summe der Unterräume der "selbstdualen" ($*\omega = \omega$) und der "anti-selbstdualen" ($*\omega = -\omega$) alternierenden k-Formen. Mögen s und a deren Dimensionen bezeichnen. Sind diese Dimensionen unabhängig vom Index des Raumes V ?

- ☐ Ja, es ist stets $a = s = \frac{1}{2}\binom{2k}{k}$.
- ☐ Ja, denn es ist einfach $a = 0$ oder $s = 0$, je nachdem ob k gerade oder ungerade ist.
- ☐ Nein, denn im negativ definiten Fall ($\text{Index} V = 2k$) ist $s = 0$, im positiv definiten Fall ist $a = 0$.

(5) Was tut der Sternoperator auf einer orientierten semi-Riemannschen Mannigfaltigkeit mit der kanonischen Volumenform $\omega_M \in \Omega^n M$ und der konstanten 0-Form $1 \in \Omega^0 M$?

- ☐ $*\omega_M = 1$ und $*1 = \omega_M$
- ☐ $*\omega_M = (-1)^{\text{Index} M} 1$ und $*1 = \omega_M$
- ☐ $*\omega_M = 1$ und $*1 = (-1)^{\text{Index} M} \omega_M$

(6) Mit der Aussage, $-\delta$ sei formaladjungiert zur Cartanableitung d, ist gemeint:

- ☐ $\int_M d\eta \wedge *\zeta + \int_M \eta \wedge *\delta\zeta = 0$
- ☐ $\int_M d\eta \wedge *\zeta + \int_M \eta \wedge \delta *\zeta = 0$
- ☐ $\int_M d\eta \wedge *\zeta + \int_M \delta\eta \wedge *\zeta = 0$

für Formen passenden Grades und kompakten Trägerdurchschnitts.

(7) Eine k-Form η auf einer orientierten geschlossenen Riemannschen Mannigfaltigkeit ist genau dann harmonisch, wenn

- ☐ η und $*\eta$ beide Cozykeln sind.
- ☐ es $\omega \in \Omega^{k-1} M$ und $\zeta \in \Omega^{k+1} M$ mit $d\omega = \eta = \delta\zeta$ gibt.
- ☐ $d\eta = 0$ und $\delta\eta = 0$ gilt.

(8) Sei M eine orientierte geschlossene Riemannsche Mannigfaltigkeit. Aus dem Hodge-Theorem folgt:

☐ Jeder Corand ist harmonisch.

☐ In jeder Cohomologieklasse gibt es eine harmonische Form.

☐ Jeder harmonische Corand ist Null.

(9) Der Poincaré-Isomorphismus $H^k M \xrightarrow{\cong} H^{n-k} M$ wird durch den Sternoperator bewirkt, der Sternoperator hängt von der Metrik ab. Hängt der Poincaré-Isomorphismus von der Metrik ab?

☐ Ja, das zeigt sich doch schon bei $*1 = \omega_M$.

☐ Nein, nach der cohomologischen Klassenbildung bleibt von der Metrikabhängigkeit nichts übrig.

☐ Nein, denn auf *Cozykeln* wirkt der Sternoperator unabhängig von der Metrik.

(10) Gibt es eine Abbildung $f : S^2 \to S^1 \times S^1$ vom Grade 1 ?

☐ Nein, denn jedes $f : S^2 \to S^1 \times S^1$ faktorisiert über $\mathbb{R}^2$ und ist deshalb nullhomotop: $\deg(f) = 0$.

☐ Ja, man bilde die abgeschlossene obere Halbsphäre S^2_+ bezüglich einer Karte (U, h) von $S^1 \times S^1$ diffeomorph auf $h^{-1}(D^2)$ ab und setze diese Abbildung beliebig auf ganz S^2 fort.

☐ Ja, man mache sich bei der Konstruktion einer solchen Abbildung zunutze, daß sowohl 2-Sphäre als auch Torus aus dem Quadrat durch Identifizieren von Randpunkten hervorgehen: Die Identität auf dem Quadrat bewirkt dann eine Abbildung vom Abbildungsgrad 1.

12.8 Übungsaufgaben

AUFGABE 45: Es sei M eine orientierte Riemannsche Mannigfaltigkeit von einer durch vier teilbaren Dimension, so daß also der Sternoperator in der mittleren Dimension eine *Involution* $* : \Omega^{2k} M \to \Omega^{2k} M$ ist, d.h. $** = Id$ erfüllt. Eine $2k$-Form ω heißt dann **selbstdual**, wenn $*\omega = \omega$ und **antiselbstdual**, wenn $*\omega = -\omega$ gilt. Man zeige: Jede harmonische $2k$-Form ist in eindeutiger Weise die Summe einer selbstdualen und einer antiselbstdualen harmonischen Form.

AUFGABE 46: Wieder sei M eine orientierte Riemannsche Mannigfaltigkeit und zwar diesmal kompakt und unberandet. Wir betrachten den Laplace-de Rham-Operator $\Delta : \Omega^k M \to \Omega^k M$ für die k-Formen. Abweichend von der Vorzeichenkonvention der linearen Algebra nennen wir λ einen **Eigenwert** von Δ, wenn es eine von Null verschiedene Form $\omega \in \Omega^k M$ mit $\Delta\omega + \lambda\omega = 0$ gibt. Diese Definition hat zunächst nur für reelle λ einen Sinn, aber da man auch komplexwertige k-Formen $\omega + i\eta$ betrachten und Δ auf Real- und Imaginärteil anwenden kann, so läßt sich auch nach *komplexen* Eigenwerten λ fragen.

Man zeige: Die Eigenwerte sind alle reell und größer oder gleich Null.

AUFGABE 47: Es sei $f : M \to N$ eine differenzierbare Abbildung zwischen zusammenhängenden orientierten unberandeten kompakten n-dimensionalen Mannigfaltigkeiten, und $q \in N$ sei ein regulärer Wert von f. Man beweise

$$\deg(f) = \sum_{p \in f^{-1}(q)} \varepsilon(p),$$

wobei $\varepsilon(p) = \pm 1$ ist, je nachdem ob $df_p : T_p M \to T_{f(p)} N$ orientierungserhaltend oder -umkehrend ist.

AUFGABE 48: Es sei $\pi : \widetilde{M} \to M$ eine r-blättrige Überlagerung (vergl. z.B. [J:*Top*], S.148) einer n-dimensionalen zusammenhängenden Mannigfaltigkeit M. Dann ist durch

$$(\pi_*\omega)_q := \sum_{p \in f^{-1}(q)} \left((d\pi_p)^{-1}\right)^* \omega_p$$

ein Homomorphismus $\pi_* : \Omega^k \widetilde{M} \to \Omega^k M$ erklärt, der einen Homomorphismus $\pi_* : H^k \widetilde{M} \to H^k M$ induziert. Man zeige, daß $\pi_* \circ \pi^* : H^k M \to H^k M$ das r-fache der Identität ist und schließe daraus, daß für nichtorientierbare unberandete kompakte zusammenhängende n-dimensionale Mannigfaltigkeiten die n-te de Rham-Cohomologiegruppe verschwindet.

12.9 Hinweise zu den Übungsaufgaben

ZU AUFGABE 45: *Jede 2k-*Form ist in eindeutiger Weise Summe einer selbstdualen und einer antiselbstdualen Form, das folgt ganz einfach aus $* * = Id$ und der Linearität des Sternoperators ohne weiteres Eingehen auf die näheren Umstände. Um zu zeigen, daß für eine harmonische Form diese beiden Anteile auch harmonisch sind, muß man allerdings die Definition der Coableitung δ wieder anschauen, was neben dem Kennenlernen des Sachverhalts der Zweck dieser einfachen Übungsaufgabe ist.

ZU AUFGABE 46: Wie wir in 12.5 schon festgestellt hatten, wird $\Omega^k M$ unter den gegebenen Voraussetzungen durch $\langle\!\langle \cdot, \cdot \rangle\!\rangle$ zu einem ganz richtigen euklidischen Raum, und Sie werden sich beim Lösen auch dieser Aufgabe in die elementare Lineare Algebra zurückversetzt vorkommen.

ZU AUFGABE 47: Nach der Definition des Abbildungsgrades in 12.6 genügte es ja, *eine* maßgeschneiderte n-Form $\omega \in \Omega^n N$ zu finden, deren Integral nicht verschwindet und für die

$$\int_M f^* \omega = \sum_{p \,\in\, f^{-1}(q)} \varepsilon(p) \int_N \omega$$

gilt. Den Träger eines solchen ω wird man in einer genügend kleinen Umgebung von q ansiedeln.

Jede Abbildung besitzt übrigens reguläre Werte, das folgt aus dem *Satz von Sard*, vergl. z.B. [BJ], §6. Deshalb beweisen Sie mit der Behauptung der Aufgabe zugleich auch die Ganzzahligkeit des durch $H^n f$ definierten Abbildungsgrades.

ZU AUFGABE 48: Der erste Teil der Aufgabe, $\pi_* \circ \pi^*$ betreffend, ist direkt aus den Definitionen zu bestreiten und würde auch zu Kapitel 11 gut gepaßt haben. Für den zweiten Teil kommt aber die Aufgabe 47 mit ins Spiel. Man soll nämlich jetzt die zweiblättrige sogenannte *Orientierungsüberlagerung* $\pi : \widetilde{M} \to M$ betrachten, bei der also, wie der Name sagt, $\pi^{-1}(x)$ jeweils aus den beiden Orientierungen von $T_x M$ besteht. Dieses $\widetilde{M}$ ist kanonisch orientiert, wie M kompakt, und da M als nichtorientierbar vorausgesetzt ist, auch zusammenhängend. Welchen Abbildungsgrad hat die kanonische blättervertauschende Involution $f : \widetilde{M} \to \widetilde{M}$, und was hat sie mit π^* und π_* zu tun?

13

Rechnen in Koordinaten

13.1 Sternoperator und Coableitung im dreidimensionalen euklidischen Raum

In diesem letzten Kapitel wollen wir uns anschauen, wie man mit Sternoperator und Coableitung auf semi-Riemannschen Mannigfaltigkeiten in lokalen Koordinaten rechnet. Zuerst aber knüpfen wir an das Kapitel 10 an und betrachten das einfache aber wichtige Beispiel $M = \mathbb{R}^3$ mit den üblichen Koordinaten x^1, x^2, x^3, der üblichen Orientierung und dem üblichen, durch einen Multiplikationspunkt · bezeichneten Skalarprodukt. Der Index ist also Null, und $k(3 - k)$ ist stets gerade, der Sternoperator nach der Notiz 3 in 12.3 also eine Involution: $** = \mathrm{Id}$. Aus Notiz 1 in 12.3 lesen wir ab:

Notiz: *Für $M = \mathbb{R}^3$ wie üblich gilt $*1 = dx^1 \wedge dx^2 \wedge dx^3 \in \Omega^3 M$ sowie $* dx^1 = dx^2 \wedge dx^3$ und dieses zyklisch permutiert, also $* dx^2 = dx^3 \wedge dx^1$ und $* dx^3 = dx^1 \wedge dx^2$, oder in der Notation der Linien-, Flächen- und Volumenelemente, wie in 10.2 definiert:*

$$*1 = dV \quad (\text{und daher auch } * dV = 1)$$
$$* d\vec{s} = d\vec{F} \quad (\text{und daher auch } * d\vec{F} = d\vec{s}). \qquad \Box$$

Das Vorzeichen der Coableitung $\delta = \pm * d *^{-1}$ ist nach deren Definition in 12.4 so beschaffen, daß gerade

$$
\begin{array}{ccccccccc}
0 & \longrightarrow & \Omega^0 M & \xrightarrow{d} & \Omega^1 M & \xrightarrow{d} & \Omega^2 M & \xrightarrow{d} & \Omega^3 M & \longrightarrow & 0 \\
& & *\downarrow \cong & & *\downarrow \cong & & *\downarrow \cong & & *\downarrow \cong & & \\
0 & \longrightarrow & \Omega^3 M & \underset{\delta}{\longrightarrow} & \Omega^2 M & \underset{-\delta}{\longrightarrow} & \Omega^1 M & \underset{\delta}{\longrightarrow} & \Omega^0 M & \longrightarrow & 0
\end{array}
$$

kommutativ ist, wir haben daher gemäß der Übersetzung der Cartanableitung in grad, div und rot (vergl. 10.3)

Notiz:

$$\delta(\vec{a} \cdot d\vec{s}) = \quad *d(\vec{a} \cdot d\vec{F}) = \quad *\operatorname{div}\vec{a} \quad dV = \qquad \operatorname{div}\vec{a}$$
$$\delta(\vec{b} \cdot d\vec{F}) = - *d(\vec{b} \cdot d\vec{s}) = - *\operatorname{rot}\vec{b} \cdot d\vec{F} = -\operatorname{rot}\vec{b} \cdot d\vec{s}$$
$$\delta(cdV) = \quad *dc \qquad = \quad * \operatorname{grad} c \cdot d\vec{s} = \operatorname{grad} c \cdot d\vec{F} \qquad \square$$

In Bezug auf die Übersetzungsisomorphismen aus 10.2 als Diagramm geschrieben heißt das also

Notiz: *Für $X \subset \mathbb{R}^3$ offen ist*

$$
\begin{array}{ccccccccc}
0 & \longrightarrow & \Omega^3 X & \xrightarrow{\delta} & \Omega^2 X & \xrightarrow{\delta} & \Omega^1 X & \xrightarrow{\delta} & \Omega^0 X & \longrightarrow & 0 \\
& & \downarrow\cong & & \downarrow\cong & & \downarrow\cong & & \downarrow\cong & & \\
0 & \longrightarrow & C^\infty(X) & \underset{\operatorname{grad}}{\longrightarrow} & \mathcal{V}(X) & \underset{-\operatorname{rot}}{\longrightarrow} & \mathcal{V}(X) & \underset{\operatorname{div}}{\longrightarrow} & C^\infty(X) & \longrightarrow & 0
\end{array}
$$

kommutativ. $\qquad \square$

In der klassischen Notation und in eine Zeile geschrieben lauten die Sequenzen der Cartan-Ableitung (oben) und Coableitung also

$$0 \rightleftarrows C^\infty(X) \underset{\operatorname{div}}{\overset{\operatorname{grad}}{\rightleftarrows}} \mathcal{V}(X) \underset{-\operatorname{rot}}{\overset{\operatorname{rot}}{\rightleftarrows}} \mathcal{V}(X) \underset{\operatorname{grad}}{\overset{\operatorname{div}}{\rightleftarrows}} C^\infty(X) \rightleftarrows 0$$

und daraus ergibt sich für $\Delta_X := d\delta + \delta d$:

Korollar: *Für $X \subset \mathbb{R}^3$ offen ist der Laplace- de Rham- Operator in der klassischen Notation wie folgt gegeben:*

(i) Für 0- und 3-Formen ist

$$\Delta_X = \operatorname{div}\operatorname{grad} : C^\infty(X) \longrightarrow C^\infty(X) \quad \text{und}$$

(ii) für 1- und 2-Formen ist

$$\Delta_X = \operatorname{grad}\operatorname{div} - \operatorname{rot}\operatorname{rot} : \mathcal{V}(X) \longrightarrow \mathcal{V}(X).$$

$\qquad \square$

Beachte, daß

$$\text{div grad} = \sum_{i=1}^{3} \frac{\partial^2}{\partial x^{i^2}} = \Delta$$

der klassische Laplace-Operator ist, unsere durch die Definition in 12.4 getroffene Vorzeichenkonvention für die Coableitung, die δ formal adjungiert zu $-d$ machte, ist also jedenfalls insoweit mit der üblichen Notation verträglich.

13.2 Formen und duale Formen auf Mannigfaltigkeiten ohne Metrik

Die Sprache des Koordinatenrechnens ist der Ricci-Kalkül, und im gegenwärtigen Kapitel wird ausführlich davon die Rede sein. Zuletzt haben wir uns im Abschnitt 2.8 mit dem Ricci-Kalkül beschäftigt und einige seiner Grundsätze am Beispiel der Tangentialvektoren und Vektorfelder kennengelernt. Vektorfelder und Einsformen sind in gewisser Weise dual zueinander, die Einsformen oder Pfaffschen Formen haben wir mittlerweile zu k-Formen verallgemeinert, und für eine systematische Beschreibung des Ricci-Kalküls im Cartan-Kalkül ist es zweckmäßig, analog auch die Vektorfelder zu "dualen k-Formen" zu verallgemeinern. Mit Orientierung und Metrik hat das noch nichts zu tun, und so betrachten wir einfach eine n-dimensionale Mannigfaltigkeit M und eine Karte (U, h) dafür.

Vektorfelder, 1-Formen und k-Formen auf U lassen sich dann eindeutig als

$$v = \sum_{\mu=1}^{n} v^\mu \partial_\mu$$

$$\omega = \sum_{\mu=1}^{n} \omega_\mu dx^\mu \quad \text{bzw.}$$

$$\omega = \sum_{\mu_1 < \cdots < \mu_k} \omega_{\mu_1 \ldots \mu_k} dx^{\mu_1} \wedge \ldots \wedge dx^{\mu_k}$$

schreiben, wobei die Komponenten v^μ, ω_μ bzw. $\omega_{\mu_1 \ldots \mu_k}$ reelle Funktionen auf U sind.

Eine k-Form ω auf M ordnet jedem $p \in M$ eine alternierende k-Form $\omega_p \in \text{Alt}^k T_p M$ zu. Für die Definition der dualen k-Formen wird nun einfach $T_p M$ durch den Dualraum $T_p^* M$ ersetzt:

Definition: Unter einer *dualen k-Form* auf einer Mannigfaltigkeit M wollen wir hier eine Zuordnung w verstehen, welche jedem $p \in M$ eine alternierende k-Form $w_p \in \text{Alt}^k T_p^* M$ auf dem Dualraum $T_p^* M = \text{Hom}(T_p M, \mathbb{R})$ des Tangentialraumes zuweist. Der Vektorraum der (bezüglich Karten) differenzierbaren dualen k-Formen auf M möge mit $\Omega_k M$ bezeichnet werden. $\square$

Für endlichdimensionale Vektorräume V ist kanonisch $V^{**} = V$, also auch $\text{Alt}^1 T_p^* M = T_p M$, die dualen 1-Formen sind daher dasselbe wie Vektorfelder, und analog zu $v = \sum_{\mu=0}^n v^\mu \partial_\mu$ schreiben wir die dualen k-Formen in lokalen Koordinaten:

Notiz und Schreibweise: *Ist (U, h) eine Karte, so läßt sich jede duale k-Form w auf U eindeutig als*

$$w = \sum_{\mu_1 < \cdots < \mu_k} w^{\mu_1 \cdots \mu_k} \partial_{\mu_1} \wedge \ldots \wedge \partial_{\mu_k}$$

schreiben. $\square$

13.3 Drei Grundsätze des Ricci-Kalküls auf Mannigfaltigkeiten ohne Metrik

Anhand dieser Objekte — k-Formen und duale k-Formen, insbesondere 1-Formen und Vektorfelder — sollen nun drei allgemeine Grundsätze des Ricci-Kalküls nochmals darlegt werden, nämlich

(1) Bezeichnung der Objekte durch ihre Komponenten,
(2) Stellung der Indices gemäß dem Transformationsverhalten,
(3) Summenkonvention.

Zu (1): Ist im Ricci-Kalkül von einem kontravarianten Vektor v^μ die Rede, so ist bekanntlich das Vektorfeld $v = \sum v^\mu \partial_\mu$ gemeint, und ebenso ist ein *kovarianter Vektor* a_μ als die 1-Form

$\sum a_\mu dx^\mu$ und ein *schiefsymmetrischer* oder *alternierender kovarianter Tensor* $\omega_{\mu_1..\mu_k}$ k-ter Stufe als die k-Form

$$\sum_{\mu_1<\cdots<\mu_k} \omega_{\mu_1..\mu_n} dx^{\mu_1} \wedge .. \wedge dx^{\mu_k}$$

zu verstehen, und analog ein *alternierender kontravarianter Tensor* $w^{\mu_1..\mu_k}$ k-ter Stufe als die duale k-Form

$$\sum_{\mu_1<\cdots<\mu_k} w^{\mu_1..\mu_k} \partial_{\mu_1} \wedge .. \wedge \partial_{\mu_k}.$$

Begegnet man zum Beispiel in der physikalischen Literatur einem zweifach kovarianten schiefsymmetrischen Feldtensor $F_{\mu\nu}$, so muß man als mathematischer Leser schon wissen, daß damit die 2-Form $\sum_{\mu<\nu} F_{\mu\nu} dx^\mu \wedge dx^\nu$ gemeint ist, denn erinnert wird daran nicht.

Schließlich dürfen wir auch nicht vergessen, daß in Notation und Sprache des Ricci-Kalküls keine Unterscheidung zwischen einem geometrischen Objekt ω und dessen Einschränkung $\omega|U$ auf ein Kartengebiet vorgesehen ist, weshalb das Komponentensymbol auch noch die Aufgabe mitübernimmt, bei Bedarf das Gesamtobjekt ω zu bezeichnen.

Zu (2): Ob ein Koordinatenindex bei der Bezeichnung einer Komponentenfunktion oben oder unten angebracht wird, ist im Ricci-Kalkül nicht dem Zufall überlassen, sondern durch das Verhalten der Komponenten bei Kartenwechsel bestimmt. Bezeichnen wir wie in Aufgabe 15 (vergl. die Hinweise dazu S. 66) die neuen Koordinaten mit $x^{\bar{1}},\dots,x^{\bar{n}}$ — oBdA auf demselben, in der Notation ohnehin unterdrückten Kartengebiet wie $x^1,\dots,x^n$ definiert — und schreiben wir, die Doppelbedeutung der $x^1,\dots,x^n$ als Funktionen auf $U \subset M$ und als Koordinaten im $\mathbb{R}^n$ genüßlich auskostend, den Kartenwechsel als

$$x^{\bar{1}} = x^{\bar{1}}(x^1,\dots,x^n)$$
$$\vdots \qquad \vdots$$
$$x^{\bar{n}} = x^{\bar{n}}(x^1,\dots,x^n)$$

und seine Jacobi-Matrix als

$$\left(\frac{\partial x^{\bar{\mu}}}{\partial x^\mu}\right)_{\bar{\mu},\mu=1,\dots,n},$$

immer bedenkend, daß ein x mit einem quergestrichenen Index (neue Koordinaten) etwas ganz anderes bedeutet als ein x mit einem unmarkierten Index, so folgt aus der Kettenregel

Notiz: *Bei Koordinatenwechsel gilt*

$$dx^{\bar{\mu}} = \sum_{\mu=1}^{n} \frac{\partial x^{\bar{\mu}}}{\partial x^{\mu}} dx^{\mu}$$

und

$$\partial_{\bar{\mu}} = \sum_{\mu=1}^{n} \frac{\partial x^{\mu}}{\partial x^{\bar{\mu}}} \partial_{\mu}.$$

$\square$

Korollar: *Bei Koordinatenwechsel gilt für die Komponentenfunktionen von k-Formen bzw. dualen k-Formen:*

$$\omega_{\bar{\mu}_1..\bar{\mu}_k} = \sum_{\mu_1,..,\mu_k=1}^{n} \frac{\partial x^{\mu_1}}{\partial x^{\bar{\mu}_1}} \cdot \ldots \cdot \frac{\partial x^{\mu_k}}{\partial x^{\bar{\mu}_k}} \omega_{\mu_1..\mu_k}$$

$$w^{\bar{\mu}_1..\bar{\mu}_k} = \sum_{\mu_1,..,\mu_k=1}^{n} \frac{\partial x^{\bar{\mu}_1}}{\partial x^{\mu_1}} \cdot \ldots \cdot \frac{\partial x^{\bar{\mu}_k}}{\partial x^{\mu_k}} w^{\mu_1..\mu_k}.$$

$\square$

Dabei wird wirklich über alle Multi-Indices $(\mu_1, \ldots, \mu_k)$ summiert, nicht nur über geordnete, deshalb sei daran erinnert, daß die Komponentenfunktionen $\omega_{\mu_1..\mu_k}$ und $w^{\mu_1..\mu_k}$ für alle Multi-Indices definiert sind, wenn auch wegen des Alternierens die Komponenten mit geordneten Indices $\mu_1 < \cdots < \mu_k$ schon die volle Information enthalten.

Die Indices werden also so notiert, daß bei der jeweiligen Koordinatentransformationsformel die Summationsindices auf der rechten Seite gegenständig und die freien Indices auf beiden Seiten gleich angebracht sind.

Zu (3): Im Ricci-Kalkül kommen so oft Summen vor, bei denen der Summationsindex im Summanden doppelt erscheint, einmal oben und einmal unten, daß sich die sogenannte **Einsteinsche Summenkonvention** eingebürgert hat, das Summenzeichen dabei noch zu denken, aber nicht mehr zu notieren. Terme wie

$$v^{\mu} \partial_{\mu}, \quad a_{\mu} dx^{\mu} \quad \text{oder} \quad \frac{\partial x^{\mu}}{\partial x^{\bar{\mu}}} \frac{\partial x^{\nu}}{\partial x^{\bar{\nu}}} A_{\mu\nu}$$

sind bei Anwendung der Summenkonvention automatisch als

$$\sum_{\mu=1}^{n} v^{\mu}\partial_{\mu}, \quad \sum_{\mu=1}^{n} a_{\mu}dx^{\mu} \quad \text{bzw.} \quad \sum_{\nu=1}^{n}\sum_{\mu=1}^{n} \frac{\partial x^{\mu}}{\partial x^{\bar{\mu}}} \frac{\partial x^{\nu}}{\partial x^{\bar{\nu}}} A_{\mu\nu}$$

zu lesen, wenn nicht ausdrücklich etwas anderes angegeben ist. Ausdrücklich anders ist zum Beispiel bei

$$\sum_{\mu_1<\cdots<\mu_k} \omega_{\mu_1\ldots\mu_k}dx^{\mu_1}\wedge\ldots\wedge dx^{\mu_k}$$

zu verfahren. Wir können aber, wenn wir wollen, auch diese Darstellung einer k-Form in lokalen Koordinaten ohne Summenzeichen mittels der Summenkonvention niederschreiben, nämlich als

$$\sum_{\mu_1<\cdots<\mu_k} \omega_{\mu_1\ldots\mu_k}dx^{\mu_1}\wedge\ldots\wedge dx^{\mu_k} = \frac{1}{k!} \underbrace{\omega_{\mu_1\ldots\mu_k}dx^{\mu_1}\wedge\ldots\wedge dx^{\mu_k}}_{\text{Summenkonvention}}.$$

13.4 Tensorfelder

Dies gilt auch für die noch allgemeineren **r-fach ko- und s-fach kontravarianten Tensoren** des Ricci-Kalküls, die wir bisher nicht eingeführt haben. Die Komponentenfunktionen dieser Tensoren tragen r untere und s obere Indices, und auf die Reihenfolge dieser $r+s$ Indices kommt es, wenn keine Symmetrieforderungen gestellt sind, auch an. Betrachten wir als Beispiel einmal den Tensortyp, bei dem die r unteren Indices zuerst kommen. Die Komponentenfunktionen — und im Ricci-Kalkül auch der ganze Tensor — werden dann z.B. als

$$A_{\mu_1\ldots\mu_r}{}^{\nu_1\ldots\nu_s}$$

notiert. Aus dieser Stellung der Indices entnimmt der Kenner des Ricci-Kalküls, daß das Transformationsgesetz bei einem Koordinatenwechsel

$$A_{\bar{\mu}_1\ldots\bar{\mu}_r}{}^{\bar{\nu}_1\ldots\bar{\nu}_s} = \sum_{\substack{\text{alle } \nu \\ \text{alle } \mu}} \frac{\partial x^{\mu_1}}{\partial x^{\bar{\mu}_1}}\cdots\frac{\partial x^{\mu_r}}{\partial x^{\bar{\mu}_r}} \cdot \frac{\partial x^{\bar{\nu}_1}}{\partial x^{\nu_1}}\cdots\frac{\partial x^{\bar{\nu}_s}}{\partial x^{\nu_s}} A_{\mu_1\ldots\mu_r}{}^{\nu_1\ldots\nu_s}$$

lauten muß, und damit ist für den Ricci-Kalkül auch gleichzeitig geklärt, was so ein r-fach ko- und s-fach kontravarianter Tensor 'sei', falls jemand danach fragen sollte. In der Tat können wir uns diese Definition auch ruhig gefallen lassen, schon im Kapitel 1 haben wir ja gesehen, wie man sie für $r = 0$ und $s = 1$ präzisiert ('physikalisch definierte' Tangentialvektoren bzw. Vektorfelder).

Wer damit aber noch nicht zufrieden ist, kann von der multilinearen Algebra auch eine begrifflich bessere Antwort auf die Frage bekommen, was ein Tensor sei. Das koordinatenunabhängige Objekt A, dessen Komponentenfunktionen die $A_{\mu_1..\mu_r}{}^{\nu_1..\nu_s}$ nur sind, ist nämlich

$$A = \sum_{\substack{\text{alle } \nu \\ \text{alle } \mu}} A_{\mu_1..\mu_r}{}^{\nu_1..\nu_s} dx^{\mu_1} \otimes \cdots \otimes dx^{\mu_r} \otimes \partial_{\nu_1} \otimes \cdots \otimes \partial_{\nu_s},$$

das ist eine Zuordnung, die jedem p ein Element

$$A(p) \in T_p^* M \otimes \cdots \otimes T_p^* M \otimes T_p M \otimes \cdots \otimes T_p M$$

zuweist. Ist die Abfolge der oberen r und unteren s Indices eine andere, so ändert sich dementsprechend auch die Reihenfolge der Faktoren im Tensorprodukt.

Was bedeutet aber das geheimnisvolle Zeichen $\otimes$? Es wäre gut, wenn jeder Mathematikstudent das im zweiten Semester erführe, nämlich in der Linearen Algebra II. Nun, Sie werden es schon einmal erfahren und dann auch die Tensoren des Ricci-Kalküls mit anderen Augen sehen ...

Aber ganz so leicht will ich es mir doch nicht machen, einen ganz kleinen Minikurs, einen *Mikrokursus* über das Tensorprodukt gebe ich Ihnen. Achtung, es geht los: Das Erste, was Sie über das Tensorprodukt von zwei (analog von mehreren) Vektorräumen V und W wissen müssen ist, daß es sich dabei eigentlich um ein Paar $(V \otimes W, t)$ handelt, bestehend aus einem Vektorraum $V \otimes W$ und einer Verknüpfung $t : V \times W \to V \otimes W$, die als $(v, w) \mapsto v \otimes w$ notiert wird. Man bildet also auch Tensorprodukte von einzelnen Vektoren, und diese sind dann Elemente im Tensorprodukt der Räume. Aber Vorsicht: das Tensorprodukt der Räume ist im allgemeinen *nicht* die Menge der Tensorprodukte ihrer Elemente, die Verknüpfung ist nicht surjektiv. Also nicht, daß Sie etwa meinen,

Sie brauchten nur die $v \otimes w$ zu verstehen, um dann automatisch auch $V \otimes W$ zu kennen. Überhaupt kann man weder $v \otimes w$ noch $V \otimes W$ einzeln begreifen, man muß wirklich das Paar $(V \otimes W, t)$ anschauen.

Eh nun, kann man das $t : V \times W \to V \otimes W$ nicht endlich einmal hinschreiben? — Das könnte man, die Frage ist nur, ob Sie viel Freude daran hätten. Ich teile Ihnen zunächst lieber etwas Wichtigeres mit: Die Verknüpfung t ist *universell bilinear* in dem Sinne, daß sie erstens natürlich selbst bilinear ist, wie sich das für eine Produktbildung auch gehört, und daß aber zweitens jede bilineare Abbildung auf $V \times W$ auf genau eine Weise aus t durch Nachschalten einer linearen Abbildung auf $V \otimes W$ entsteht, genauer: zu jeder bilinearen Abbildung $f : V \times W \to X$ gibt es genau eine lineare Abbildung $\varphi : V \otimes W \to X$ mit $f = \varphi \circ t$.

Ob es wirklich ein Paar $(V \otimes W, t)$ mit dieser wunderbaren universellen Eigenschaft *gibt*, habe ich Ihnen freilich noch nicht nachgewiesen, aber Sie können jetzt schon sehen, daß es im wesentlichen höchstens *eines* geben kann, denn ist $(V \widetilde{\otimes} W, \widetilde{t})$ ein zweites, so können wir die universelle Eigenschaft von $\widetilde{t}$ gegenüber dem t ausspielen und umgekehrt und erhalten lineare Abbildungen $V \otimes W \rightleftarrows V \widetilde{\otimes} W$, die mit t und $\widetilde{t}$ verträglich und invers zueinander sind. Das ist auch der Grund, wehalb es gar nicht so wichtig ist, *wie* man ein universelles $(V \otimes W, t)$ konstruiert, wenn es nur überhaupt möglich ist.

Und möglich ist es, das sieht man so: jede beliebige Menge A erzeugt den reellen Vektorraum $F(A)$ der *formalen Linearkombinationen* $c_1 a_1 + \cdots + c_k a_k$, dessen Elemente eigentlich die Abbildungen $c : A \to \mathbb{R}$ sind, die alle bis auf endlich viele $a \in A$ auf Null abbilden, die man aber zweckmäßigerweise als Summen $\sum c(a) a$ wie oben schreibt. Durch $a \mapsto 1a$ hat man dazu eine kanonische Abbildung $A \to F(A)$. Für den Spezialfall $A := V \times W$ betrachtet man jetzt eben diese Abbildung $V \times W \to F(V \times W)$. Sie hat auch eine universelle Eigenschaft, aber noch nicht die richtige, ist auch gar nicht bilinear. Deshalb wird sie nun in einer ganz routinemäßigen Weise nachgebessert. Man betrachtet nämlich alle Elemente in $F(V \times W)$, die von einer der beiden Gestalten

(a) $\quad (c_1 v_1 + c_2 v_2, w) - c_1(v_1, w) - c_2(v_2, w)$

(b) $\quad (v, c_1 w_1 + c_2 w_2) - c_1(v, w_1) - c_2(v, w_2)$

sind, deren Nichtverschwinden also die Bilinearität stört, und dividiert $F(V \times W)$ durch den von diesen Elementen erzeugten Untervektorraum $F_0 \subset F(V \times W)$. Dann bilden der Quotient $V \otimes W := F(V \times W)/F_0$ und die kanonische Abbildung $t : V \times W \to F(V \times W) \to F(V \times W)/F_0$ zusammen ein universell bilineares Paar für V und W, wie wir es suchten.

Diese Konstruktion brauchen Sie aber nur, wenn Sie von einer Polizeistreife angehalten werden und Ihren Gebrauch des Tensorprodukts legitimieren sollen. Was Sie zum täglichen Arbeiten über das Tensorprodukt wissen wollen, holen Sie besser direkt aus der universellen Eigenschaft heraus.

Ende des Mikrokurses! Sie werden einräumen, daß er rasch genug zu durchlesen war. Freilich sitzen Sie damit noch nicht fest im Tensorsattel, dazu brauchts erst noch einen ganzen Schwarm trivialer, aber eben nicht überflüssiger Lemmas, für die in meinem Buch leider kein Platz ist.

Da die alternierenden Formen multilinear sind, haben sie natürlich auch mit dem Tensorprodukt zu tun, und ich will nur erwähnen, daß kanonisch

$$\mathrm{Alt}^k T_p M \subset \underbrace{T_p^* M \otimes \cdots \otimes T_p^* M}_{k}$$

gilt, jede k-Form ω also auch ein k-fach kovarianter Tensor in diesem allgemeinen Sinne ist, wobei die Komponentenfunktionen beruhigenderweise in beiden Auffassungen dieselben sind: aus der Schiefsymmetrie in den Indices folgt wirklich

$$\sum_{\mu_1 < \cdots < \mu_k} \omega_{\mu_1 .. \mu_k} dx^{\mu_1} \wedge .. \wedge dx^{\mu_k} = \sum_{\text{alle } \mu} \omega_{\mu_1 .. \mu_k} dx^{\mu_1} \otimes \cdots \otimes dx^{\mu_k}$$

nach unserer Normierung des Dachprodukts (vergl. den Satz in 8.2). Man braucht also beim Übergang zu dem allgemeineren Tensorbegriff des Ricci-Kalküls keine neuen Konventionen für die altbekannten k-Formen zu lernen.

13.5 Hinauf- und Herunterziehen der Indices im Ricci-Kalkül

Diese drei Notationskonventionen des Ricci-Kalküls — also (1) Bezeichnung durch Komponenten, (2) Stellung der Indices und (3) Summenkonvention — betreffen das Koordinatenrechnen auf einer n-dimensionalen Mannigfaltigkeit M ohne zusätzliche Struktur. Ist aber auf M eine semi-Riemannsche Metrik $\langle\cdot,\cdot\rangle$ gegeben, so kommt noch eine vierte Konvention hinzu, nämlich über das berühmte "Hinauf- und Herunterziehen" von Indices. Betrachten wir den Vorgang zunächst ganz formal und fragen erst dann nach seinem mathematischen Inhalt.

Notation (Hinauf- und Herunterziehen von Indices im Ricci-Kalkül): Es sei $(M,\langle\cdot,\cdot\rangle)$ eine semi-Riemannsche Mannigfaltigkeit. In lokalen Koordinaten schreiben wir wie üblich $g_{\mu\nu} := \langle\partial_\mu,\partial_\nu\rangle$, und $(g^{\mu\nu})$ bedeute die zu $(g_{\mu\nu})$ inverse Matrix. Es sei nun A ein r-fach ko- und s-fach kontravarianter Tensor, im Ricci-Kalkül mit $r+s$ Indices geschrieben, von denen oBdA einer ν und keiner μ heiße. Dann schreibt man, je nachdem ν ein unterer oder ein oberer Index ist:

$$A\cdots{}^\mu\cdots := g^{\mu\nu}A\cdots{}_\nu\cdots \qquad \text{bzw.} \qquad A\cdots{}_\mu\cdots := g_{\mu\nu}A\cdots{}^\nu\cdots,$$

wobei die Summenkonvention anzuwenden ist. Die übrigen Indices, an deren Vorhandensein die Punkte erinnern sollen, verändern dabei weder ihre Stellung noch ihre Bezeichnung.   □

Ist also zum Beispiel ein kontravarianter Vektor v^μ gegeben, dann ist die Notation v_μ nicht mehr frei, sie bedeutet nach dieser Konvention ja jetzt $g_{\mu\nu}v^\nu$. Weitere Beispiele, nur zum Gewöhnen an den formalen Vorgang:

$$A^\mu = g^{\mu\nu}A_\nu,$$
$$F^\nu_\mu = g^{\nu\lambda}F_{\mu\lambda} = g_{\mu\lambda}F^{\lambda\nu}$$
$$F^{\mu\nu} = g^{\mu\lambda}g^{\nu\kappa}F_{\lambda\kappa},$$
$$\omega^{\mu_1\cdots\mu_k} = g^{\mu_1\nu_1}\cdot\ldots\cdot g^{\mu_k\nu_k}\omega_{\nu_1\cdots\nu_k},$$

usw.

Natürlich kann man sich schon denken, daß durch das Hinauf- oder Herunterziehen wieder ein Tensor entsteht, sich die neugeschaffene indizierte Größe bei einem Koordinatenwechsel also gemäß der (neuen) Stellung der Indices richtig transformiert, sonst würde der Ricci-Kalkül schwerlich diese Konvention getroffen haben. Um das nachzurechnen, beachte zuerst, daß $g_{\mu\nu} = \langle\partial_\mu, \partial_\nu\rangle$ sich nach der Notiz in 13.3 richtig als 2-fach kovarianter Tensor transformiert: Für jedes $p \in M$ ist $\langle\cdot, \cdot\rangle_p$ als Bilinearform auf T_pM ein Element von $(T_pM \otimes T_pM)^* = T_p^*M \otimes T_p^*M$, die $g_{\mu\nu}$ sind die Komponentenfunktionen dieses im Ricci-Kalkül sogenannten "Fundamentaltensors" der semi-Riemannschen Mannigfaltigkeit. Daher transformiert sich auch $g^{\mu\nu}$ als kontravarianter Tensor, und die Behauptung ergibt sich beim direkten Einsetzen und Nachrechnen daraus, daß die Jacobi-Matrizen der beiden Kartenwechsel von den alten zu den neuen Koordinaten und zurück natürlich invers zueinander sind.

Invers zueinander sind auch die Vorgänge des Hinauf- und Herunterziehens eines bestimmten Index selber, weil definitionsgemäß

$$g_{\lambda\mu}g^{\mu\nu} = g^{\lambda\mu}g_{\mu\nu} = \begin{cases} 1 & \text{für } \lambda = \nu \\ 0 & \text{sonst} \end{cases}$$

gilt. Wegen der Symmetrie der Matrizen folgt daraus übrigens auch

$$g^{\mu\nu} = g^{\mu\lambda}g^{\nu\kappa}g_{\lambda\kappa},$$

also ist auch die Notation $(g^{\mu\nu})$ für die zu $(g_{\mu\nu})$ inverse Matrix mit der Konvention verträglich: durch Hinaufziehen der beiden Indices wird aus $g_{\mu\nu}$ wirklich $g^{\mu\nu}$.

Im allgemeinen sollten Indices nicht übereinanderstehen, damit die Gesamtreihenfolge aller Indices erkennbar bleibt. Solange jedoch keine Indices hinauf- oder heruntergezogen werden, entstehen innerhalb des Ricci-Kalküls auch keine Mißverständnisse, wenn nur die separaten Reihenfolgen der oberen und unteren Indices bekannt sind, und wenn zum Beispiel $A_{\mu\nu}$ *symmetrisch* in μ und ν ist, dann gilt natürlich für die Komponentenfunktionen $A_\mu{}^\nu = A^\nu{}_\mu$ und man wird daher beim Rechnen damit einfach A_μ^ν schreiben.

13.6   Invariante Bedeutung des Stellungwechsels der Indices

Wie ist das Hinauf- und Herunterziehen von Indices nun begriff-lich und koordinatenunabhängig zu verstehen? Dazu betrachten wir den für jedes $p \in M$ von der semi-Riemannschen Metrik be-wirkten Isomorphismus

$$T_pM \xrightarrow{\ \cong\ } T_p^*M$$
$$v \longmapsto \langle v, \cdot \rangle$$

zwischen dem Tangential- und dem Cotangentialraum, für den wir in 12.2 die Notation

$$T_pM \overset{\flat}{\underset{\sharp}{\rightleftarrows}} T_p^*M$$

eingeführt hatten. Wie sieht das in lokalen Koordinaten aus? Für jede 1-Form $\omega = \omega_\mu dx^\mu$ ist die ν-te Komponentenfunktion durch $\omega_\nu = \omega(\partial_\nu)$ gegeben, wie wir wissen, insbesondere für $\omega = {}^\flat\partial_\mu := \langle \partial_\mu, \cdot \rangle$, also:

Notiz: *Es gilt*

$${}^\flat\partial_\mu = \langle \partial_\mu, \partial_\nu \rangle dx^\nu = g_{\mu\nu} dx^\nu$$

und daher auch

$${}^\sharp dx^\mu = g^{\mu\nu} \partial_\nu.$$

$\square$

Korollar: *Das Verwandeln von kontra- in kovariante Vektoren und umgekehrt durch das Herunter- bzw. Hinaufziehen des In-dex im Ricci-Kalkül entspricht den durch die semi-Riemannsche Metrik gegebenen Isomorphismen $\flat : T_pM \to T_p^*M$ und seinem Inversen $\sharp$, genauer:*

$${}^\flat(v^\mu \partial_\mu) = v_\mu dx^\mu$$
$${}^\sharp(a_\mu dx^\mu) = a^\mu \partial_\mu.$$

$\square$

Analog gilt allgemeiner: Das Anwenden von $\flat$ bzw. $\sharp$ auf den i-ten Faktor eines $(r + s)$-fachen Tensorprodukts aus r Faktoren

$T_p^* M$ und s Faktoren $T_p M$ (in einer bestimmten Reihenfolge) wird im Ricci-Kalkül durch das Herunter- bzw. Hinaufziehen des i-ten der $r+s$ Tensorindices beschrieben. Zum Beispiel geht unter

$$T_p M \otimes T_p^* M \otimes T_p M$$

$$\cong \; \Big\downarrow \; \flat \otimes \mathrm{Id} \otimes \mathrm{Id}$$

$$T_p^* M \otimes T_p^* M \otimes T_p M$$

der einfach ko- und 2-fach kontravariante Tensor $A^\lambda{}_\mu{}^\nu$ in den 2-fach ko- und einfach kontravarianten Tensor $A_{\lambda\mu}{}^\nu$ über (im Sinne der Konvention (1) des Ricci-Kalküls natürlich — es wäre nicht sinnvoll, der einzelnen Komponente, etwa $A^1{}_1{}^2$, die Komponente $A_{11}{}^2$ zuzuordnen!), denn aus $A^\lambda{}_\mu{}^\nu \partial_\lambda \otimes dx^\mu \otimes \partial_\nu$ wird unter $\flat \otimes \mathrm{Id} \otimes \mathrm{Id}$ ja $A^\lambda{}_\mu{}^\nu (^\flat \partial_\lambda) \otimes dx^\mu \otimes \partial_\nu$, und nach obigem Korollar ist das

$$A^\lambda{}_\mu{}^\nu g_{\lambda\sigma} dx^\sigma \otimes dx^\mu \otimes \partial_\nu = A_{\sigma\mu}{}^\nu dx^\sigma \otimes dx^\mu \otimes \partial_\nu.$$

Das Hinaufziehen sämtlicher Indices einer k-Form erzeugt eine duale k-Form und umgekehrt. Koordinateninvariant sind diese Vorgänge auch durch $\sharp$ und $\flat$ als

$$\mathrm{Alt}^k T_p M$$

$$\mathrm{Alt}^k \flat \; \Big\uparrow\Big\downarrow \; \mathrm{Alt}^k \sharp$$

$$\mathrm{Alt}^k T_p^* M$$

gegeben:

$$
\begin{array}{ccc}
\mathrm{Alt}^k T_p M & \longrightarrow & T_p^* M \otimes \cdots \otimes T_p^* M \\
\Big\downarrow {\scriptstyle \mathrm{Alt}^k \sharp} & & \Big\downarrow {\scriptstyle \sharp \otimes \cdots \otimes \sharp} \\
\mathrm{Alt}^k T_p^* M & \longrightarrow & T_p M \otimes \cdots \otimes T_p M
\end{array}
$$

kommutiert wirklich.

13.7 Skalarprodukte für Tensoren im Ricci-Kalkül

Die Notation des Hinauf- und Herunterziehens von Indices ist sehr bequem für das Rechnen mit den verschiedenen Skalarprodukten, die wir zu betrachten haben. Für Tangentialvektoren v und w selber gilt wegen $\langle \partial_\mu, \partial_\nu \rangle =: g_{\mu\nu}$ natürlich

Notiz: *Für Vektorfelder v und w gilt in lokalen Koordinaten*
$$\langle v, w \rangle = g_{\mu\nu} v^\mu w^\nu = v_\mu w^\mu. \qquad \square$$

Definitionsgemäß wird das Skalarprodukt von T_pM auf T_p^*M durch den Isomorphismus $\flat$ übertragen (Spezialfall des definierenden Lemmas für das Skalarprodukt im Formenraum, vergl. 12.2), deshalb gilt:

Notiz: *Für 1-Formen α, β ist in lokalen Koordinaten*
$$\langle \alpha, \beta \rangle = \alpha_\mu \beta^\mu = g^{\mu\nu} \alpha_\mu \beta_\nu.$$

Insbesondere ist $\langle dx^\mu, dx^\nu \rangle = g^{\mu\nu}$. $\qquad \square$

Das Skalarprodukt in $\mathrm{Alt}^k T_pM$ hatten wir in der Definition zwar *kanonisch* genannt, aber wir wollen doch nicht vergessen, daß dabei das Dachprodukt einging, welches in der Literatur ja nicht ganz einheitlich normiert ist. Deshalb müssen wir auch plausible Skalarproduktformeln für k-Formen immer hübsch ordentlich nachprüfen, insbesondere

Lemma: *Für k-Formen $\eta, \zeta \in \Omega^k M$ auf einer semi-Riemannschen Mannigfaltigkeit gilt in lokalen Koordinaten*
$$\langle \eta, \zeta \rangle = \sum_{\mu_1 < \cdots < \mu_k} \eta_{\mu_1 \ldots \mu_k} \zeta^{\mu_1 \ldots \mu_k} = \frac{1}{k!} \eta_{\mu_1 \ldots \mu_k} \zeta^{\mu_1 \ldots \mu_k}$$

BEWEIS: Aus der Definition des Skalarprodukts in 12.2 entnehmen wir zunächst, daß
$$\langle \eta, {}^\flat \partial_{\mu_1} \wedge \ldots \wedge {}^\flat \partial_{\mu_k} \rangle = \eta(\partial_{\mu_1}, \ldots, \partial_{\mu_k}) =: \eta_{\mu_1 \ldots \mu_k}$$

gilt. Weil nun aber das Herunterziehen der Indices, wie vorhin erläutert, dasselbe bewirkt wie die Anwendung von $\flat$, so können wir ζ als

$$\zeta = \sum_{\mu_1 < \cdots < \mu_k} \zeta^{\mu_1 \cdots \mu_k} {}^\flat \partial_{\mu_1} \wedge \cdots \wedge {}^\flat \partial_{\mu_k}$$

schreiben, und die Behauptung folgt. $\qquad\qquad\square$

Mit gutem Gewissen als *kanonisch gegeben* darf man das Skalarprodukt auf dem Tensorprodukt $V \otimes W$ zweier quadratischer Räume $(V, \langle \cdot, \cdot \rangle_V)$ und $(W, \langle \cdot, \cdot \rangle_W)$ bezeichnen: es ist dies die Bilinearform $\langle \cdot, \cdot \rangle$ auf $V \otimes W$, welche

$$\langle v \otimes w, v' \otimes w' \rangle = \langle v, v' \rangle_V \langle w, w' \rangle_W$$

erfüllt, analog für Tensorprodukte aus mehreren Faktoren. Insbesondere ist für r-fach ko- und s-fach kontravariante Tensoren auf einer semi-Riemannschen Mannigfaltigkeit an jedem Punkte $p \in M$ ein Skalarprodukt gegeben, und zum Beispiel für den Tensortyp, bei dem alle r kovarianten Faktoren zuerst kommen, gilt in lokalen Koordinaten

$$\langle A, B \rangle = A_{\mu_1 \cdots \mu_r}{}^{\nu_1 \cdots \nu_s} B^{\mu_1 \cdots \mu_r}{}_{\nu_1 \cdots \nu_s} .$$

Faßt man daher vermöge $\mathrm{Alt}^k T_p M \subset T_p^* M \otimes \cdots \otimes T_p^* M$ die k-Formen als k-fach kovariante Tensoren auf, so erhält man ein anderes Skalarprodukt:

$$\langle \eta, \zeta \rangle_{k\text{-Formen-Skalarprodukt}} = \frac{1}{k!} \langle \eta, \zeta \rangle_{\text{Tensor-Skalarprodukt}} .$$

Man kann eben nicht alles haben! Wir fahren trotzdem fort, das k-Formen-Skalarprodukt zu benutzen.

13.8 Dachprodukt und Sternoperator im Ricci-Kalkül

Es sei nun M eine orientierte n-dimensionale semi-Riemannsche Mannigfaltigkeit. Wie sehen Sternoperator und Coableitung im Ricci-Kalkül aus? Wegen $\eta \wedge *\zeta = \langle \eta, \zeta \rangle \omega_M$ schauen wir uns zuerst Dachprodukt und Volumenform an. Für $\omega \in \Omega^r M$ und $\eta \in \Omega^s M$ ist in lokalen Koordinaten

$$\omega \wedge \eta = \sum_{\substack{\mu_1 < \cdots < \mu_r \\ \nu_1 < \cdots < \nu_s}} \omega_{\mu_1 \cdots \mu_r} \eta_{\nu_1 \cdots \nu_s} dx^{\mu_1} \wedge \cdots \wedge dx^{\mu_r} \wedge dx^{\nu_1} \wedge \cdots \wedge dx^{\nu_s}.$$

Daraus liest man eine Formel für die Komponenten $(\omega \wedge \eta)_{\mu_1 \cdots \mu_{r+s}}$, $\mu_1 < \cdots < \mu_{r+s}$ des Dachproduktes ab, um sie aber niederschreiben zu können, wollen wir die Zerlegungen der Menge $\{1, \ldots, r+s\}$ in eine r- und eine s-elementige Teilmenge wie folgt als Permutation von $\{1, \ldots, r+s\}$ auffassen:

Notation: Es sei $\mathscr{Z}_{r,s} :=$
$$\{\, \tau \in \mathfrak{S}_{r+s} \mid \tau(1) < \cdots < \tau(r) \text{ und } \tau(r+1) < \cdots < \tau(r+s) \,\}. \quad \Box$$

Das hat für uns den Vorteil, daß wir das Vorzeichen sgn τ, das auf diese Weise einer Auswahl $\tau(1) < \cdots < \tau(r)$ von r Elementen aus $\{1, \ldots, r+s\}$ zugeordnet wird, nicht umständlich beschreiben müssen, sondern gleich schreiben können

Notiz:

$$(\omega \wedge \eta)_{\mu_1 \cdots \mu_{r+s}} = \sum_{\tau \in \mathscr{Z}_{r,s}} \operatorname{sgn} \tau \cdot \omega_{\mu_{\tau(1)} \cdots \mu_{\tau(r)}} \eta_{\mu_{\tau(r+1)} \cdots \mu_{\tau(r+s)}}. \quad \Box$$

Die Summe hat also $\binom{r+s}{r}$ Summanden, für $r = s = 1$ zum Beispiel zwei:

$$(\alpha \wedge \beta)_{\mu\nu} = \alpha_\mu \beta_\nu - \alpha_\nu \beta_\mu$$

heißt die Formel für die Komponenten des Dachprodukts zweier 1-Formen α und β.

Als nächstes erinnern wir uns an die Volumenform ω_M. Wie wir früher schon ausgerechnet haben (nämlich in 12.3) gilt:

Notiz: *In orientierungserhaltenden lokalen Koordinaten ist die Volumenform durch*

$$\omega_M = \sqrt{|g|}\, dx^1 \wedge \cdots \wedge dx^n,$$

ihre Komponentenfunktion also durch $\omega_{1 \ldots n} = \sqrt{|g|}$ *gegeben, wobei* $g := \det(g_{\mu\nu})$ *bedeutet.* $\quad \Box$

Aus $\eta \wedge *\zeta = \langle \eta, \zeta \rangle \omega_M$ ergibt sich deshalb zunächst

$$\sum_{\tau \in \mathcal{Z}_{k,n-k}} \text{sgn}\, \tau \cdot \eta_{\tau_1..\tau_k} (*\zeta)_{\tau_{k+1}..\tau_n} =$$

$$\sum_{\mu_1 < \cdots < \mu_k} \eta_{\mu_1..\mu_k} \zeta^{\mu_1..\mu_k} \sqrt{|g|}$$

für alle $\eta, \zeta \in \Omega^k M$ und daher

Korollar (Sternoperator im Ricci-Kalkül): *Für* $\zeta \in \Omega^k M$ *gilt*

$$(*\zeta)_{\tau_{k+1}..\tau_n} = \text{sgn}\, \tau \cdot \sqrt{|g|}\, \zeta^{\tau_1..\tau_k}$$

in orientierungserhaltenden lokalen Koordinaten. □

Zunächst folgert man das natürlich durch geeignete Wahl von η für $\tau \in \mathcal{Z}_{k,n-k}$, es ist aber ersichtlich dann auch für beliebiges $\tau \in \mathfrak{S}_n$ richtig.

13.9 Divergenz und Laplace-Operator im Ricci-Kalkül

Wie wir die Cartansche Ableitung in lokalen Koordinaten auszurechnen haben, wissen wir aus der Definition (vergl. die in 8.6 festgehaltene lokale Formel). Für die Komponenten bedeutet das

Notiz (Cartan-Ableitung im Ricci-Kalkül):

$$(d\omega)_{\mu_1..\mu_{k+1}} = \sum_{i=1}^{k+1} (-1)^{i-1} \partial_{\mu_i} \omega_{\mu_1..\widehat{\mu_i}..\mu_{k+1}}.$$

□

Setzt man diese Formel mit denen aus 13.8 zu einem allgemeinen Ausdruck für die Coableitung in beliebigen Koordinaten zusammen, so entsteht schon ein ziemliches Ungetüm, das wir denn doch ohne besonderen Anlaß nicht niederschreiben wollen. Stattdessen sehen wir uns den Spezialfall $k = 1$ einmal genauer an.

Die Coableitung ist dann definiert als

$$\delta = (-1)^{n-1} * d *^{-1} : \Omega^1 M \longrightarrow \Omega^0 M.$$

Wegen $** = (-1)^{k(n-k)+\text{Index}M} \text{Id}_{\Omega^k M}$, wie wir in Notiz 3 in 12.3 festgestellt hatten, ist in diesem Falle auch

$$\delta = (-1)^{\text{Index}M} * d *.$$

Für eine 1-Form $\alpha \in \Omega^1 M$ ist aber

$$(*\alpha)_{1..\widehat{\mu}.n} = (-1)^{\mu-1} \sqrt{|g|}\, \alpha^\mu$$

$$(d*\alpha)_{1..n} = \sum_{\mu=1}^{n} \partial_\mu(\sqrt{|g|}\, \alpha^\mu)$$

nach obigen Formeln für $*$ und d. Die nochmalige Anwendung der $*$-Formel (Korollar am Ende des vorigen Abschnitts), die nun an der Reihe wäre, ist etwas unbequem, und wir bedenken lieber, daß wir jetzt ja

$$d*\alpha = \sum_{\mu=1}^{n} \partial_\mu(\sqrt{|g|}\, \alpha^\mu)\, dx^1 \wedge \ldots \wedge dx^n$$

$$= \frac{1}{\sqrt{|g|}} \sum_{\mu=1}^{n} \partial_\mu(\sqrt{|g|}\, \alpha^\mu)\, \omega_M$$

ausgerechnet haben und $*\omega_M = (-1)^{\text{Index}M} 1$ schon aus Notiz 2 in 12.3 wissen. Also schließen wir

$$*d*\alpha = (-1)^{\text{Index}M} \frac{1}{\sqrt{|g|}} \sum_{\mu=1}^{n} \partial_\mu(\sqrt{|g|}\, \alpha^\mu)$$

oder mit der Summenkonvention

Korollar: *Die Coableitung* $\delta : \Omega^1 M \to \Omega^0 M$ *wird in lokalen Koordinaten durch*

$$\delta\alpha = \frac{1}{\sqrt{|g|}} \partial_\mu(\sqrt{|g|}\, \alpha^\mu)$$

beschrieben.

□

Die Funktion $\delta\alpha$ wird auch die **Divergenz** des Vektorfeldes $v = \alpha^\mu \partial_\mu$ genannt. — Für Funktionen oder Nullformen ist der Laplace-Operator $\Delta : \Omega^0 M \to \Omega^0 M$ durch $\Delta = \delta d$ definiert, also in lokalen Koordinaten durch

$$\Delta f = \frac{1}{\sqrt{|g|}} \partial_\mu (\sqrt{|g|}\, \partial^\mu f).$$

Wenn wir die Konventionen des Ricci-Kalküls in dieser Formel wieder auflösen bis auf $g = \det(g_{\mu\nu})$ und $(g^{\mu\nu})$ invers zu $(g_{\mu\nu})$, so erhalten wir:

Korollar: *Der Laplace-Operator* $\Delta := \delta d : \Omega^0 M \to \Omega^0 M$ *für Funktionen auf einer semi-Riemannschen Mannigfaltigkeit M ist in lokalen Koordinaten durch*

$$\Delta f = \frac{1}{\sqrt{|g|}} \sum_{\mu,\nu=1}^{n} \frac{\partial}{\partial x^\mu}\left(\sqrt{|g|}\, g^{\mu\nu} \frac{\partial}{\partial x^\nu} f\right)$$

gegeben. $\qquad\square$

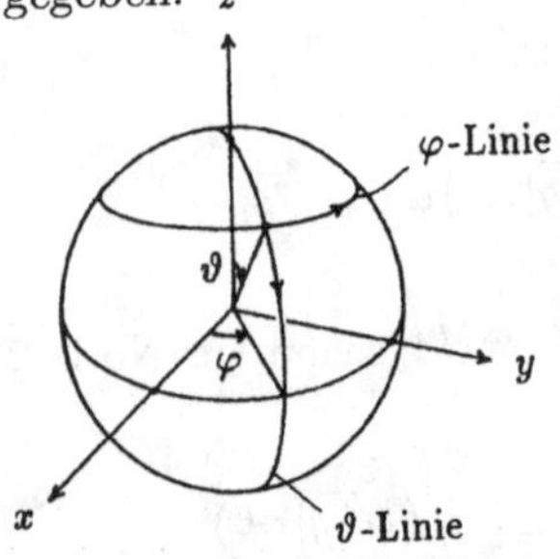

Fig. 110. Kugelkoordinaten φ, ϑ auf S^2. Es ist $x = \sin\vartheta\cos\varphi$, $y = \sin\vartheta\sin\varphi$ und $z = \cos\vartheta$.

Wenden wir die Formel zur Illustration einmal auf die Sphäre $M := S^2 \subset \mathbb{R}^3$ und die Kugelkoordinaten φ und ϑ auf S^2 an. Die Koordinaten sind offenbar orthogonal, d.h. es ist $g_{12} = 0$ und folglich auch $g^{21} = 0$. Die Terme g_{11} und g_{22} sind die Quadrate der Geschwindigkeiten der φ- bzw. ϑ-Koordinatenlinien, also $g_{11} = \sin^2\vartheta$ und $g_{22} = 1$ und infolgedessen $g = \sin^2\vartheta$ und $g^{11} = \frac{1}{\sin^2\vartheta}$, $g^{22} = 1$.

Korollar: *Der Laplace-Operator* Δ_{S^2} *für Funktionen auf S^2 lautet in den Kugelkoordinaten φ und ϑ:*

$$\Delta_{S^2} = \frac{1}{\sin^2\vartheta} \frac{\partial^2}{\partial\varphi^2} + \frac{1}{\sin\vartheta} \frac{\partial}{\partial\vartheta}\left(\sin\vartheta \frac{\partial}{\partial\vartheta}\right).$$

$\qquad\square$

13.10   Ein Schlußwort

Jedes Buch oder wenigstens jeder *Band* muß ein Ende haben, und aus seinem vorliegenden Werk verabschiedet sich der Autor, indem er eine Frage beantwortet, die sich mancher Leser schon gestellt haben mag. Warum nämlich, fragt vielleicht ein Leser, warum räumt ein Autor, der — wie er doch selbst immer sagt — so viel Wert auf Begriffe und Anschauung legt, einem bloßen System von Schreibweisen wie dem Ricci-Kalkül so viel Platz ein?

Nun, dazu veranlaßte mich der Umstand, daß die Konventionen des Ricci-Kalküls in der *physikalischen Literatur* verwendet werden. Es sollte mich freuen, wenn eventuelle physikalische Leser meine Erläuterungen nützlich finden. Eigentlich geschrieben sind sie aber für Mathematiker. Ein Physikstudent, stelle ich mir vor, wächst durch praktischen Umgang in den Kalkül hinein und richtet sowieso seine Gedanken mehr auf den physikalischen als auf den mathematischen Inhalt seiner Formeln. In einer ganz anderen Situation ist aber ein Mathematiker, der sich gerade für die geometrisch-begrifflichen Aspekte einer physikalischen Theorie interessiert und nun als Fremder, gleichsam von außen, in die physikalische Literatur hineinschaut.

Ob die Benutzung des Kalküls durch die Physiker ein mathematischer Anachronismus oder die beste Lösung ihrer Notationsprobleme ist, halte ich nicht für ausgemacht, aber jedenfalls könnten wir ohne Kenntnis der Konventionen viele der Formeln gar nicht lesen, und oft erhalten wir auch nur vom Kalkül, dessen geometrischen Hintergrund wir ja kennen, einen Hinweis darauf, von was für mathematischen Objekten eigentlich die Rede ist.

Ohne hier das ganze Panorama der Schwierigkeiten entrollen zu wollen, die ein Mathematiker bei der Lektüre physikalischer Texte zu erwarten hat, muß ich doch noch etwas erklären, damit Sie mich nicht ungerechterweise verwünschen, wenn Sie nun trotzdem nicht jede indexgespickte Formel gleich vom Blatt lesen können.

Man muß nämlich darauf gefaßt sein, neben den auf die Raum-Zeit-Koordinaten bezüglichen eigentlichen Ricci-Indices noch zahlreiche andere Arten von Indices anzutreffen. Das kommt von der Tendenz der Physiker, in allen Vektorräumen Basen zu wählen und damit Indices einzuschleppen, auf die dann auch, mehr oder weniger konsequent, Ricci-ähnliche Konventionen angewendet werden. Eine Hauptquelle solcher Indices sind die in der Elementarteilchenphysik vorkommenden Liegruppen bzw. deren Liealgebren und ihre Darstellungen. Die Liegruppen treten meist von vornherein als Matrizengruppen, ihre Liealgebren also als Matrizenalgebren in Erscheinung (Indices). In der Liealgebra wird eine Basis gewählt (Index) und die Lieklammer dementsprechend durch Strukturkonstanten (mit drei Indices) beschrieben. Eine Darstellung ordnet den Basiselementen Matrizen mit auf die Basis des Darstellungsraumes bezüglichen Indices zu. Daneben Indices, welche verschiedene Darstellungen und Indices, welche Teilchenarten unterscheiden.

Vielleicht wird diese barocke Indexpracht eines fernen Tages von einer Notations-Klassik abgelöst, wenn wir aber heute den Physikern zuhören wollen — und sie haben faszinierende Dinge zu sagen — dann müssen wir uns auch auf ihre heutige Sprache einlassen, und ein bißchen Ricci-Kalkül gehört da jedenfalls dazu.

—————

13.11 Test

(1) Der Sternoperator $* : \Omega^k X \to \Omega^{3-k} X$ für offenes $X \subset \mathbb{R}^3$ mit der üblichen Metrik und Orientierung, aufgefaßt bezüglich der "Übersetzungsisomorphismen" als eine Abbildung $C^\infty(X) \to C^\infty(X)$ für $k = 0, 3$ bzw. $\mathcal{V}(X) \to \mathcal{V}(X)$ für $k = 1, 2$ ist

☐ die Identität auf $C^\infty(X)$ bzw. $\mathcal{V}(X)$ für $k = 0, 1, 2, 3$.

☐ Id auf $C^\infty(X)$ bzw. $\mathcal{V}(X)$ für $k = 0$ und $k = 2$, aber $-Id$ für $k = 1$ und $k = 3$.

☐ Id auf $C^\infty(X)$ für $k = 0$ und $k = 3$, aber $-Id$ auf $\mathcal{V}(X)$ für $k = 1$ und $k = 2$.

(2) Sei M ein Mannigfaltigkeit, ohne Metrik. Eine lineare Abbildung $T_pM \to T_pM$ werde im Ricci-Kalkül durch die Matrix a^μ_ν, also genauer durch $v^\nu \mapsto a^\mu_\nu v^\nu$ beschrieben, die duale Abbildung $T_p^*M \to T_p^*M$ durch b^μ_ν, also $\omega_\mu \mapsto b^\mu_\nu \omega_\mu$ im Sinne der Ricci-Konventionen. Dann gilt

$\square$ $b^\mu_\nu = a^\mu_\nu$ $\qquad$ $\square$ $b^\mu_\nu = a^\nu_\mu$ $\qquad$ $\square$ $b^\mu_\nu = (a^\nu_\mu)^{-1}$

(3) Sei M wie oben. Drei im Ricci-Kalkül zu lesende Matrizen a^μ_ν, b^μ_ν und c^μ_ν sollen drei Endomorphismen φ, ψ und $\psi \circ \varphi$ von T_pM bzw., in einem zweiten Falle, von T_p^*M beschreiben. Dann gilt

$\square$ im 1.Fall $c^\mu_\nu = b^\mu_\lambda a^\lambda_\nu$, im 2.Fall $c^\mu_\nu = b^\lambda_\nu a^\mu_\lambda$.

$\square$ im 1.Fall $c^\mu_\nu = b^\lambda_\nu a^\mu_\lambda$, im 2.Fall $c^\mu_\nu = b^\mu_\lambda a^\lambda_\nu$.

$\square$ in beiden Fällen $c^\mu_\nu = b^\mu_\lambda a^\lambda_\nu$

(4) Beschreibt das Kroneckersymbol $\delta_{\mu\nu}$ einen Tensor im Ricci-Kalkül auf M ?

$\square$ Ja, die Identität auf T_pM.

$\square$ Nein; um die Identität zu beschreiben, müßte es als δ^ν_μ notiert werden.

$\square$ Nein, $\delta_{\mu\nu}$ hat nicht das richtige Transformationsverhalten.

(5) Nach der Formel

$$(\omega \wedge \eta)_{\mu_1..\mu_{r+s}} = \sum_{\tau \in Z_{r,s}} \operatorname{sgn}(\tau)\, \omega_{\mu_{\tau(1)}..\mu_{\tau(r)}} \eta_{\mu_{\tau(r+1)}..\mu_{\tau(r+s)}}$$

aus 13.8 ist also das Dachprodukt einer 2-Form ω mit einer 1-Form η im Ricci-Kalkül: $(\omega \wedge \eta)_{\lambda\mu\nu} =$

$\square$ $\omega_{\lambda\mu}\eta_\nu + \omega_{\mu\nu}\eta_\lambda - \omega_{\lambda\nu}\eta_\mu$

$\square$ $\omega_{\lambda\mu}\eta_\nu + \omega_{\nu\lambda}\eta_\mu + \omega_{\mu\nu}\eta_\lambda$

$\square$ $\omega_{\lambda\mu}\eta_\nu - \omega_{\lambda\nu}\eta_\mu + \omega_{\mu\nu}\eta_\lambda - \omega_{\mu\lambda}\eta_\nu + \omega_{\nu\lambda}\eta_\mu - \omega_{\nu\mu}\eta_\lambda$

(6) Jetzt sei M eine semi-Riemannsche Mannigfaltigkeit. Die durch die Metrik kanonisch gegebenen Isomorphismen

$$\flat : T_pM \xrightarrow{\cong} T_p^*M \quad \text{und} \quad \sharp : T_p^*M \xrightarrow{\cong} T_pM$$

werden im Ricci-Kalkül

☐ durch $g^{\mu\nu}$ und $g_{\mu\nu}$

☐ durch $g_{\mu\nu}$ und $g^{\mu\nu}$

☐ beide durch g_μ^ν

beschrieben.

(7) Was ist g_μ^ν ?

☐ $g_\mu^\nu = g_{\mu\lambda} g^{\lambda\nu}$

☐ $g_\mu^\nu = \delta_\mu^\nu = \begin{cases} 1 & \text{für } \mu = \nu \\ 0 & \text{sonst.} \end{cases}$

☐ $g_\mu^\nu = \langle \partial_\mu, \partial_\nu \rangle$

(8) Sei $M = \mathbb{R}^4$, als orientierte Lorentzmannigfaltigkeit mit der durch

$$(g_{\mu\nu}) = \begin{pmatrix} +1 & & & \\ & -1 & & \\ & & -1 & \\ & & & -1 \end{pmatrix}$$

bezüglich der Koordinaten x^0, x^1, x^2, x^3 gegebenen Lorentzmetrik. Dann gilt nach der allgemeinen Formel

$$(*\zeta)_{\tau_{k+1} \cdots \tau_n} = \operatorname{sgn} \tau \cdot \sqrt{|g|} \, \zeta^{\tau_1 \cdots \tau_k}$$

speziell für die Wirkung des Sternoperators auf 2-Formen $F \in \Omega^2 M$

☐ $(*F)_{01} = F^{23} = F_{23}$, insb. $*(dx^2 \wedge dx^3) = dx^0 \wedge dx^1$.

☐ $(*F)_{01} = F^{23} = F_{23}$, insb. $*(dx^0 \wedge dx^1) = dx^2 \wedge dx^3$.

☐ $(*F)_{23} = F^{01} = -F_{01}$, insb. $*(dx^0 \wedge dx^1) = -dx^2 \wedge dx^3$.

(9) In denselben Koordinaten des Minkowskiraumes ist die Divergenz $\frac{1}{\sqrt{|g|}} \partial_\mu (\sqrt{|g|} \, v^\mu)$ eines Vektorfeldes v^μ gleich

☐ $\partial_0 v^0 + \partial_1 v^1 + \partial_2 v^2 + \partial_3 v^3$

☐ $\partial_0 v^0 - \partial_1 v^1 - \partial_2 v^2 - \partial_3 v^3$

☐ $-\partial_0 v^0 + \partial_1 v^1 + \partial_2 v^2 + \partial_3 v^3$

(10) Nochmals der Minkowskiraum! Bezeichnen wir die obigen Koordinaten mit t, x, y und z, so ergibt der Laplaceoperator

$$\frac{1}{\sqrt{|g|}}\, \partial_\mu(\sqrt{|g|}\, \partial^\mu),$$

angewandt auf eine Funktion $f : M \to \mathbb{R}$,

☐ $\quad \frac{\partial^2}{\partial t^2}f + \frac{\partial^2}{\partial x^2}f + \frac{\partial^2}{\partial y^2}f + \frac{\partial^2}{\partial z^2}f$

☐ $\quad \frac{\partial^2}{\partial t^2}f - \frac{\partial^2}{\partial x^2}f - \frac{\partial^2}{\partial y^2}f - \frac{\partial^2}{\partial z^2}f$

☐ $\quad -\frac{\partial^2}{\partial t^2}f + \frac{\partial^2}{\partial x^2}f + \frac{\partial^2}{\partial y^2}f + \frac{\partial^2}{\partial z^2}f$

13.12   Übungsaufgaben

AUFGABE 49: Wir betrachten eine offene Teilmenge $X \subset \mathbb{R}^3$ und setzen $M := \mathbb{R} \times X \subset \mathbb{R}^4$. Anschaulich stellen wir uns X als ein Gebiet im Raum und die Koordinate t des Faktors $\mathbb{R}$ als die Zeit vor. In dieser und der folgenden Übungsaufgabe wollen wir uns den Cartanschen Kalkül für die Raumzeit M in unsere Raum und Zeit trennende Anschauung übersetzen. Bevor Sie anfangen können zu rechnen, müssen wir aber einige Verabredungen treffen.

Den Raum der *zeitabhängigen* k-Formen auf X wollen wir mit $\Omega^k_{zeitabh.}X$ oder etwas kürzer $\Omega^k_{z.a.}X \subset \Omega^k M$ bezeichnen, genauer:

$$\Omega^k_{z.a.}X := \{\, \omega \in \Omega^k M \mid \partial_t \lrcorner\, \omega = 0 \,\}.$$

Schreibt man die k-Formen auf M in den Koordinaten $x^0 := t$ und x^1, x^2, x^3 des $\mathbb{R}^4$ als

$$\omega = \sum_{\mu_1 < \cdots < \mu_k} \omega_{\mu_1 \cdots \mu_k} dx^{\mu_1} \wedge \cdots \wedge dx^{\mu_k}$$

und sortiert die Summanden danach, ob $\mu_1 = 0$ ist oder nicht, so sehen wir, daß sich jede k-Form auf der Raumzeit M in eindeutiger Weise als $\omega = dt \wedge \eta + \zeta$ mit $\eta \in \Omega^{k-1}_{z.a.}X$ und $\zeta \in \Omega^k_{z.a.}X$ darstellen läßt, und auf diesen Isomorphismus

$$\Omega^{k-1}_{z.a.}X \oplus \Omega^k_{z.a.}X \xrightarrow{\;\cong\;} \Omega^k M$$

$$\begin{pmatrix} \eta \\ \zeta \end{pmatrix} \longmapsto dt \wedge \eta + \zeta$$

wollen wir im folgenden immer Bezug nehmen, um die Raumzeitformen unserer Anschauung näher zu bringen.

Auf die zeitabhängigen k-Formen im Raumgebiet X wirken die räumliche Cartanableitung

$$d_X : \Omega^k_{z.a.} X \to \Omega^{k+1}_{z.a.} X,$$

der räumliche Sternoperator (bezüglich der üblichen Metrik im $\mathbb{R}^3$)

$$*_X : \Omega^k_{z.a.} X \to \Omega^{3-k}_{z.a.} X$$

und die partielle Ableitung nach der Zeit:

$$\partial_t : \Omega^k_{z.a.} X \to \Omega^k_{z.a.} X.$$

Die Aufgabe 49 besteht darin, die vierdimensionale Cartanableitung $d_M : \Omega^k M \to \Omega^{k+1} M$ und den auf die übliche Orientierung und die Lorentzmetrik des $\mathbb{R}^4$ bezüglichen Sternoperator

$$*_M : \Omega^k M \to \Omega^{4-k} M$$

durch die d_X, die $*_X$ und ∂_t auszudrücken.

AUFGABE 50: Nun können wir einen Schritt weiter gehen und auch noch die zeitabhängigen Formen auf X mit den üblichen Übersetzungsisomorphismen als zeitabhängige Funktionen bzw. Vektorfelder auf X interpretieren. Dann erhält man aus dem de Rham-Komplex von M ein Diagramm

$$
\begin{array}{ccc}
0 & & 0 \\
\downarrow & & \downarrow \\
\Omega^0 M & \xrightarrow{\ \cong\ } & C^\infty_{z.a.} X \\
d\downarrow & & \downarrow \\
\Omega^1 M & \xrightarrow{\ \cong\ } & C^\infty_{z.a.} X \oplus \mathcal{V}_{z.a.} X \\
d\downarrow & & \downarrow \\
\Omega^2 M & \xrightarrow{\ \cong\ } & \mathcal{V}_{z.a.} X \oplus \mathcal{V}_{z.a.} X \\
d\downarrow & & \downarrow \\
\Omega^3 M & \xrightarrow{\ \cong\ } & \mathcal{V}_{z.a.} X \oplus C^\infty_{z.a.} X \\
d\downarrow & & \downarrow \\
\Omega^4 M & \xrightarrow{\ \cong\ } & C^\infty_{z.a.} X \\
\downarrow & & \downarrow \\
0 & & 0
\end{array}
$$

Was wird dabei aus der Cartanableitung und dem Sternoperator von M?

AUFGABE 51: Man beweise die naheliegende Verallgemeinerung der Formel

$$
\int\limits_U \psi\, dF = \iint\limits_G \psi(x, y, z(x,y)) \sqrt{1 + \left(\tfrac{\partial z}{\partial x}\right)^2 + \left(\tfrac{\partial z}{\partial y}\right)^2}\ dx\, dy,
$$

aus 10.8 vom dort betrachteten Fall einer differenzierbaren Funktion $z = z(x, y)$ von *zwei* Variablen auf den Fall einer Funktion $f = f(x^1, \ldots, x^n)$ von n Variablen.

AUFGABE 52: Man beweise die Formel

$$
d(X \lrcorner\, \omega_M) = (\mathrm{div}\, X)\, \omega_M
$$

für die in 13.9 definierte Divergenz eines Vektorfeldes auf einer orientierten semi-Riemannschen Mannigfaltigkeit.

13.13 Hinweise zu den Übungsaufgaben

Zu Aufgabe 49: Es sollte herauskommen, daß die Diagramme

$$
\begin{array}{ccc}
\Omega^k M & \xrightarrow{\quad d \quad} & \Omega^{k+1} M \\[2ex]
\cong \big\uparrow & & \cong \big\uparrow \\[2ex]
\Omega^{k-1}_{\mathrm{z.a.}} X \oplus \Omega^{k}_{\mathrm{z.a.}} X & \xrightarrow{\quad\quad} & \Omega^{k}_{\mathrm{z.a.}} X \oplus \Omega^{k+1}_{\mathrm{z.a.}} X \\
& \begin{pmatrix} -d_X & \partial_t \\ & d_X \end{pmatrix} &
\end{array}
$$

und

$$
\begin{array}{ccc}
\Omega^k M & \xrightarrow{\quad *_M \quad} & \Omega^{4-k} M \\[2ex]
\cong \big\uparrow & & \cong \big\uparrow \\[2ex]
\Omega^{k-1}_{\mathrm{z.a.}} X \oplus \Omega^{k}_{\mathrm{z.a.}} X & \xrightarrow{\quad\quad} & \Omega^{3-k}_{\mathrm{z.a.}} X \oplus \Omega^{3-k+1}_{\mathrm{z.a.}} X \\
& \begin{pmatrix} & *_X \\ (-1)^{k-1} *_X & \end{pmatrix} &
\end{array}
$$

kommutativ sind.

Zu Aufgabe 50: In der klassischen Elektrodynamik des Vakuums kann man die Maßeinheiten so wählen, daß man nur noch drei zeitabhängige Vektorfelder und eine zeitabhängige Funktion auf $X \subset \mathbb{R}^3$ zu betrachten hat, nämlich

> die elektrische Feldstärke $\vec{E}$,
>
> die magnetische Induktion $\vec{B}$,
>
> die Stromdichte $\vec{J}$ und
>
> die Ladungsdichte ρ,

und so, daß die Maxwellschen Gleichungen

$$\operatorname{rot} \vec{E} = -\dot{\vec{B}}$$
$$\operatorname{div} \vec{B} = 0$$
$$\operatorname{rot} \vec{B} = \dot{\vec{E}} + \vec{J}$$
$$\operatorname{div} \vec{E} = \rho$$

lauten. Übersetzt man $\left(\begin{smallmatrix} -\vec{E} \\ \vec{B} \end{smallmatrix}\right)$ in eine 2-Form $F \in \Omega^2(\mathbb{R} \times X)$, den sogenannten **Faradaytensor**, und $\left(\begin{smallmatrix} -\vec{J} \\ \rho \end{smallmatrix}\right)$ in eine 3-Form $j \in \Omega^3(\mathbb{R} \times X)$, die **Viererstromdichte**, so sollen die Maxwellschen Gleichungen zu

$$dF = 0 \text{ und}$$
$$d*F = j$$

werden und die aus $d*F = j$ folgende Gleichung $dj = 0$ zur sogenannten **Kontinuitätsgleichung** $\operatorname{div} \vec{J} + \dot{\rho} = 0$.

Nicht von ungefähr werden die Maxwellschen Gleichungen im Cartankalkül des Minkowskiraumes $\mathbb{R}^4$ so einfach, um aber näher darauf einzugehen, müßte ich doch weiter ausholen als die Gelegenheit erlaubt.

Zu AUFGABE 51: Gemäß der Volumenformformel in 13.8 handelt es sich beim Lösen dieser Aufgabe vor allem darum, die Determinante der symmetrischen Matrix mit den Komponenten

$$g_{\mu\nu} = \delta_{\mu\nu} + \partial_\mu f \cdot \partial_\nu f$$

zu bestimmen, das ist also das Produkt der Eigenwerte unter Berücksichtigung der Vielfachheiten. Als selbstadjungierter Operator im $\mathbb{R}^n$ ist die Matrix aber ganz leicht zu durchschauen: sie ist die Summe aus der Identität und eines Operators vom Range eins, und man sieht die Eigenwerte mit bloßem Auge.

Zu AUFGABE 52: Schon die Koordinatenformel in 13.9 zeigte, daß die Metrik auf die Bildung der Divergenz eines Vektorfeldes nur durch die Volumenform Einfluß nimmt. Die Behauptung der Aufgabe 52 bietet eine koordinatenfreie Interpretation dieses Sachverhalts.

14 Anhang: Testantworten, Literatur, Register

14.1 Antworten auf die Testfragen

Frage 1

1	2	3	4	5	6	8	9	10	11	12	13
		×			×			×			×
	×		×		×				×	×	
×		×		×		×	×			×	

Frage 2

1	2	3	4	5	6	8	9	10	11	12	13
×	×	×					×	×		×	×
		×	×	×							
					×	×			×		

Frage 3

1	2	3	4	5	6	8	9	10	11	12	13
×	×				×	×					×
				×			×	×	×	×	
		×	×	×							

Frage 4

1	2	3	4	5	6	8	9	10	11	12	13
	×	×		×					×	×	
					×			×			×
×			×			×	×				×

Frage 5

1	2	3	4	5	6	8	9	10	11	12	13
×					×				×		×
	×		×			×	×			×	
		×		×	×			×			

Frage 6

1	2	3	4	5	6	8	9	10	11	12	13
	×	×			×					×	
			×	×			×	×			×
×						×			×		

Frage 7

1	2	3	4	5	6	8	9	10	11	12	13
				×	×	×				×	×
×		×				×			×		×
	×	×	×		×		×	×	×		

Frage 8

1	2	3	4	5	6	8	9	10	11	12	13
	×					×			×		×
×			×	×			×	×	×		
×		×		×	×				×	×	×

Frage 9

1	2	3	4	5	6	8	9	10	11	12	13
×		×			×	×		×		×	×
	×			×							
			×				×		×		

Frage 10

1	2	3	4	5	6	8	9	10	11	12	13
			×				×		×	×	
	×	×		×							×
×		×			×	×		×			

14.2 Literaturverzeichnis

[AM] ABRAHAM, R. UND MARSDEN, J.E.: *Foundations of Mechanics.* New York, Amsterdam: Benjamin 1967.

[BJ] BRÖCKER, TH. UND JÄNICH, K.: *Einführung in die Differentialtopologie.* Berlin-Heidelberg-New York: Springer-Verlag, Korrigierter Nachdruck 1990.

[C] CARTAN, H.: *Les travaux de Georges de Rham sur les variétés différentiables.* Essays on Topology and Related Topics. Memoires dédies à Georges de Rham. Haefliger, A., Narasimhan, R. (eds.), Berlin-Heidelberg-New York: Springer-Verlag 1970, S. 1-11.

[HR] HOLMANN, H. UND RUMMLER, H.: *Alternierende Differentialformen.* Mannheim, Wien, Zürich: B.I. Wissenschaftsverlag 1972.

[J:*Top*] JÄNICH, K.: *Topologie.* Berlin-Heidelberg-New York: Springer-Verlag, 7. Auflage 2001.

[J:*LiA*] JÄNICH, K.: *Lineare Algebra.* Berlin-Heidelberg-New York: Springer-Verlag, 8. Auflage 2000.

[W] WARNER, F.W.: *Foundations of differentiable manifolds and Lie Groups.* Glenview, Illinois – London: Scott, Foresman and Company 1971.

14.3   Register